典型供热工程案例与分析

主编 王 飞 梁 鹏 杨晋明
主审 张建伟 王远清

中国建筑工业出版社

图书在版编目（CIP）数据

典型供热工程案例与分析/王飞等主编. —北京：中国建筑工业出版社，2019.12（2021.4重印）
ISBN 978-7-112-24396-9

Ⅰ.①典… Ⅱ.①王… Ⅲ.①供热工程-案例-汇编 Ⅳ.①TU833

中国版本图书馆 CIP 数据核字（2019）第 245945 号

本书收集了近二十年具有典型特征的、节能高效及成功应用的集中供热工程案例。这些案例各具特色和优势，代表了集中供热技术的发展趋势和前沿。

本书旨在为供热行业相关工程技术人员开拓思维、大胆创新、学习应用供热新系统、新技术、新工艺、新材料、新设备、新能源和可再生能源等提供学习素材和分析方法；旨在增加各类工程技术人员的间接工程经验，提升相关工程技术人员多方案比较的能力和工程成败的多因子分析能力；旨在把整个供热工程，从早期的规划、设计，设备、设施开发应用，到施工及运行管理等各个阶段，提高到一个新的高度。从而建造出技术更加先进、经济更加合理且安全可靠的供热工程。

本书可为政府相关决策部门、集中供热公司的新建、改造工程提供案例支撑。

本书也可作为高校建筑环境与能源应用工程、热能动力工程、信息与自动化等专业的选修教材。

责任编辑：齐庆梅
责任校对：李欣慰

典型供热工程案例与分析
主编　王　飞　梁　鹏　杨晋明
主审　张建伟　王远清
*
中国建筑工业出版社出版、发行（北京海淀三里河路 9 号）
各地新华书店、建筑书店经销
霸州市顺浩图文科技发展有限公司制版
北京建筑工业印刷厂印刷
*
开本：787×1092 毫米　1/16　印张：18¾　字数：466 千字
2020 年 1 月第一版　2021 年 4 月第二次印刷
定价：**118.00** 元
ISBN 978-7-112-24396-9
（34881）

编写和审稿人名单

1 王 飞 杨晋明 太原理工大学
2 张建伟 樊 敏 梁 鹏 李海冬 太原市热力集团有限责任公司
3 王远清 郝相俊 中国能源建设集团山西省电力勘测设计院有限公司
4 王淑莲 威海热电集团有限公司
5 孙春艳 王 峰 山西大学
6 王 妍 山西建筑职业技术学院
7 赵多祥 山西亿众公用事业有限公司
8 于黎明 王建军 高 斌 王中岩 牡丹江热电有限公司
9 雷艳杰 陈 奎 孙聚峰 北京华誉能源技术股份有限公司
10 高晔明 山西太钢工程技术公司
11 郭建民 山西中方森特建筑工程设计研究院
12 王德强 长春经济技术开发区规划建筑设计有限公司
13 刘 磊 长春经济技术开发区供热集团有限公司
14 王国伟 山西理工红日节能服务有限公司
15 王晋达 河北工业大学

前　　言

　　近 30 年来我国集中供热事业迅猛发展，从集中供热规模到集中供热能源结构，从集中供热技术到设备设施，从自动监控到智慧供热等方面都发生了极大的变化。集中供热系统趋于多样化、清洁化、智能化。本书收集的供热工程案例各具特色、各有千秋。然而任何一种先进技术都有其产生的历史原因，任何一种技术的价值所在都离不开它适宜的应用环境。优秀的供热方案必须结合城镇能源状况、水文地质地势现状、供热设备设施水平、施工和运行管理能力以及国家政策与人文环境等因素综合考虑。借鉴工程案例，结合新建工程实际条件，必将打造出更加经济合理、安全可靠、高效节能的高水平供热工程。

　　本书共分两篇。第一篇呈现给读者十几个城市的集中供热工程案例。这些案例具有代表性、典型性。比如大规模的混水直供系统；节能高效、灵活适应城市发展的小型箱式换热站高效供热系统；整体提高热电联产煤炭利用率、降低㶲损失，有效解决供热管道输热能力不足的吸收式换热站供热系统；从根本上杜绝用户盲目追求高室温、实现按需供热的分户计量分户控制的集中供热系统；供热可靠性高、经济性好的多热源联网供热系统；适宜于地势起伏、极大地减小阀门节流电耗的分布式供热系统；钢铁厂利用高炉冲渣水余热的供热工程；煤矿利用地下废水热的供热工程；适宜寒冷地区的大型空气源热泵供热工程；以及利用谷电制热、蓄热的电极锅炉供热工程。

　　第二篇介绍了具有供热前瞻性的长距离集中供热工程。为了增强长距离输送供热的可靠性，采用了复线敷设。该项工程引起了国内外同行的极大关注，创造了多项发明专利技术。在清洁能源匮乏、煤炭资源丰富、火力发电为主的中国，此工程技术是实现大城市清洁供热的有效途径。

　　本书较为详细地介绍了这些工程案例，包括电厂热源的能量梯级利用系统，长输管线水力计算，静态、动态水压图分析，系统水击防范措施，中继泵站，事故补水站，隔压站，直埋管道工程，隧道及架空管道工程，特殊穿越工程等。

　　读者通过对典型工程案例的学习，汲取间接的工程建设及运营经验，有助于提升工程技术人员的综合能力和多方案比较的能力，有助于工程技术人员从工程规划设计到施工运行整个生命周期出发，创造出经济技术更加合理、节能高效、清洁可靠的供热工程，从而推动供热新技术的发展。

　　本书第一章由王淑莲编写；第二章由孙春艳、王晋达编写；第三章由王妍、王国伟编写；第四章由赵多祥编写；第五章由于黎明、王建军、高斌、王中岩编写；第六章由李海冬编写；第七章由雷艳杰、陈奎、孙聚峰编写；第八章由高晔明、王峰编写；第九章由郭建民编写；第十章由王德强、刘毳编写；第十一章由梁鹏、樊敏、李海冬、郝相俊、王晋达编写；第十二章由樊敏、李海冬编写；第十三章由樊敏、李海冬编写；第十四章由樊敏、梁鹏、李海冬编写；第十五章由樊敏、李海冬编写；第十六章由李海冬、樊敏编写。

全书由王飞、梁鹏、杨晋明统稿，张建伟、王远清审定。

由于时间仓促，作者水平有限，典型工程超前，时间紧张，经验不足，问题在所难免，敬请读者批评指正。

目　　录

第一篇

经典集中供热工程

第一章 混水泵站直连集中供热工程

威海热电集团有限公司是集供汽、供暖、发电、售电、房地产开发、工程安装、热力设计、焊工培训、建材生产等为一体的大型国有企业。锅炉总计 12 台，容量 2800t/h，汽轮发电机装机 345MW，资产规模 55 亿元，员工 1380 人。供热覆盖市中心城区、高技术产业开发区、临港区、文登区、环翠科技产业园、双岛湾开发区、张村旅游度假区、北海旅游度假区等区域，担负 1100 多家工商业生产用汽和 35 万户、3600 万 m^2 的居民供暖，其中集中供暖主要采用了混水泵站直连供热系统，取得了良好的经济效益和社会效益。

第一节 工程技术特点及典型特征

一、热源概况

公司目前有主厂区热电厂（热源一厂）和科技新城热电厂（热源二厂）两个热源点，两厂区实现联网运行，互为补充。

主厂区热电厂现状循环流化床锅炉总装机容量 1820t/h，汽轮机总装机容量 245MW，锅炉及机组配置如下：

锅炉：UG-220/5.3-M，5 台；UG-240/9.8-M，3 台。汽轮机：B25-8.83/0.981，1 台；CC25-4.9/1.96/0.981，2 台；C25-4.90/0.981，4 台；CC50-9.81/1.67/0.981，1 台。

科技新城热电厂现有总装炉容量 740t/h，总装机容量 100MW，锅炉及机组配置如下：

锅炉：UG-130/9.8-M，2 台；UG-240/9.8-M，2 台。汽轮机：B25-8.83/0.981，1 台；CC25-8.83/2.35/0.981，1 台；CC50-8.83/2.5/0.981，1 台。

另外，主厂区热源配置一台 168MW 热水锅炉作为冬季集中供热调峰锅炉，锅炉型号 QXF168-1.6/130/70-M（240t/h）。

汽轮机冬季高背压运行，利用汽轮发电机的排汽余热作为集中供热的热源，也就是把汽轮机排汽的凝结热通过集中供热管网输送到千家万户，这样极大地提高了电厂的一次能源效率，实现了能源的梯级利用，否则这部分热量会通过冷却水管道、冷却塔散逸到大气中去。为降低汽轮机凝汽器循环水进水温度，提高发电效率，二级换热站全部采用混水泵站。图 1-1 为循环水低真空集中供热系统示意图。

二、热网系统概况

一级网：两座热电厂共有 9 条供热主管道，管道规格从 $DN400$ 至 $DN1200$ 不等，

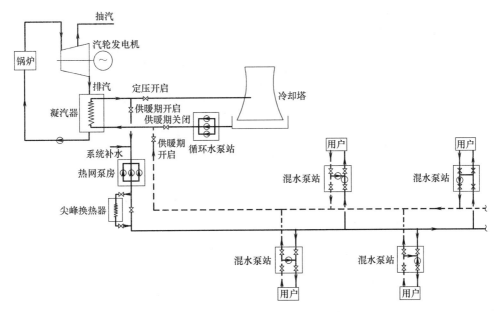

图 1-1　循环水低真空集中供热系统

管道敷设半径约 25km。根据热媒参数不同，分高温水、低温水两种管网参数，高温水设计参数 110/45℃，低温水设计参数 90/45℃、65/45℃。由于实际供热规模没有达到设计规模，目前实际运行参数为高温水参数 75/45℃，低温水参数 65/45℃、55/45℃。

换热站：系统内 450 座换热站均为混水泵站，现场无人值守，均实现自动化运行，换热站供热规模为 5 万～20 万 m² 不等。

二级网：每栋建筑的热力入口均安装智能电动调节阀，依据不同的建筑能耗设置不同的热负荷目标值，实现自动化运行调控，真正实现了二网水力、热力动态平衡。

室内用户系统：室内系统散热设施主要有暖气片、地暖、风机盘管等三种形式，其中，住宅室内系统均实现单户热量控制。

图 1-2 为两厂区热网系统展开示意图。

三、工程典型特征

1. 冬季汽轮机组全部高背压运行

两个热源点的 9 台抽凝机组（7 台 25MW、2 台 50MW）全部进行了改造，冬季供暖机组全部高背压运行，提高了供热系统循环水温度，实现了能量的梯级利用。

2. 国内规模最大的混水供热系统

该混水供热系统供热面积 3600 万 m²，混水泵站达到 450 座，是目前国内规模最大的混水供热系统。混水泵站根据不同的水力工况，采取不同的混水换热连接形式，主要连接形式见第三节混水泵站内容。

3. 整体实施智慧供热集成技术

公司对集中供热系统进行了智慧化升级改造，将"互联网＋"和供热工程技术深度结合，通过互联网技术和先进的控制逻辑，以智能化的软硬件技术等为支撑，把首站、

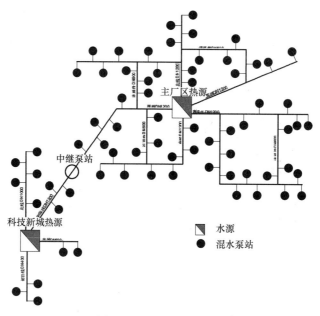

图 1-2 两厂区热网系统

一级网、混水泵站、二级管网、虚拟站（热网系统的关键点处虽然没有水泵等设备，但该处的运行参数非常重要，等同于换热站，所以称之为虚拟站）、楼栋热力入口、室内供热系统等每一个供热环节的动态运行数据集成到供热运行大数据平台，对供热系统进行全面透彻的信息化管理，实现各环节信息共享。系统智能分析判别热负荷需求、热源生产能力、管网输配能力，并以最优的技术控制手段，对各级环节统一智能调节，达到按需供热，实现节能减排。

第二节 抽凝机组高背压运行热电厂

一、抽凝机组高背压运行的余热利用供热系统

机组排汽热量占汽轮机进汽热量的 $30\%\sim60\%$，通常该部分热量只能通过厂内循环水系统输送至冷却塔后释放至大气中，造成了极大的浪费。冬季供热系统充分利用上述低品位热量进行居民供暖，较好地实现了能量阶梯利用，极大地提高了能源利用效率。

该供热系统是以技术改造后的抽凝机组的凝汽器作为加热器，以高背压运行的抽凝机组的排汽作为热源加热供热系统一级网循环水，然后通过混水泵站输送到热用户，供居民住宅采暖。考虑到严寒期低温环境下机组排汽热量无法满足系统供热量以及供水温度的需要，故在热网循环泵出口，即各供暖主线供水管路加装尖峰热网加热器，以机组抽汽作为热源为热网循环水提供尖峰热量。图 1-3 为机组及供热系统示意图。表 1-1、表 1-2 分别为主厂区及科技新城热电厂汽轮机高背压运行余热利用的热量值，其中由于科技新城位于工业区，具有较多的工业抽汽，因而余热量较少。

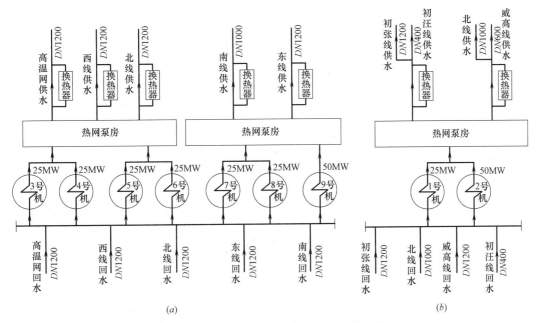

(a)

图 1-3 主厂区及科技新城机组供热系统示意图

（a）主厂区机组供热系统示意图；（b）科技新城热电厂机组供热系统示意图

主厂区主热源 3 号～9 号汽轮机高背压运行余热利用的热量 表 1-1

低真空运行机组	机组容量（MW）	余热热量（MW）	额定循环水流量（t/h）
3 号	25	65.9	5667
4 号	25	65.9	5667
5 号	25	65.9	5667
6 号	25	65.9	5667
7 号	25	65.9	5667
8 号	25	65.9	5667
9 号	50	113.7	9778
合计	200	509.1	43780

科技新城热电厂 1 号、2 号机汽轮机高背压运行余热利用的热量 表 1-2

低真空运行机组	机组容量（MW）	余热热量（MW）	额定循环水流量（t/h）
1 号	25	49	4214
2 号	50	104	8944
合计	75	253	13158

二、抽凝机组高背压运行的供热参数

25MW 及 50MW 抽凝发电机组，非采暖期运行排汽压力一般为 4～9kPa，对应排汽温度为 30～45℃；采暖期机组低真空运行时排汽压力最高可提至约 30～45kPa，对应排汽温度为 65～70℃，机组循环流量可根据需要进行调整，凝汽器循环水出水温度可以达到 55～60℃。

5

三、抽凝机组高背压运行供热调节与控制

在供热期，一级网循环流量应满足参与供热汽轮机组需要的额定安全循环流量。供热调度中心根据管网布局及供热负荷大小进行水力、热力校核，以及热量和流量调节与匹配。根据供热量调整投入低真空运行的汽轮机组的台数，实现集中供热用户热量的供需平衡。

为保证汽轮机组的安全稳定运行，一级网的运行调节模式以质调节为主，循环流量基本保持不变。

整个供暖期，每个系统、每条供热主管道在运行过程中没有高温水、低温水的区分，供热运行参数在满足供热主管网设计安全运行的条件下，可根据不同的管道所负担的采暖负荷，实行供水温度差异化运行。

严寒期，调整尖峰换热器加热量，以便灵活、高效地满足各线供暖热负荷需求。

第三节　混 水 泵 站

一、几种典型混水泵站系统图及适宜的水力工况

1. 喷射器混水泵站

喷射器的工作原理是通过一级网供水和二级网回水两种不同压力、不同温度的水在喷射泵内相互混合，并发生能量交换，形成满足二级网运行需要的水力、热力参数进行供暖。

一级网近端提供的压差能够满足喷射泵的出口参数需要时，安装喷射器作为混水装置。喷射器可作为一个管件，安装在入户井、管沟等位置。无须电源，无振动、无噪声，工作可靠，免维修。

图1-4为威海市体育基地喷射器混水泵站系统，喷射器并联安装2台。

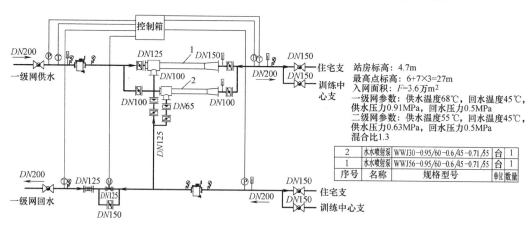

图1-4　威海市体育基地喷射器混水泵站系统图

2. 混水泵站

一级网提供的供、回水压差不能够满足喷射器混水出口供暖参数水力、热力工况的需要时，需要安装电驱动混水泵，进行混水供热。

混水供热站房根据不同水力工况，混水泵主要有如下几种常用连接形式。

（1）安装在混水管上，纯混水供热系统，在水泵出口混合。一般应用在一级网供、回水压差能够满足二级网需要以及一级网回水压力满足二级网不超压、不倒空的情况下。

威海美孚小区混水泵站系统为此连接形式（图1-5）。

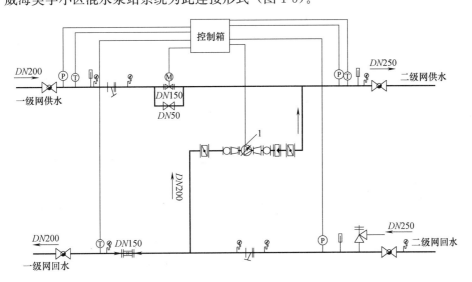

站房标高：16.8m
最高点标高：36+7×3=57m
设计面积：F=6.9万m²
一级网参数：供水温度68℃，回水温度45℃；供水压力0.91MPa，回水压力0.34MPa
二级网参数：供水温度55℃，回水温度45℃；供水压力0.54MPa，回水压力0.38MPa
混合比1.3
安全阀起跳压力0.55MPa，回座压力0.5

1	循环水泵	SB-ZL100-80-315T	台	1	Q=150t/h H=28m P=15kW-台变频
序号	名　称	规格型号	单位	数量	备　注

图1-5　美孚小区混水泵站系统图

（2）安装在二级网供水管道上，供水升压兼混水系统，在水泵入口混合。一般应用在一级网供水压力不能满足二级网供水压力需要，且一、二级网的供水压力差与二级网循环压差相差不大的情况。

威海市银丰公寓混水泵站系统中的高区供热系统为此连接形式（图1-6）。

（3）安装在二级网回水管道上，回水升压兼混水系统。一般应用在低区供热系统，一级网回水压力会导致二级网系统超压的情况下。威海市银丰公寓混水泵站系统中的低区供热系统为此连接形式（图1-6）。

（4）在一级网供水管道和混水管道上分别安装水泵，一级网供水泵升压功能，混水泵纯混水功能。一般应用在一级网供水压力不能满足二级网供水压力需要，且一、二级网的供水压力差与二级网循环压差相差较大的情况。威海市威高骨科混水泵站房系统为此连接形式（图1-7）。

（5）在一级网回水管道和混水管道上分别安装水泵，一级网回水泵升压，混水泵纯混水功能。一般应用一级网回水压力超压，且一、二级网的回水压力差比二级网循环压差相差大得多，只在二级网回水管道上安装一台回水升压混水泵不经济的情况下。威海

7

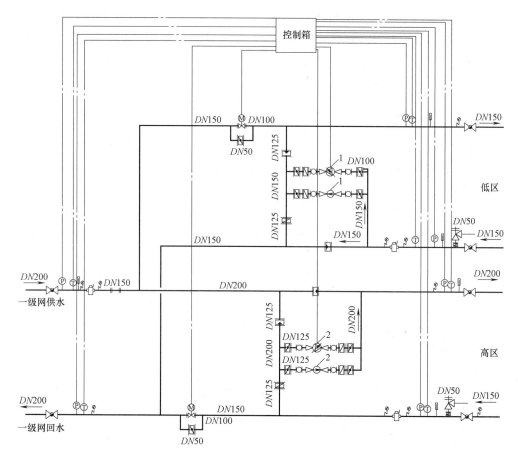

站房标高: 2m
最高点标高: 2+82=84m
设计面积: F=6.7万m² (低区2.8万m², 高区3.9万m²)
一级网参数: 供水温度63℃, 回水温度45℃
　　　　　供水压力0.7MPa, 回水压力0.65MPa
二级网参数: 供水温度55℃, 回水温度45℃
　　　　　低区供水压力0.65MPa, 回水压力0.59MPa
　　　　　高区供水压力0.92MPa, 回水压力0.85MPa
混合比0.8
低区安全阀起跳压力0.63MPa, 回座压力0.57MPa
高区安全阀起跳压力0.88MPa, 回座压力0.8MPa

2	循环水泵	SB-ZL80-65-145	台	2	Q=80t/h H=28m P=11kW-台变频
1	循环水泵	SB-ZL65-50-125	台	2	Q=50t/h H=19m P=4kW
序号	名　称	规格型号	单位	数量	备　注

图 1-6　威海市银丰公寓混水泵站系统图

市中水处理厂混水泵站房系统为此连接形式 (图1-8)。

二、混水系统的主要优势

混水供热技术取消二级换热站内换热器, 采用取二级网部分回水与一级网供水混合后作为二级网供水的供热技术。

混水供热主要优势有以下5个方面:

(1) 消除了一级网回水与二级网回水之间的传热温差, 从而使一级网回水温度降低到与用户相同的温度 (威海为45℃), 为热电联产实施低真空循环水供热提供了条件, 提高了汽轮发电机发电效率。

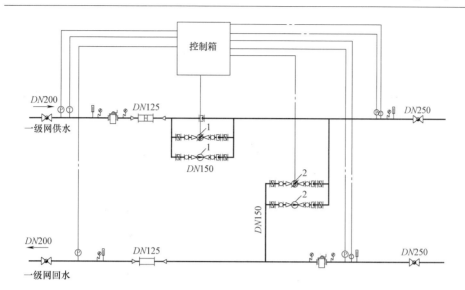

站房标高: 42m
最高点标高: 42+3×7=63
设计面积: F=6万m²
一级网参数: 供水温度65℃,回水温度45℃
　　　　　供水压力0.13MPa,回水压力0.31MPa
二级网参数: 供水温度55℃,回水温度45℃
　　　　　供水压力0.43MPa,回水压力0.31MPa
混合比1

2	混水泵	SB-ZL100-80-260	台	2	Q=120t/h H=16m P=7.5kW一台变频
1	一级网升压泵	SB-ZL100-80-340	台	2	Q=120t/h H=38m P=18.5kW一台变频
序号	名　称	规格型号	单位	数量	备　注

图 1-7　威海市威高骨科混水泵站房系统图

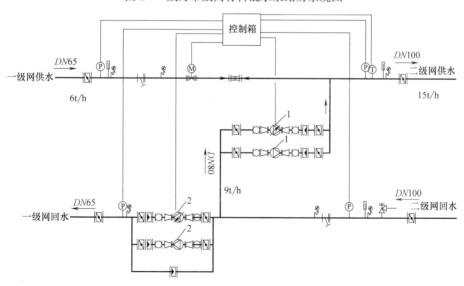

设计参数:
供热面积: F=0.5万m²
一级网供、回水压力0.9/0.8MPa
一级网设计温度: 80/45℃
一级网一级网供、回水压力0.6/0.5MPa
二级网设计温度: 58/45℃
混合比1.7

2	回水升压泵	SB-ZL50-32-150A	台	2	Q=7.5t/h H=32m P=3kW一台变频
1	循环水泵	SB-ZL50-32-110A	台	2	Q=9t/h H=15m P=1.5kW一台变频
序号	名　称	规格型号	单位	数量	备　注

图 1-8　威海市中水处理厂混水泵站房系统图

9

（2）凝汽器排汽压力提高至30~45kPa，对应排汽温度约为65~70℃，首站内不需要通过增加水源热泵设备进行余热回收，很大程度降低首站设备投资、设备用地空间和运行费用等。

（3）供热管网的输送能力提高。以间供95/70℃和混水95/45℃为例，在管网规格没有增加的情况下，供热能力提高2倍。这样，随着供热面积越来越大，在原有管网无法改造的情况下，实施混水供热技术，很大程度减少了管网的改造投资费用。

（4）二级站内不再设置换热器，降低二级站设备投资费用。

（5）混水泵站内系统阻力很大程度降低，整个供热系统的节电效果非常显著。

（6）二级站内不需要建设水源热泵设备来降低一级网回水温度，很大程度降低了二级站设备投资和设备用地空间。

第四节 系统补水定压

一、一级网补水系统

供热系统由于在二级供热站采用混水供热工艺，故一级网、二级网直至热用户的所有系统内失水均由热源部分进行补给。热源部分根据系统运行情况利用机组辅机的冷却水回水作为热网系统补充水，补充至热网循环泵入口母管，在采暖期适当提高冷却水回水温度，在补水的同时也补充了供热系统所需部分热量，经济效益明显。图1-9为一级网补水系统示意图。

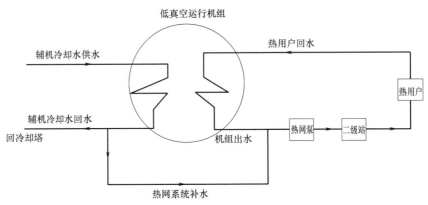

图1-9 一级网补水系统示意图

二、一级网定压系统

一级网定压采用回水管路定压方式，冷却塔中央竖井高度与回水定压值基本一致，利用了投入低真空运行机组其中的一个冷却塔中央竖井进行定压，同时开启该机组循环水出水至热网泵与冷却塔水阀门FM1，事故状态时，若回水压力陡然升高，则大量热网回水通过冷却塔竖井进行泄放，确保热网回水总压头不超过热用户采暖设施所能承受的最大压力，以保证热用户采暖设施及整个供热系统的安全。图1-10为供热系统定压系统示意图，在冬季低真空供暖状态时，阀门FM1、FM2、FM3处于打开状态，一级网回水由 FM3 经凝汽器后通过 FM1 与冷却塔中央竖井连接后，冷却塔就作为一个天然的安全定压及保护装置。

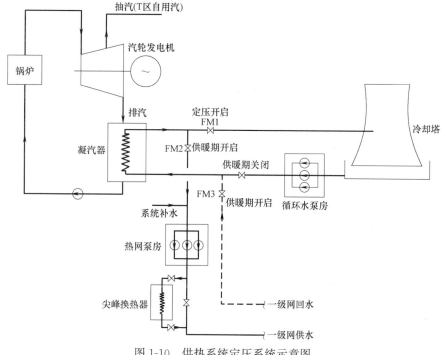

图 1-10　供热系统定压系统示意图

三、换热站二级网系统定压

换热站混水供热系统是一个混水泵直联系统，一级网与二级网相连，二级网用户侧由厂区内统一补水，系统压力由一级网回水压力情况来确定二级网系统的压力。

具体有以下几种定压形式：

1. 一级网回水压力能满足二级网系统的不倒空、不超压的情况，由一级网回水压力直接确定二级网系统的定压值。图 1-4、图 1-5、图 1-7 换热站混水形式即由一级网回水直接定压系统。

2. 一级网回水压力使二级网系统超压时，一级网回水设置回水升压泵，通过水泵变频，由混水泵入口压力进行定压。停电时，一级网供水电动调节阀停电自动关闭，一级网回水升压泵出口设置止回阀，保护停电状态下二级网系统不超压。图 1-6 中的低区部分、图 1-8 换热站混水形式即由混水泵入口压力进行定压。

第五节　智　慧　供　热

一、实施的必要性

长期以来，困扰我国北方采暖地区供热企业的突出矛盾和问题主要有以下 5 个方面。

1. 供热系统普遍存在远程监控点少、调控设施落后、调控手段水平低、各环节能耗计量设施不完善的问题，从而造成水力、热力失调严重，能耗无法统计，供热能耗高等。

2. 由热源、一级管网、换热站、二级管网、用户室内等组成的供热系统，在设计、安装、运行、管理等环节，往往"各自为政"，设计条件与实际运行参数不匹配，导致供热效果出现很多问题，用户意见很大。

3. 热网系统是一个互相影响的动态系统，随着供热规模的不断扩大，如果仅在局部系统、某些环节实现自动化调节，而不做整体调控，整个系统就会出现顾此失彼的现象，无法实现整个系统的节能降耗。

4. 管网平衡装置采用的是机械式平衡阀，机械式平衡阀在运行过程中主要存在以下两个问题：

一是由于其流通断面小，很易堵塞失灵，严重影响供热质量，运行管理人员在无法检修的情况下为了应急供热，常常实施拆除。拆除后的热网水力工况更加恶化，为了满足系统末端用户的供热质量，则往往更换大功率的水泵，造成失调更加严重。

二是人工很难对机械式平衡阀进行实时调节，不能满足动态调节需求。在运行管理方面，没有科学预测用户需热的目标值，运行人员往往凭经验运行操作。在建筑围护结构耗热方面，新、旧老楼并存在一个供热系统中，不同的耗热性能建筑在相同的运行参数下就会出现过热或者不热的问题。

5. 既有建筑节能改造节能效果不能充分体现。

近年来我国投入大量资金，实施了大面积的既有建筑节能改造工程。但是，不同围护结构的建筑在一个相同供热参数的供热系统内并存，由于原系统没有实现智慧化运行，热网不能实现供、需动态热力平衡，传统的粗放的供热方式已经无法把这部分节能效益体现出来，没有真正实现节能减排的国家战略目标。

据统计，单个既有建筑实施节能改造后，能耗监测评估数据平均热耗指标可由 $40.2W/m^2$ 降低到 $28W/m^2$ 以下，但实际上，整体节能、减排效果无法实现。

城市供热是节能减排的重点行业。综述以上原因，热力行业中，利用高科技调节手段，建设智慧供热的精准化运行，实现按需供热，是热力行业由粗放式供热模式向精细化供热模式转变发展的必然趋势，是贯穿落实实现我国"创新、协调、绿色、开放、共享"的发展理念。节能降耗、技术创新是热力行业在供给侧改革中永恒的主题。互联网的推广和深度应用，为实现数字化、智慧化精准供热插上了"飞跃的翅膀"。

供热的设施不论是锅炉、管道还是散热器，都是坚硬的钢铁、铸铁，如何给它们安上"触角"，接通"血脉"，装上"大脑"，实现智慧供热的目标呢？这是热力工作者共同面临的一个课题。

二、智慧供热实现的主要技术内容

供热系统信息调度运行平台包括上位的供热监控信息管理平台、远程通信系统和下位智能监控系统等部分。

上位的供热监控信息管理平台系统包括地理信息、气象管理、负荷预测、热网监控、动态水力计算、客服、收费、热量表远程抄表、远程室内测温系统、生产管控等各子系统，各信息数据互为调用，各子系统数据信息共享，全面实现供热管理、自控调节、节能减排的功能。

远程通信系统，利用有线或无线网络系统，实现数据传输，同时确保数据传输的稳定性、安全性、可靠性。

下位智能监控系统包括热源、一级网、换热站、虚拟站、二级管网、室内供热系统（热用户）的远程监控、远程调节的硬件和软件集成系统。图 1-11 为热网监控系统拓扑结构图。

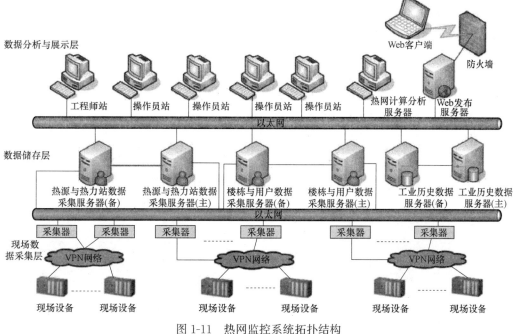

图 1-11　热网监控系统拓扑结构

热网调节运行应根据供热系统特点及安全需要，选择适合的调节模式。调节模式含质调节、量调节、分阶段变流量的质调节和相对流量与相对热负荷一致的质-量调节等。供热企业根据系统特点可选择适合的模式。每一种调节模式的动态连续曲线参数可直接生成调度令下发至各级控制器，实现运行设定参数目标值与实际运行参数值保持完全一致。每条供热主管道以后没有高温水、低温水的区分，供热运行参数在满足供热主管网安全运行的条件下，可根据不同的管道所负担采暖负荷的不同，每个采暖季进行水力、热力校核，确定供热运行参数技术方案，真正实现热源按需供热、用户按需用热。

三、智慧供热项目的具体应用

供热系统节能运行从热源、一级网、换热站、二级网、室内管网系统（热用户）等五个环节由前到后、突出重点、分级、逐级实施，以产生最大化的节能效果。

供热企业的重点工作应是按需供热以达到用户按需用热的目的，即负责把合格参数的热商品送到每单元热力入口处，使热源到二级管网整个输送级能满足热用户使用级的用热需求，并达到自动调整供、需动态平衡，保证供热质量，实现节能降耗。图 1-12

图 1-12 威海热电智慧供热调度中心

为威海热电智慧供热调度中心示意图。

1. 热源环节的智慧化监控（一级监控，实现一级网热源输出的热力平衡）

在热源各机组和主管网出口安装温度、压力、流量测量装置和能耗计量装置，计算分析各环节能耗、各机组效率，优化热源运行和供热出口参数，分别显示各供热主管道流量、热量、供水压力、回水压力、供水温度、回水温度等信息，并传送至供热调度中心，实时监控热源及出口的运行参数。

供热监控平台根据气象管理系统中提供的室外温度，对每一供热主管网进行设计运行参数设置（图 1-13），并对四天的预测热负荷以及实时的需热量（图 1-14）进行计算。热源运行人员根据热负荷预测结果进行调度运行（图 1-15），并对供热量和需热量进行实时对比，形成运行趋势对比曲线（图 1-16）。

供热监控平台与地理信息系统对接，自动读取每一个供热主管网所负担的供热面积，自动计算热耗、水耗、电耗，对每一个主管道进行供热成本的分析、计算和考核。

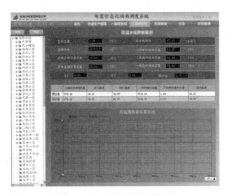

图 1-13 运行参数设置

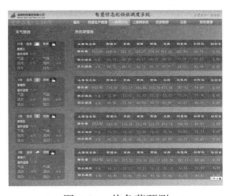

图 1-14 热负荷预测

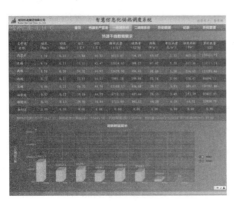

图 1-15 主管网运行参数示意图

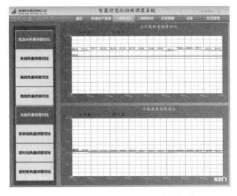

图 1-16 供需能耗运行趋势曲线图

2. 换热站（虚拟站）环节的智慧化监控（二级监控，实现一级网的热力平衡）

供热站房安装热计量表、智能调节阀、热控盘、变频器等监控装置。供热调度中心生成的需热量目标值通过控制器对混水站智能调节阀实现自控运行，使目标值与实际运行参数一致；换热站运行参数及设备出现故障可自动报警，调度人员可进行远程操作；换热站历史运行数据可进行查询、统计。图 1-17 为混水泵站现场，图 1-18、图 1-19 为换热站远程自动控制页面。

虚拟站配置压力变送器、温度传感器、多功能控制器、控制箱等设备。供热调度中心远程监测虚拟站实际运行的供回水压力以及供回水温度；与设定目标值实时进行对比、分析、修正。

混水泵站二次侧循环水泵控制，实现供水压力和回水压力差值控制，保证系统最不利点的供回水压差，从而保证最不利点正常供暖。同时，实现循环泵节能运行。压差目标设定值可由两种方式确定：一种可由中央监控系统根据历史运行经验数据对下位控制系统进行远程

图 1-17　混水换热站现场

设定；另一种方式，下位控制系统根据管网、实际供热负荷布局系统自动进行水力计算，水力计算结果修正后作为压差目标值进行自动控制运行。

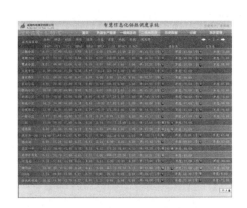

图 1-18　换热站运行参数

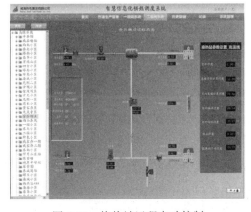

图 1-19　换热站远程自动控制

3. 楼栋单元热力入口环节智慧化监控（三级监控，实现二级管网的动态热力平衡）

供热系统楼栋单元热力入口安装智能调节阀和多功能智能控制器，调度中心远程可监测热力入口处的供热参数，对接热负荷预测目标值，远程自动调整阀门开启度。控制器指令可单独个性下发，也可对安装在相同的建筑物属性的控制器群发，统一实行远程自动控制。

这样，全面实现二网的动态水力、热力平衡调节，替代了机械的自力式流量或压差平衡阀，实现了每栋楼的远程自控动态温控调节；供热管网彻底实现"小流量、大温差"的运行状态，很大程度降低了运行供热成本；供热管网在布局合理的条件下，基本

上消除了近热远冷的现象。

这个环节的关键部件在于楼宇智能自动温控装置，该装置是威海热电集团自主研发的新型供暖智能控制终端设备，由电动调节阀、多功能智能控制器、执行器组成，其中多功能智能控制器集热力计算软件、传感技术为一体，具备"人脑"和"智能眼"功能。图 1-20 为楼宇智能自动温控装置。

调节阀的阀芯采用曲瓣式结构，阀杆与阀底采用钢珠对接，摩擦力小，阀门开关灵活，力矩小，检修维护方便，可节约大量维修资金和劳动力。阀门具有较大的流量系数，阀道流通阻力小，不堵塞。阀芯与阀体接触面小，彻底解决了调节阀长期不动作表面结垢开关不动的现象（图 1-21）。

图 1-20　楼宇智能自动温控装置

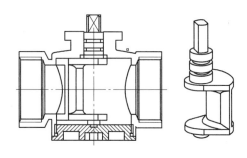

图 1-21　阀体内部结构示意图

监控系统与热计量远传抄表系统对接，供热调度中心能远程实时监控楼栋单元热力入口运行参数（供、回水温度，阀门开关大小）和用户热表的运行参数（图 1-22、图1-23）；

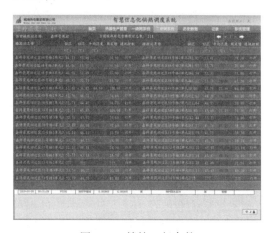

图 1-22　楼栋运行参数

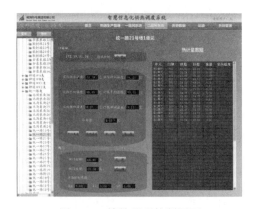

图 1-23　楼栋远程控制页面

4. 热用户环节智慧化监控（四级监控，实现室内系统的热力平衡）

居民热量表的计量参数（供水温度、回水温度、流量等）以及典型用户的室内温度（一般为顶楼、边户、底户）上传到供热调度中心。供热调度中心根据热量表上传数据与目标值进行对比，为热网的运行参数智能调节进一步细化修正提供科学依据。

四、智慧供热的应用效果

威海热电集团有限公司自 2013 年始对 2500 万 m² 居民采暖用户的供热系统进行改造升级，建设了供热调度中心一座，改造供热换热站 280 座，安装楼栋智能调节阀14000 台（套），安装室内温度远程监测点 1200 台（套）。软件主要子系统由热网系统地理信息、气象信息、云计算系统、智能监控系统、客户服务、安全管理、用户室内温控及远程抄表、热计量收费系统、生产管控等子程序系统组成。各子系统数据互为引用，为整个大系统实现智能化运行提供基础技术支持。硬件主要包括温度、压力、流量等参数传感器和热量计算单元、楼宇智能自动温控装置、户内智能自动温控装置、室内温度采集器、楼宇控制集采器等。

2014 年 3 月，山东省住房和城乡建设厅对智慧热网集成技术成果进行了鉴定，将其评为山东省重大节能成果奖、威海市职工技术创新成果一等奖，2015 年评为"华夏建设科学奖"三等奖。项目实施过程中，获国家发明专利一项、实用新型专利 4 项。

项目完成后已运行 3 个采暖期，运行稳定、安全可靠，取得了较好的经济效益和社会效益。住房和城乡建设部科技司、城建司领导到威海热电集团进行调研，山东省住房和城乡建设厅多次召开全省供热行业现场经验介绍和推广会，对供热行业节能减排、健康发展具有很强的示范带动作用。

1. 从节能效果和资源节约情况来看，2013～2015 年，对辖区内供热面积 2500 万m² 的居民采暖用户实施了管网升级改造，平均热耗由 40.2W/m² 降至 28.9W/m²；年耗热量由 0.50GJ/m² 降至 0.37GJ/m²（威海供热天数 150 天）；单位面积标煤耗量由17.1kg/m² 降低到 12.3kg/m²，节能约 28%。

二级网单位面积循环流量，由 5L/(h·m²) 降至 3L/(h·m²) 左右，由此节电1.5～2kWh/m²。减少运行管理人员约 65 人。

2. 从经济效益、环境效益来看，一个采暖期可节约标煤约 8.6 万 t（系统存在停供用户，按照实际供热面积 1500 万 m² 计算）。在总耗能不变、保证供热达标条件下，可新增供热面积近 600 万 m²，相当于新建了一座 400t 容量的锅炉房，减少热源投资 1.2亿元。年实现利税 7148 万元，工程投资回收期为 3 年。一个采暖期减排二氧化碳21.12 万 t、二氧化硫 1419t、氮氧化物 1341t、烟尘 825t。

3. 社会效益方面，供热系统运行按照室内温度 22℃ 左右的需热量的目标值进行热量分配，这样，用户室内温度基本上均控制在 22℃ 左右，这是我们认为较舒适的室内环境温度，消除了过冷过热现象，提高了居民的热幸福指数，基本实现用户零投诉。

第二章 箱式换热站间连集中供热系统

我国城市集中供热行业从 20 世纪 50 年代起步到现在已经发展的较为成熟。集中供热方式中，最常用的供热形式是间接连接方式，其工作原理如图 2-1 所示。在集中供热系统设计中，设计人员需要进行一级网、二级网和换热站的设计，其中换热站的设计、施工在整个工程中占了很大比重。箱体式换热站顺应社会发展的要求，将热力站小型化、集成化，特点是占地面积小、选址灵活、便于安放、施工速度快；供热机组易于工厂化生产、易于控制质量、造价低；循环水泵功率小，无须留余量且维修更换速度快，因而循环泵在高效率区运行而节能；二级网管路系统简单，易于水力平衡，节电节热；换热站不设补水泵、软水器、软水箱，日常维护量小，节电节水，节省人力；箱式换热站自动化程度高，易于实现无人值守与供热智能化管理等。因此，箱体式换热站在供热市场中得到了广泛的应用，比如牡丹江热电有限公司、达尔凯佳木斯城市供热有限公司、太原市城西片区、晋中瑞阳热力公司、临汾山水热力公司、侯马市众亿热力公司、长治市热力公司等。

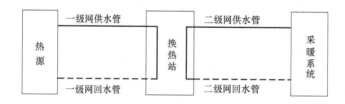

图 2-1 间接连接集中供热系统原则性示意图

第一节 箱式换热站的构造

箱式换热站由轻型围护结构、供热机组、监控系统等三部分组成。可以全部工厂化生产，运往现场组装而成。

一、围护结构部分

箱式换热站围护结构包括：彩钢板墙体、墙体保温层和检修门、通风散热窗。围护结构具有稳定可靠、保温隔热性能好、防腐隔音、拆装方便等优点。

在每个重要设备靠近的墙体均设有检修门，或整个隔热墙体是可开启的。当设备发生故障时开门维修，箱体内不需要预留检修空间。在每个检修门的上方开有单层防雨百叶风口，可以满足箱式换热站内的电气、水泵电机自然通风冷却的要求。图 2-2 为晋中瑞阳热力公司箱式换热站实体图。

图 2-2　晋中瑞阳热力公司箱式换热站实体图

二、设备部分

围护结构内供热机组的主要设备及附件包括：过滤网球阀、循环泵、板式换热器、电动调节阀、热量表、电磁阀、过滤器、安全阀等。由于供热机组热功率小，循环泵不设备用，采用集中冷备。箱式换热机组通常采用一级网回水给二级网补水，不设补水设备及水箱。

在实践应用中，当箱式换热站的水泵、板式换热器或者其他设备出现故障时，通常可以在 6h 内完成更换。

箱式换热站供热机组工艺流程图如图 2-3 所示，图中虚线框内为一补二（一次水补、二次水）补水系统，其工作原理见后续内容。

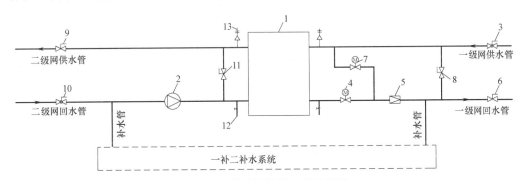

图 2-3　箱式换热站工艺流程图

1—板式换热器；2—循环水泵；3——网供水过滤网球阀；4——网回水电动调节阀；
5——网热量表；6——网回水球阀；7——网旁通电动调节阀；8——网旁通球阀；
9—二网供水球阀；10—二网回水过滤网球阀；11—二网旁通球阀；12—泄水球阀；13—安全阀

箱式换热站施工仅要求简单的地基处理，以及站内一级网与室外一级网的对接、站内二级网与室外二级网的对接。

三、监控系统

热力站监控系统的监控装置主要包括：供热机组变频控制柜、调节阀、温度传感器、压力传感器、流量仪表等。

热力站控制软件采集热力站温度、压力、流量等运行参数，接受监控中心的控制指令，自动控制流量、温度、压力等参数，提供现场显示和操作界面，并实现监控中心与热力站之间的远程通信。

热力站监控系统的功能为：①现场数据采集、数据处理、数据显示、流量累计计算，可对温度、压力、流量、热负荷变化等参数实现就地监视控制；②根据流量、温度、压力要求，独立完成本地调节，闭环监控，例如，可以利用就地采集的室外温度控制供水温度或任意设置供水温度；③配备必要的软硬件及人机接口，可现场设定、修改参数；④设置各种报警参数、报警处理及报警确认；⑤数据上传监控中心计算机并接受监控中心计算机指令，完成控制任务，可以接受监控中心仿真系统计算出该站的最佳运行曲线，进行 PID 调节，以达到最经济的运行方式；⑥另外，根据需求可设置视频监视系统，完成站内各设备运行情况的监视和防入侵监视。

第二节　箱式换热站的一补二补水系统

箱式换热站供热机组采用用一级网的回水给二次系统补水，维持二次系统运行压力的供热系统。这种补水系统省去了每个换热站设置软水器、软水箱、补水泵及其管道等补水设备，具有如下优点：①节省了补水系统的占地面积；②简化了补水系统的维护管理；③节约了投资和运行费用；④为提高供热系统自动化创造了便利条件，易于实现无人值守；⑤便于工厂化生产。二次系统不消耗补水泵电能，避免了大量补水泵在低频率下运行，而集中补水站补水泵效率高，便于集中废水处理等。

集中补水点可以设置单点或多点，在整个管网水资源丰富的地方集中设置补水站，进行集中水处理和补水。有条件时，集中补水站分散在两处，一处在热源，一处在二级站附近。在热源站内，用电的可靠性和热源一样。在二级站附近，和二级站共用一路电源。两处互为备用，可靠性增强。

集中补水站水处理系统应按照原水水质进行设计，通常由蓄水池、除污器、生水泵、软化水处理设备、软化水箱、除氯设备、除氧罐、除氧水箱、补水泵等设备组成。其工作流程为：生水-蓄水池-除污器-生水泵-阳离子树脂软化设备-软化水箱-阴离子除氯设备-除氧水罐-除氧水箱-补水泵-一次管网。该补水站制水量按整个地区箱式换热站的最大补水量选用，水质标准高于集中供热系统的水质标准：钙镁离子 0.06mmol/L；氯离子 25mmol/L；氧浓度 0.1g/m³。该集中补水站具有先进的自动化控制，可以根据一级网的回水压力调节补水泵的运行。

牡丹江热电有限公司采用热力除氧后的软化水做系统补水，使得二级网及用户室内采暖系统具有同样质量的除氧软化水，避免了散热器结垢，提高了散热效率，系统安全运行了十几年。

目前从箱式换热站工程现状而言，箱式换热站的一补二补水系统多样化，各有其自身特点。

一、一补二补水系统模式一

一补二补水系统模式一工艺流程图如图 2-4 所示。

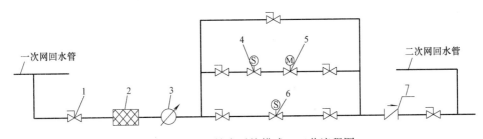

图 2-4　一补二补水系统模式一工艺流程图

1—球阀；2—过滤器；3—流量计；4—常开电磁阀；5—电动调节阀；6—常闭电磁阀；7—止回阀

图 2-4 中，常闭电磁阀支路为日常补水使用，常开电磁阀和电动调节阀支路为备用补水使用；当常闭电磁阀故障时，启动备用补水支路即通过常开电磁阀和电动调节阀补水。一旦达到压力上限，常开电磁阀负责关闭补水；单关断阀支路为人工手动补水使用。

二、一补二补水系统模式二

一补二补水系统模式二工艺流程图如图 2-5 所示。

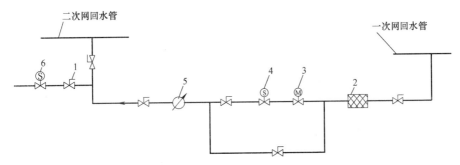

图 2-5　一补二补水系统模式二工艺流程图

1—球阀；2—过滤器；3—电动调节阀；4—常开电磁阀；5—流量计；6—常闭电磁阀；

图 2-5 中，补水管安装常开电磁阀 4，泄水管上装设常闭电磁阀 6。当系统正常补水时，补水管上的常开电磁阀 4 保持开启。当二级网压力达到上限，压力传感器将压力值传给压力控制器，压力控制器作用于常开电磁阀 4，常开电磁阀线圈通电关闭，停止补水。当补水系统的压力控制系统出现故障，二级网超压而继续补水时，常闭电磁阀 6 的压力传感器将压力值传给压力控制器，压力控制器作用于应急泄水常闭电磁阀 6，常闭电磁阀 6 开启泄水。如果压力仍然上升，二级网系统的安全阀一并开启，以保证用户采暖系统的安全。旁路关断阀为人工手动补水使用。

三、一补二补水系统模式三

一补二补水系统模式三工艺流程图如图 2-6 所示。

图 2-6 中，补水通过安装减压稳压阀或自立式压力控制阀、常开电磁阀等的补水管，由一级网回水向二级网补水。

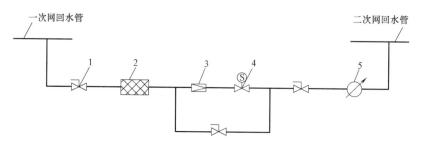

图 2-6 一补二补水系统模式三工艺流程图

1—球阀；2—过滤器；3—减压稳压阀或自力式压力控制阀；4—常开电磁阀；5—流量计

通过设定减压稳压阀的阀后压力，以保证二级网系统正常运行所需的压力。该阀实时根据二级网压力的变化而变化，达到维持二级网压力的目的。当二级网系统压力超出设定压力值时，关闭该电磁阀，防止系统超压。为防压力控制器失效而发生超压，系统装设安全阀，以保证用户采暖系统的安全。

四、一补二补水系统模式四

一补二补水系统模式四工艺流程图如图 2-7 所示。

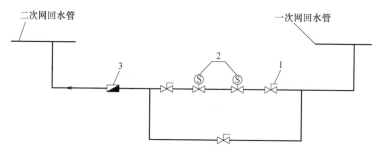

图 2-7 一补二补水系统模式四工艺流程图

1—球阀；2—常闭电磁阀；3—热水表

图 2-7 中，在二级网回水与一级网回水之间安装 2 个常闭式电磁阀、水表、球阀及旁通球阀等设备，根据二级网回水压力控制电磁阀的启闭达到控制二级网压力的目的。当出现压力控制器失效等异常情况而发生超压时，由二级网设置的安全阀及应急泄水电磁阀完成泄水，以保证用户采暖系统的安全。

对于一补二补水系统，为提高系统的可靠性，工程中应采取下列安全技术措施：

（1）应对每个热力站的一次性补水量加以限制。一补二系统开启一段时间后，二级网系统压力只降不升，就要关闭补水系统。通知检修部门对二级网进行检修。

（2）一级网补水系统启动后，一级网压力只降不升，也要切断所有的二级网补水系统。

（3）当二级网压力升到上限时，自动关闭补水阀。当压力持续升高时，还要开启电动泄水阀。压力超过安全阀限制，安全阀打开，防止系统超压。

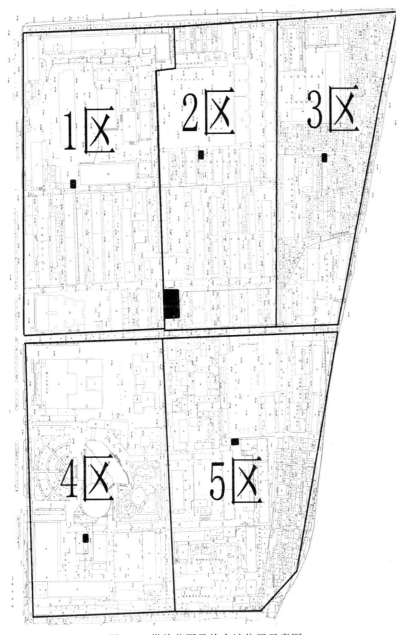

图 2-8　供热范围及热力站位置示意图

另外，若一级网回水压力过低，无法满足二级网的补水压力要求时，可以考虑增压泵增压，或短暂性用一级网供水补水。晋中瑞阳热力公司就是用一级网供水给二次系统短暂补水的实际案例。一级网供水给二次系统补水，仅适用于一些特殊场合，如系统末端的高区散热器用户，需确保一级网供水温度不超过二次系统的最高热媒温度，以及一级网供水压力不超过二次系统的承压能力。

第三节 箱式换热站节能优势分析

箱式换热站具有节能节水的优点，是因为它具有如下特点。

(1) 箱式换热站供热面积通常控制在 1 万～5 万 m^2。换热站供热面积小、数量增多，因而一级网支线变长，二级网供热半径缩短。热源循环泵的扬程仅与一级网主干线的长度有关而与支线无关，因而一级网支线长度与热源循环泵功率无关，也就是说一级网支线长度增加不会增加循环泵的功耗，相反二级网供热半径缩短会降低二级网循环泵的扬程而节电。

如某集中供热工程供热面积为 15 万 m^2，该用户建筑均为未采取节能措施的住宅，热指标取 64W/m^2，供热范围及热力站位置如图 2-8 所示。

图中"大黑块"为供热面积为 15 万 m^2 的热力站位置示意图，"小黑块"为将 15 万 m^2 的供热面积划分为 5 个 3 万 m^2 的供热面积后，各个区对应的热力站位置示意图。

若该供热范围仅设一个热力站，热力站位置如图中"大黑块"所示，供热半径约 660m，则二级网循环泵流量为 $G=1.1\times0.86\dfrac{64\times150}{25}=363t/h$，扬程 $H=1.1\times(0.006\times660\times2\times1.3+15+5)=33.33m$。循环泵选型采用一用一备，则循环泵选型功率为 75kW。

若将 15 万 m^2 的供热面积划分为 5 个 3 万 m^2 的供热面积，热力站位置如图 2-8 中各个区的"小黑块"所示，各供热区域分别采用箱体式换热站，二级网供热半径缩短为 200m，则每个换热站二级网循环泵流量 $G=1.1\times0.86\dfrac{64\times30}{25}=73t/h$，扬程 $H=1.1\times(0.006\times200\times2\times1.3+5+5)=14.5m$。循环泵选型采用一用一备，则循环泵选型功率为 7.5kW。5 个箱体式换热站总功率为 37.5kW，可每小时节约电 37.5kWh，一天节电 900kWh。

(2) 换热站小型化有利于循环水泵的配置。小型换热站按照现状供热面积设计或留少许余量，当供热面积增加时，安装新的换热站。循环泵按照现状供热面积设计，供热负荷比较准确，有利于循环泵流量计算；二级网供热管线路由确定，便于绘制管网特性曲线，便于循环泵扬程的计算，简言之，可以保证循环泵在高效区工作。

某集中供热工程供热面积 15 万 m^2，现状供热面积 8 万 m^2，为地暖系统。循环水泵采用一用一备，流量 710t/h，扬程为 32m H_2O，功率 90kW，如图 2-9 所示，循环泵在对应区域内高效运行。但换热站实际运行时，现状供热面积 8 万 m^2，仅需流量 378t/h，循环泵严重偏离其额定状态。

(3) 换热站小型化，循环泵功率小，便于更换和维修，站内不需要设备用，同时，单台泵运行效率会高于多台并联运行。

(4) 箱式换热站设置一台循环泵，取消出口止回阀。需要说明，当管径配置不合理时，水泵止回阀耗能不可小视。比如：某大剧院 5 个换热站，供热 100 万 m^2，每个站

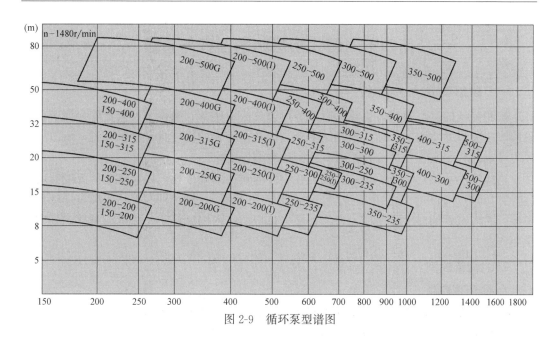

图 2-9　循环泵型谱图

流量 950t/h，止回阀压力损失 20m H_2O，5 个站止回阀每小时耗电 369kWh，1 天耗电 8867kWh。

（5）换热站规模小，站内管线短，只有换热站进出口阀门配置是必要的，常规的一级网和二级网上的许多阀门都可以取消。热力站常规系统图如图 2-10 所示，换热站内压力损失可以从 15m H_2O 左右下降到 5m H_2O 左右。按照流量 183t/h，，扬程 38m H_2O 下降到 28m H_2O，5 万 m^2 的站每小时节约电 7.1kWh，一天节电 171kWh。

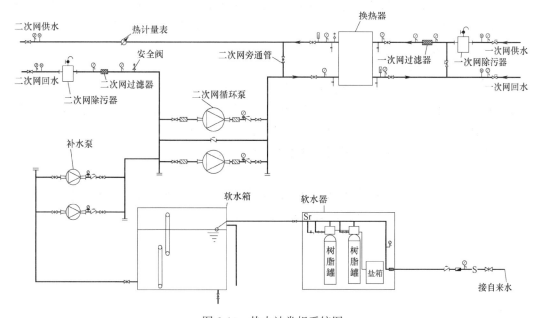

图 2-10　热力站常规系统图

第四节　箱式换热站的运行与管理

一、供热调节

按照传统的运行模式，供热运行调节可以分为质调节、量调节、质量综合调节，分阶段改变流量的质调节。箱式换热站由于具有功能完善的远传自动控制系统，可以根据预先设定的程序实现质量综合调节，达到运行节能的目的。

箱式换热站供热调节模式：一般会在小区内典型的几个住户内装有远传无线温度表（包括中间户、边户、顶层户、底层户、信用良好户等），供热期间换热站会自动选择一条运行曲线良好的温度曲线作为参考，根据住户的室内温度修正一级网流量以达到室内供热要求。

二、设备控制

1. 循环泵控制

循环泵控制有两种模式：手动控制和自动控制，手动控制可以人为的调节循环泵的频率，自动控制是通过以二级网的温差为目标量来控制循环泵的频率，使二级网供回水温差始终保持在一定的区间内。

箱式换热站的循环泵处于手动控制模式时，调节方法为分阶段改变流量的质调节，即供热初末期流量一般较小，供热中期流量最大。循环泵处于自动控制模式时，调节方法为质量综合调节，一天内循环泵可以根据二级网的温差实时调节。

2. 补水系统控制

箱式换热站是用一级网的回水补充二级网的失水量，在二级网的回水管上安装远传压力表与补水管的电磁阀形成连锁控制，当二级网回水压力低于设定的压力下限时，电磁阀打开进行补水，达到设定回水压力上限时，电磁阀关闭，停止补水。

3. 阀门控制

（1）电动调节阀

"一补二"整体式换热站一级网回水管上装设电动调节阀，根据室外温度自动调节电动调节阀的开度，改变一级网进入板式换热器的流量，进而改变换热器的换热量，改变二级网出水温度。"一补二"补水系统上装有电动调节阀，根据补水系统装设的压力传感器所测压力，改变电动调节阀开度进而改变补水量。

（2）电磁阀

一补二补水系统中，压力传感器将压力值传给压力控制器，压力控制器作用于电磁阀，控制电磁阀的开闭，从而控制补水系统的启停。

第三章 吸收式换热器换热站间连集中供热工程

在我国北方地区，冬季采暖是一个重要的民生问题，随着效率低下、污染严重的小型燃煤锅炉房逐步退出供热市场，以热电厂集中供应高温热水、分布式换热站对建筑群落进行供热的模式已成为主流，但随着我国城市化的快速发展，由于改造或新建的建筑物导致换热站的供热负荷不断增加，热电厂的供热能力趋于饱和。同时，由于环保要求，燃煤热电厂的建设受到限制，因此，急需提升既有热电厂的供热能力，以满足地区热负荷发展的需要。通常有两种方法：第一，提高一级网的流量或者提高一级网的供水温度均可有效提高供热能力，但实际情况却难以实现。因为增加一级网的流量意味着改造一次管网系统，而一次管网的改造就涉及市政基础设施的改造，难度极大；同时，提高一级网的供水温度存在管网耐温承压的问题，也受到很大的制约。第二，降低一级网的回水温度增大供回水温差也可以增加一级网的供热能力，吸收式换热机组就是有效降低一级网回水温度的新型供热技术。在集中供热系统中设置吸收式换热机组，可以在既有一次网管径不变的前提下，提高管网的输送能力，实现供热规模的扩大。

第一节 吸收式换热机组在换热站中的应用

一、吸收式换热机组在换热站中的应用介绍

1. 常规换热站中的换热设备

常规换热站的主要换热设备是板式换热器，板式换热器具有传热系数高、占地面积小、容易改变换热面积（增加或减少板片）或流程组合（改变板片排列）、组装方便、质量轻、价格低、维修保养方便、容易清洗等特点。

为了提高换热器的换热效率，通常将一次水和二次水做逆流换热，一级网的回水温度必须高于二次网的回水温度，即一级网的回水温度受到了二级网回水温度的限制（尤其是散热器采暖系统），如此便限制了一次水的总放热量；同时，一级网和二级网之间较大的换热温差导致换热器换热过程中产生很大的不可逆传热损失。

2. 吸收式换热机组在换热站中应用的优势

为了降低换热器大温差传热造成的不可逆损失，进一步提高集中供热一次管网的供热能力，将吸收式换热机组应用于集中供热系统的换热站中，替代传统的板式换热器，实现一次水与二次水的高效换热。

与传统板式换热器直接换热相比，吸收式换热机组对集中供热系统的一次水热量进

行梯级利用，在二级网供热参数相同的前提下，与常规板式换热器装置相比，一级网的进出口温差大幅度增加，即一次水的回水温度大幅度降低，使之远低于二级网的回水温度，一级网的回水温度可降低至20℃左右，如图3-1所示。

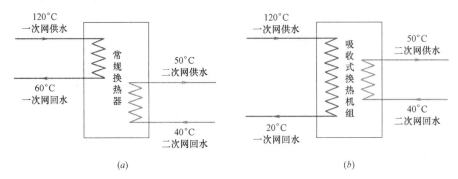

图3-1　板式换热器与吸收式换热机组的对比

（a）板式换热器；（b）吸收式换热机组

在换热站中使用吸收式换热机组具有以下优势：

（1）利用吸收式换热机组实现一级网低温回水，可以有效利用热电厂循环冷却水的大量低温余热，提高系统的综合能源利用效率。

（2）一级网供回水温差由60℃增加到100℃，可提升既有供热管网供热能力，即可增加集中供热面积。

（3）由工程热力学基本理论可知，一级网的回水温度降低，一级网的平均温度下降，减小了一、二级网之间的不可逆传热损失。

（4）对于同样供热能力的既有管网来说，一级网供回水温差加大可以降低一次网单位面积的输送能耗，可以降低一次网热损失。

（5）解决老城区供热规模扩大与管网供热能力不足的矛盾。

（6）对于同样供热能力的管网来说，增大供回水温差可以减小新建大型供热管网的管径，降低供热管网的初投资。

3．吸收式换热机组在换热站中应用考虑的问题

吸收式换热机组除了具有上述优势以外，还具有以下特点：

（1）占地面积大。由于内部结构复杂，不同的机组容量、不同的机组形式、不同厂家机组尺寸都有所差别。一般来说，高度一般至少在3m以上，有的可达4～5m；宽度为2～6m等；长度为5～10m。

（2）机组进出站房预留口尺寸较大。整体机组按其外形尺寸（长×宽×高）考虑进场，分体机组可以分体运输，要考虑最大的单个分体运输件的长宽高的尺寸，同时要考虑运输通道的尺寸。

（3）重量大、机组基础载荷大。工程中不但要考虑机组的净重量和运输重量，还要考虑运转重量。不同型号机组的运转重量相差较大，从十几吨到几十吨不等，有的高达70t；为了确保地基不沉陷，需要较大辅热机组基础载荷。

（4）价格高。是常规板式换热器的十几倍甚至几十倍。

（5）阻力损失较大。尤其是对于低温热水地板辐射供暖系统/阻力损失可高达 $10\sim15mH_2O$，所以在采用吸收式换热机组的换热站中，计算循环水泵扬程时要特别注意机组二次侧的阻力损失的实际值。

（6）生产周期长。一台机组的生产周期一般至少三十天以上。

（7）检修空间大。需要考虑拔管空间和操作空间。

（8）安装、维修、拆卸不便。

（9）操作、运行管理相对复杂。运行管理人员需要经过专业的培训。

4. 吸收式换热机组在换热站中运行的注意事项

由于吸收式换热机组的复杂性，在运行过程中需要注意如下事项：

（1）一级网供水温度不能太低，一般应保证在 85℃以上，当温度低于 80℃时，影响吸收式换热机组的稳定运行及换热效果，一般不启动。

（2）机组需要保持一定的真空度，当系统中个别的部位出现泄漏或传热管的点蚀现象时，会使吸收器的吸收速度很大程度下降。

（3）吸收器和蒸发器喷嘴或喷淋孔堵塞，会降低吸收和制热效率。

（4）冷剂水流入溶液使溶液变稀，或溶液进入冷剂侧使冷剂水污染，都会降低吸收器吸收冷剂蒸气的能力。

（5）机组长期停机需要进行真空保养和充氮保养等。

5. 吸收式换热机组在换热站中应用的可行性分析

单个换热站采用吸收式换热机组优势并不明显，只有对某一集中供热管网中的全部或绝大部分换热站采用吸收式换热机组才能明显发挥其优势，可以解决建筑总量飞速增加与集中供热热源不足、热源供热范围迅速扩大与供热管网难以满足要求之间的矛盾，还可以解决新建供热管网大管径供热管道地下敷设比较困难的问题。

换热站中的换热设备采用传统的板式换热器还是吸收式换热机组，要进行方案比选，考虑设备费用、运行费用、热源及供热管网的供热能力、节能效果等多方面因素，经过技术经济比较后确定；同时，在可行性研究阶段，不仅需要对采用吸收式换热机组的换热站进行设备选型计算，还需要考虑设备进出场的运输通道、安装空间、检修空间，机组的运转重量对建筑物基础的承重能力的要求，尤其是改造换热站，一定要进行可行性分析，要核算原有建筑结构是否能满足要求，是否需要加固；由于各换热站阻力变化，还需要对热网进行水力平衡和热力平衡分析。

二、吸收式换热机组的组成及工作原理

1. 吸收式换热机组的组成

吸收式换热机组主要由热水型吸收式热泵和水-水换热器组成。目前，吸收式热泵采用的工质对主要有溴化锂/水和氨/水两种，其中以溴化锂/水作为工质对应用最为普遍。本节中所提到的吸收式换热机组均采用溴化锂/水为工质对。溴化锂热水型吸收式热泵主要由发生器、冷凝器、蒸发器、吸收器和溶液热交换器等主要部件以及抽气装置、溶液泵、冷剂泵、控制系统等部分组成。各主要组成部分的作用如下：

（1）发生器：一级网高温水进入发生器的换热管加热溴化锂稀溶液，稀溶液沸腾并产生水蒸气，产生的水蒸气进入冷凝器；同时，溶液由稀溶液浓缩成浓溶液。

（2）蒸发器：从发生器出来的一次水与部分二次水进行热交换后进入蒸发器，被真空环境下的冷剂水喷淋降温，降温后返回一次水的回水管，冷剂水在换热管的外壁吸热后蒸发为水蒸气，然后进入吸收器。

（3）吸收器：来自发生器的溴化锂浓溶液吸收来自蒸发器的水蒸气变成稀溶液，同时释放吸收热，二次水流经吸收器的换热管，被换热管外的稀溶液喷淋，二次水吸取稀溶液中的吸收热第一次升温。

（4）冷凝器：从吸收器来的二次水流经冷凝器换热管，冷却发生器产生的水蒸气，换热管外水蒸气冷凝为冷剂水，流回蒸发器，水蒸气冷凝为水的过程中释放的热量加热换热管里的二次水，二次水得到第二次升温。

（5）溶液泵：把吸收器里的溴化锂稀溶液抽出，经溶液热交换器升温后进入发生器进行升温浓缩。

（6）冷剂泵：将冷剂水抽出，喷淋在蒸发器传热管外表面。

（7）溶液热交换器：从发生器出来的高温的溴化锂浓溶液与从吸收器出来的低温的溴化锂稀溶液在溶液热交换器内进行热量交换，是为提高效能、降低成本而设置的辅助装置。

（8）抽气装置：抽除了热泵内的不凝性气体，并保持热泵内一直处于高真空状态。

吸收式热泵的工作原理如图 3-2 所示。

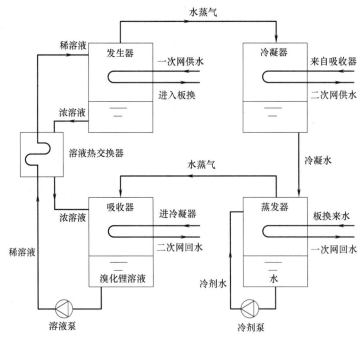

图 3-2　吸收式热泵工作原理图

吸收式换热机组可以采用两级蒸发/吸收甚至多级蒸发/吸收的结构形式，使一次水在蒸发器中逐步降温，二次水在吸收器中逐步升温，进一步减少机组内的不可逆传热损失，发生器可以采用多回程逆流换热。

2. 吸收式换热机组在换热站中的工作原理

一级网高温水首先作为驱动能源，进入吸收式热泵发生器中加热并浓缩溴化锂溶液，发生器进、出口水温差达到 30℃以上；第一次降温后的一级网高温水进入水-水换热器直接加热二级网热水；第二次降温后的一级网高温水返回吸收式热泵作为低位热源，在其蒸发器中降温后最终返回一级网回水管，蒸发器进、出口水温差可以达到30℃以上；二级网回水分为两路进入机组，一路顺序进入吸收式热泵的吸收器和冷凝器中吸收热量，另一路进入水-水换热器，与一级网热水进行换热，两路热水汇合后作为二级网的供水送往热用户。通过研究表明，一级网回水温度随一级网供水温度的升高而降低，随二级网供水温度的升高而升高。吸收式换热机组的工作流程图如图 3-3 所示。

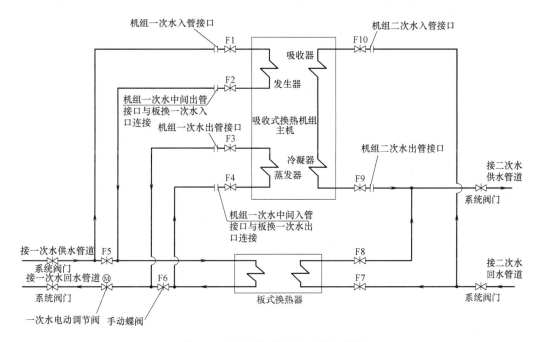

图 3-3 吸收式换热机组工作流程图

第二节 吸收式换热机组在换热站中的应用案例

一、工程概况

以太原市某集中供热改造工程为例介绍溴化锂大温差吸收式换热机组在换热站中的应用。

1. 原有供热工程概况

原有供热工程为某厂外居民宿舍区及生活区的冬季供暖工程，供暖总建筑面积达两百多万平方米，热源全部来自厂区内蒸汽锅炉房，总共设有 6 个换热站，其中 2 个为地下换热站，4 个为地上换热站，在每个换热站内均采用汽-水换热设备进行换热后供给用户进行采暖。原有二次侧供暖系统共有 18 个子系统，分别分布在南区 3 个换热站以及北区 3 个换热站。

既有建筑无论从建设年代、使用功能或是末端系统形式上都相差较大，有的是八、九十年代的建筑，虽然大部分后期做了节能改造，增加了外墙保温，但保温效果参差不齐，而新建建筑保温效果较好，外窗的类型也形式各异，导致建筑热负荷指标差别较大；末端系统形式也多种多样，有地板辐射系统、传统的散热器系统（单管顺流式系统、单管跨越式系统）、共用立管的分户独立散热器系统；建筑使用功能方面有住宅、学校、宾馆、办公楼、文物保护建筑等；建筑类别有多层建筑、高层建筑。所以，建筑物面积热指标各不相同。原有供热管网形式错综复杂，包括直埋敷设、地沟敷设、架空敷设，管线长达八、九百米，室外管网保温情况也参差不齐。本节中重点介绍换热站部分的改造情况。

2. 工程改造的背景

根据 2017 年底中共太原市委、太原市人民政府的相关要求，为了提升全市燃煤综合管控水平，减少大气污染排放，推进冬季清洁取暖改造，持续改善空气质量，2017 年底前市区建成"禁煤区"，市区范围内的生活用煤、农业生产用煤、商业活动用煤、企事业单位用煤、工业企业用煤（除太原钢铁（集团）有限公司、大唐太原第二热电厂保留热源厂外），实现燃料煤炭清零。对市区 471 台 35t 以下燃煤采暖锅炉实施清零。原有供热工程所使用的蒸汽锅炉房全部在拆除范围之内，使得多达两百多万平方米的建筑没有了热源。

3. 工程改造方案的确定

本供热改造工程供热面积有两百多万平方米，供暖热负荷比较大，根据"集中供热优先，其他清洁能源为补充"的原则，以及太原市整体供热规划和供热现状，综合考虑原有供热工程所处的地理位置及各种因素，经有关部门协商，最终确定统一采用集中供热方式。一次热源采用古交中继能源站的 120℃高温热水，同时，按照太原市热力公司的供热技术要求，换热站内全部采用大温差吸收式换热机组，为了保证原有供热管网的正常运行，要求一次水回水温度低于 25℃。同时，结合工程设计，为保证供热效果，将二级网原有的 18 个供暖子系统改造为 22 个子系统。

二、工程设计概要

1. 换热站简介

本改造工程共有六个换热站，改造后的各换热站基本情况介绍见表 3-1，各换热站主要设备见表 3-2。

（1）新建换热站建筑主体形式的确定

第三和第四换热站为原有地下室换热站，局部进行改造，其他四个交换站均为新建地上一层建筑，新建的主要原因是原有换热站的高度和结构形式不能满足大温差吸收式换热机组的安装和使用要求。由于原有室外供热管网的错综复杂以及场地条件所限，只能在原有换热站的位置重新建站。同时，供热工程改造方案于 2017 年 6 月份确定，要求换热站当年采暖季全部正常投入使用，为了保证工期，新建换热站均采用轻型门式钢架结构。

（2）新建换热站平面尺寸的确定

一般来说，换热站的平面尺寸和净空高度应能满足设备安装、检修、操作、更换的要求和管道安装的要求，在方案设计阶段可以根据供热面积、建筑使用功能、系统形式以及系统的数量估算换热站的面积。

本工程极具特殊性，由于现场条件的制约，换热站的平面尺寸不能进行简单的估算，其确定过程十分复杂，经过了反反复复的方案比较，对设备平面布置进行多次调整。一方面，要满足《建筑防火设计规范》GB 50016—2014 中新建换热站与周边建筑物的距离要求，虽然在原地新建，但是尺寸要重新确定；另一方面，由于换热站内采用大温差吸收式换热机组，机组尺寸较大，是决定换热站尺寸的关键设备，而且不同供热能力的机组尺寸相差较大，所以每个换热站的平面尺寸必须要经过准确的设备平面布置来确定，每增加一米长度或宽度都要经过多方面的讨论与协商，可能涉及周围旧建筑的拆迁等，方案可行与否就在方寸之间。所以说，本工程的最大特点就是根据现场情况在确定设备平面布置的基础上来确定换热站尺寸。

在方案设计阶段，根据吸收式换热机组的类型（整体机组和分体机组）、外形尺寸和检修空间以及循环泵、补给水箱、软水器等设备的外形尺寸，并考虑操作空间和管道安装等因素，来确定新建换热站主体的最小尺寸。

每个换热站根据已有子系统的相关参数，如热负荷、供热面积、二次侧的供回水温度、一次侧和二次侧的设计压力等，先进行机组的初步选型，并且根据每个换热站的实际情况，扣除软水器、水箱、水泵等设备所占的空间，给厂家提供机组所能布置的大概范围，然后根据各厂家反馈的选型数据中提供的机组的外形尺寸，即长×宽×高（只是主机的尺寸），同时考虑板式换热器的占地面积以及接管空间，进行平面的布置，当站房布置不能满足要求时，与厂家协商是否能够重新调整尺寸或者更换机组形式来满足要求，确实不能满足要求的，只能考虑调整建筑尺寸，不断地进行调整协商。

对于吸收式换热机组的外形尺寸，不同厂家相差较大。以设计热负荷为 12MW、只负担一个散热器供暖系统的吸收式换热机组外形尺寸即长（不包括拔管空间）×宽×高的数据为例，厂家 1 的尺寸为：7885×5560×4096；厂家 2 的尺寸为：9100×3480×3380；厂家 3 的尺寸为：7950×3460×4220；厂家 4 的尺寸为：8760×5365×4000。每个换热站对机组的特殊要求都不一样，有的长度限制严格（如第一换热站），有的宽度限制严格（如第五换热站），有的高度限制严格（如第三、第四换热站），所以本工程的复杂性就在于要根据每个换热站的不同情况，按系统分别布置机组的平面，确定最终方案。在机组布置时还需要结合一级网的位置、二级网的位置、排水以及给水的位置、电源位置，尽量使管道连接流畅，布局合理。例如，第五换热站中四建系统的机组在站内没有拔管空间，只能考虑检修时通过开门或者开窗来实现，而且换热站的宽度最大尺寸不能超过 10m；第二换热站的最大平面尺寸仅为 14m×24m 等。

（3）新建换热站净空高度的确定

采用吸收式换热机组的换热站，考虑机组高度以及顶部检修空间的要求，一般情况下净高要求 5.1m。考虑本工程中换热站系统个数比较多、供热面积比较大以及平面尺寸对管道安装的限制，尽可能让管道在高度上分层布置，新建换热站的净高为 6.0m。

（4）原有换热站对机组尺寸的限制

原有第三、第四换热站均位于地下一层，吸收式换热机组由于其尺寸较大，无法通过疏散楼梯进入，只能考虑从地下车库的入口进入，但车库入口坡道最低处净高只有 2.3m，这就要求机组必须选用分体式，而且分体运输件的运输高度（包括包装及运输设备）不能超过2.3m，同时，根据原有换热站内的梁底净高限定机组整体高度值，这就需要在机组选型时提出具体的要求。另外，分体运输件的宽度也受到已有建筑平面尺寸的限制以及结构形式的限制，要查阅原有建筑的建筑专业、结构专业施工图设计图纸，并与设计院的工程师进行协商，看哪面墙可以开洞、是否需要加固等，确定合适的机组入口位置。所以，地下室原有换热站对机组的尺寸要求更加严格。

各换热站基本情况介绍表　　　　　　　　　　　　　　　　表3-1

换热站名	第一换热站	第二换热站	第三换热站	第四换热站	第五换热站	第六换热站
建筑主体情况	新建地上一层建筑,轻型门式钢架结构	新建地上一层建筑,轻型门式钢架结构	高层主体下方,原有地下换热站改造	高层主体下方,原有地下换热站改造	新建地上一层建筑,轻型门式钢架结构	新建地上一层建筑,轻型门式钢架结构
占地面积(m²)	750	336	660	410	400	420
总供热面积(万 m²)	55	25	39	32	26	43
系统情况	七个子系统:五个散热器系统,两个地热系统	两个子系统:均为散热器系统	四个子系统:两个散热器系统,两个地热系统	三个子系统:均为地热系统	三个子系统:均为散热器系统	三个子系统:均为散热器系统

各换热站主要设备表　　　　　　　　　　　　　　　　表3-2

换热站名	第一换热站	第二换热站	第三换热站	第四换热站	第五换热站	第六换热站
机组台数及形式	四台整体式机组,其中有三台机组分别负担两个子系统	两台整体式机组,各负担一个子系统	两台分体式机组,各负担两个子系统	两台分体式机组,其中一台负担两个子系统	两台整体式机组,其中一台负担两个子系统	两台分体式机组,其中一台负担两个子系统
循环泵	14 台（每个系统各 2 台,1用1备,变频控制）	4 台（每个系统各 2 台,1用1备,变频控制）	8 台（每个系统各 2 台,1用1备,变频控制）	6 台（每个系统各 2 台,1用1备,变频控制）	6 台（每个系统各 2 台,1用1备,变频控制）	6 台（每个系统各 2 台,1 用 1 备,变频控制）
补水泵	14 台（每个系统各 2 台,变频控制）	4 台（每个系统各 2 台,变频控制）	8 台（每个系统各 2 台,变频控制）	6 台（每个系统各 2 台,变频控制）	6 台（每个系统各 2 台,变频控制）	6 台（每个系统各 2 台,变频控制）
水箱(t)	24	8	16	8	10	16

2. 吸收式换热机组运行方式的确定

目前，吸收式换热机组在换热站中的运行方式主要有以下两种。

（1）吸收式换热机组与板式换热器并联运行

当原有热力站进行大温差吸收式换热机组改造时，可以保留原有板式换热器系统，或者新建换热站时，可以单独设置板式换热器系统，与吸收式换热机组并联使用，提高换热站换热设备的可靠性。

一次侧由吸收式换热机组和板式换热器并联，即吸收式换热机组和板式换热器不同时使用。当一级网供水温度较低或二级网供水温度较高，吸收式换热机组无法正常启用时，关闭吸收式换热机组入口阀门，全部二级网回水由板式换热器加热；当一级网供水温度较高时，满足机组启动条件，或者室外温度较低时，关闭板式换热器进水阀门，二级网全部回水由吸收式换热机组加热。

吸收式换热机组与板式换热器并联使用，提高了整个采暖季换热站热负荷调整的灵活性，并提高了换热站供热能力和供热的可靠性。

（2）吸收式换热机组独立运行

只有吸收式换热机组进行换热，可以节约设备投资，减少换热站的面积。但对一级网供水温度要求比较严格，一般在高于 80℃ 时吸收式换热机组才能启动。由于吸收式换热机组由吸收式热泵和水-水换热器组合而成，当外部停电或机组故障导致主机停机，或者一级网供水温度比较低时，可以通过阀门的切换，改为仅利用内部水-水换热器供热的模式，供热出力仍然可以达到设计出力的 70% 以上，保证供热安全。下面以图 3-3 吸收式换热机组工作流程图为例来说明如何切换运行。机组供热模式：阀门 F1、F2、F3、F4、F7、F8、F9、F10 开启，阀门 F5、F6 关闭；板式换热器供热模式：阀门 F5、F6、F7、F8 开启，阀门 F1、F2、F3、F4、F9、F10 关闭。

由于本工程中换热站的平面尺寸受限，设备布置非常紧张，换热站内没有空间设置板式换热器系统与吸收式换热机组并联运行，所以采用吸收式换热机组独立运行的方式。考虑当室外温度较低机组发生故障的情况下，为了保证供暖系统仍然能够正常运行，与机组厂家协商在保证吸收式换热机组换热效果的情况下，适当的加大换热器的换热面积。

3. 吸收式换热机组形式的确定

目前，基于采用吸收式换热机组的集中供热系统换热站的不同特点，吸收式换热机组形式主要有以下几种。

（1）整体式吸收式换热机组：将吸收式热泵与水-水换热器整合为一体的吸收式换热机组结构。

应用场合：新建的地上建筑或地下建筑，场地较大，进出设备较方便的换热站。

（2）分体式吸收式换热机组：主要是针对换热站空间小、安装搬运困难等问题，在保留继承整体式机组优点的基础上，进一步优化结构，合理分区，通过不同功能模块的合理组合，可自由组合成不同容量、不同类型的吸收式换热机组。

应用场合：新建的地下建筑，已有的地上或地下建筑，场地或运输条件较小、机组整体进出场比较困难的换热站。

（3）模块型吸收式换热机组：针对换热站空间特别狭小的问题，在保留继承常规型吸收式换热机组优点的基础上，进一步优化结构。

应用场合：场地或运输条件较小、安装位置分散的换热站。

（4）补燃型吸收式换热机组：具备燃气补燃功能的吸收式换热机组，将燃气直燃发生器与热水发生器优化集成，以一次热网为基础热源，天然气为调峰热源。在初、末寒期热源热量充足时，利用热水驱动来满足供热需求，随着室外温度的降低，热负荷逐渐增大，当一次网提供的热量不能满足热负荷需求时，则启动燃气补燃驱动，进一步提高机组供热量。

应用场合：新建的地上建筑，场地较大，一次能源不足，具备燃气且能够方便设置烟囱及进、排风口的换热站。

（5）吸收式换热机组分为Ⅰ型（单水路）和Ⅱ型（双水路）两种规格。Ⅰ型机组只负担一个供热分区（图3-3），例如：第二换热站的吸收式换热机组。Ⅱ型机组可以同时承担两个不同压力、不同供热参数的供热分区，并且根据每个分区热负荷的实时需求，通过电动阀自动分配一级网的流量，同时满足两个分区的供热要求，但负担两个分区的供热系统，机组也有不同的连接形式，例如：第一换热站中的九工区和雅苑低区（均为散热器系统）合用机组，见图3-4；第三换热站中的旧区其他系统（散热器系统）和嘉苑高区（地热系统）合用机组，旧区其他系统采用两台板式换热器，见图3-5；第四换热站中的熙苑中区和熙苑高区（均为地热系统）合用机组，两个系统的负荷基本相当，每个系统都经过主机，见图3-6。

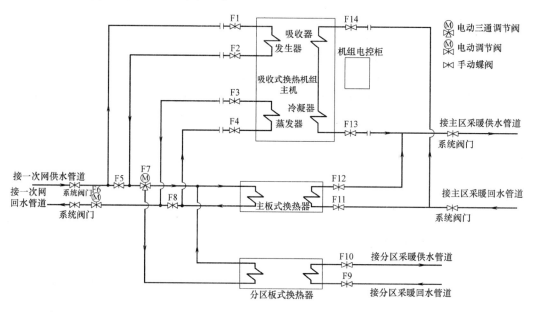

图3-4　Ⅱ型吸收式换热机组工作流程图（一）

原有第三和第四换热站由于地下室高度和平面尺寸以及运输通道的限制，只能选择分体式机组，根据系统情况，分别选择Ⅰ型和Ⅱ型机组。新建换热站，原则上尽量采用整体式机组，根据不同系统情况，分别选择Ⅰ型和Ⅱ型机组，例如第一换热站、第二换热站和第五换热站；由于第六换热站平面尺寸的限制，不能满足整体式机组的安装要求，采用分体式机组。

4. 吸收式换热机组供热负荷的确定

在吸收式换热机组选型时，考虑到吸收式换热机组的换热效率以及在运行过程中的制热量逐渐衰减等问题，需要考虑一定的附加系数。当采用Ⅱ型机组时，要明确每个供热分区系统的设计压力、供回水温度、热负荷等参数。

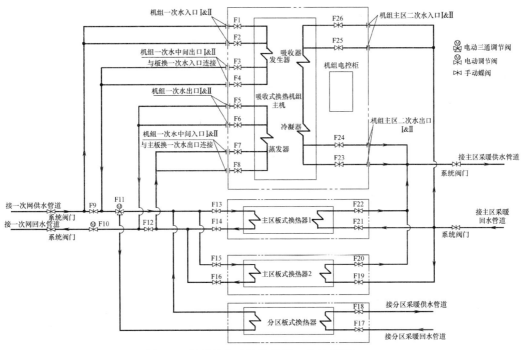

图 3-5　Ⅱ型吸收式换热机组工作流程图（二）

5. 循环水泵的选型

循环水泵是换热站核心设备之一。循环水泵为流体提供动力，克服流动阻力，将热量输送到千家万户，同时，它又是换热站的高耗电设备，因此，循环水泵的合理选型是确保供暖系统安全、经济、高效运行的重要环节。

通过对运行资料的分析发现，原有循环水泵普遍流量、扬程选型过大，长时间在大流量小温差下运行；原有供热管网部分年久失修、保温层老化，保温效果较差，管网热损失较大；有的二次管网连接方式不当导致阻力损失增加，有的主管网长度八九百米，而分支管网距站很近，很难达到水力平衡。由于是改造工程，本着经济适用的原则，原有循环水泵能满足要求的尽量利用。

（1）循环水泵扬程的确定

换热站内采暖系统循环水泵扬程主要由三部分组成：换热站内的换热设备和站内管道以及阀门附件等的压力损失、用户系统的压力损失、供热管网的压力损失。

1）站内的损失：主要根据吸收式换热机组选型参数中提供的阻力损失值以及管道附件的阻力损失值来确定。

2）用户系统的压力损失：根据末端用户的采暖形式来确定，由于分户计量系统的逐渐普及，考虑到分户热计量装置的阻力损失，本工程中，末端用户为散热器的系统一般取 5m H_2O，采用低温热水地板辐射的供暖系统取 8m H_2O。

3）供热管网的压力损失：由于是改造工程，不能按《城镇供热管网设计规范》CJJ 34—2010 中第 14.2.4 条直接采用经济比摩阻进行计算，要对管网连续几年的运行参数（供水压力、回水压力、供回水最大温差等）进行分析，综合确定供热管网的压力损失。

37

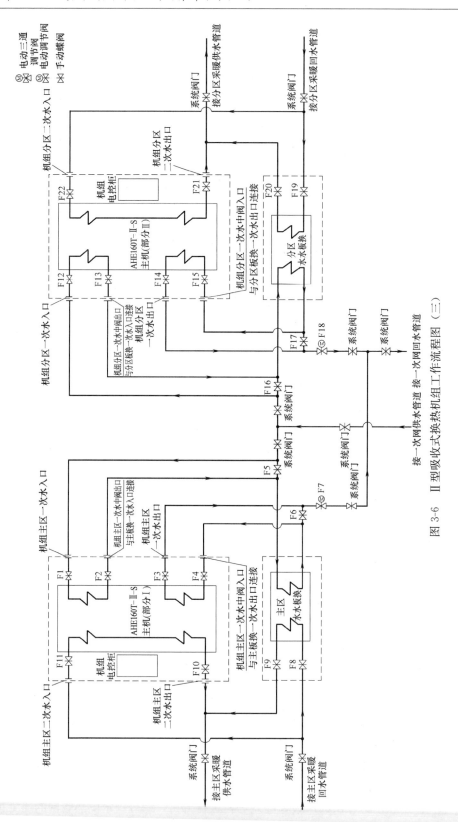

图 3-6　Ⅱ型吸收式换热机组工作流程图（三）

（2）循环水泵台数的确定

循环水泵的台数应根据供热系统的规模，结合管网设计和运行调节方式确定。根据《城镇供热管网设计规范》CJJ 34—2010 中第 10.3.5 条规定，水泵台数不应少于 2 台，其中 1 台备用。本工程中，每个系统的循环水泵均为 2 台，一用一备。

循环水泵采用变频调速，考虑末端采暖用户采用分户计量，用户进行自主调节时，系统的流量会发生变化，以最不利用户处保持给定的资用压头来控制其转速，实现系统的量调节，可以最大限度的节能。根据流体力学中的相似律可知，水泵变速调节即改变水泵的转速，水泵的性能曲线也同时发生变化，从而使工况点移动，流量随之改变。水泵的流量、扬程和轴功率均与水泵叶轮转数之间存在一定的比例关系，$Q/Q' = n/n'$，$H/H' = (n/n')^2$，$N/N' = (n/n')^3$，即水泵轴功率与流量三次方成正比，也就是说，当循环水泵采用变速调节降低转数时，将很大程度降低循环水泵的运行电耗。

（3）循环水泵流量的确定

根据《城镇供热管网设计规范》CJJ 34—2010 中第 10.3.5 条规定，采暖系统循环水泵流量不应小于所有用户的设计流量之和。用户的流量主要由用户的采暖热负荷和供回水温度确定。供回水温度根据用户的采暖形式确定；采暖热负荷的大小按面积热指标进行确定，根据建筑物的建设年代、使用功能、保温情况等分别确定面积热指标，从 $45W/m^2$ 到 $80W/m^2$ 不等。按《城镇供热管网设计规范》CJJ 34—2010 要求，采暖系统的循环泵的选择在流量和扬程上均不考虑额外的余量，以防止选泵过大。如果选泵过大，会导致供热系统在大流量小温差下运行，很难降低热网的回水温度，对供热管网的运行十分不利。但是，本工程通过对实际运行参数的分析，发现原有管网的散热损失较大，因此，对部分循环水泵的流量在设计流量的基础上考虑了 10%～20% 的余量。

（4）其他注意事项

由于第三换热站和第四换热站为地下室，并且位于高层主体下方，为避免水泵运转时对地上用户产生影响，必须采用低噪声的水泵，同时采取防震措施。另外，循环水泵选型时，其承压能力和耐温能力应能满足系统设计压力和设计水温的要求，由于实际工程中补水点通常设在循环水泵的吸入口，所以，循环水泵的承压和补水泵的扬程有直接关系，在选型时需明确给出。循环水泵当功率大于等于 75kW 时，采用卧式泵，其余为了减少平面尺寸，均采用立式泵。

6. 补水泵的选型

（1）补水泵扬程的确定

对每个系统实际所负担建筑物的高度以及地势高差重新进行核对，确定每个系统的定压点的压力。按照《城镇供热管网设计规范》CJJ 34—2010 中第 10.3.8.2 条规定，补水泵的扬程不应小于补水点的压力加 30～50kPa。本工程中补水泵的扬程按每个系统定压点的压力加 $5mH_2O$ 确定。

（2）补水泵台数的确定

根据《城镇供热管网设计规范》CJJ 34—2010 中第 10.3.8 条规定，补水泵不宜少于 2 台，可不设备用泵。所以本工程中每个系统补水泵均设置 2 台，不设备用泵，平时使用 1 台，初期上水或事故补水时 2 台水泵同时运行。

（3）补水泵流量的确定

补水泵的流量，要和系统漏失水量相匹配，根据《锅炉房设计规范》GB 50341—2008 第 10.1.8 条规定，热水系统的小时泄漏量应根据系统的规模和供水温度等条件确定，宜为系统循环流量的 1%；第 10.1.7 条规定，补给水泵的流量，应根据热水系统的正常补给水量和事故补给水量确定，并宜为正常补给水量的 4～5 倍；《城镇供热管网设计规范》CJJ 34—2010 中第 10.3.8 条规定，补水装置的补水能力应根据系统的水容量和供水温度等条件确定，可按下列规定取用：

1）当设计供水温度高于 65℃时，可取系统循环流量的 4%～5%；

2）当设计供水温度等于或低于 65℃时，可取系统循环流量的 1%～2%；

由于原有供热管网的情况比较复杂，有的旧管网漏水量较大，新管网漏水量较小，结合已有的实际运行的数据——每个系统整个采暖季的耗水量和以上规范的要求，补水泵的流量确定如下：

对于散热器系统，补水泵的总流量取系统循环流量的 4%～5%（个别漏水量较大的系统除外），即单台补水泵的流量取系统循环流量的 2%～2.5%（个别漏水量较大的系统除外）；对于低温热水地板辐射供暖系统，补水泵的总流量取系统循环流量的 2%～4%，单台补水泵的流量取系统循环流量的 1%～2%。

如果补水泵的流量偏小，则达不到要求的稳压值，起不到定压的作用；如果补水泵的流量过大，则补水泵在运行的过程中，对于按补水压力控制补水泵启停的补水系统，补水泵运行时间短且启停频繁，对管网的冲击大，系统压力波动较大，不利于水系统的稳定运行；由于电动机的启动电流约为额定电流的 6～7 倍，而且补水泵运行时只能在低负荷、低效率区运行，电动机长期运行发热量过大，在耗电的同时降低了其使用寿命。

虽然现在工程中大部分补水泵采用变频调速装置，由于补水泵的流量大，当变频调速装置调节补水泵的电动机处于较低转速运行时，补水泵的流量仍大于系统的漏水量，此时在补水控制策略不合理的情况下，补水泵的电动机转速会降的很低，基本处于空载状态，长时间运行，叶轮的搅拌和机械密封副的摩擦，会造成补水泵的过热，会使水温不断上升，以至于发生汽化，表现为水泵内部憋气。长时间空转，噪声越来越大，振动越来越大，极易损坏补水泵。

（4）补水泵的变频控制

本工程中，补水泵采用变频控制，其工作原理为：安装在系统定压点处的压力传感器测量到系统定压点的压力值后，反馈回变频控制柜，与给定压力值比较后，控制变频器调节电动机的转速，使补水泵的流量随之变化。当系统定压点处测得的压力值低于给定压力值时，变频器控制水泵电动机的转速逐渐增大，补水泵流量逐渐增大；当系统定压点处测得的压力值高于给定压力值时，变频器控制水泵电动机的转速逐渐降低，流量逐渐减小，从而可满足定压点的压力始终维持在给定压力的上下限值之间，实现系统的连续补水，保证水系统的稳定运行，同时降低电动机功耗，实现补水泵的节能运行。另外，由于电动机连续运行，可避免因频繁启动造成电压波动和电动机长期过热，从而确保补水泵的长期安全运行。

7. 补水箱的选型

补给水箱的有效容量应根据热水系统的补水量和软化水设备的具体情况而定。

按《城镇供热管网设计规范》CJJ 34—2010 中第 10.3.8.4 条规定，补给水箱的有效容积可按 15～30min 的补水能力考虑，根据《全国民用建筑工程设计技术措施（暖通空调·动力）》2009 年版第 8.5.11 条的规定，补给水箱的有效容量不应小于 1～1.5h 的正常补水量。在实际工程设计中，补水箱的容积基本上都是按照 60min 的补水能力考虑。但一个换热站中经常会有 2 个及 2 个以上的供热系统，补水箱的容积如果按照每个系统补水量之和来计算，容积会特别大，通过调查发现，实际运行中上，基本上不会多个系统同时补水，所以本工程每个换热站内补水箱的有效容积按以下原则确定：

（1）对所有系统补水量求和后，取其 2/3 的数值和其中一个补水量最大的系统数值进行比较，取两者之间的大值来确定。例如：第四交换站。

（2）根据已有的运行数据，对某些旧系统，取某个换热站中最大的两个系统的补水量之和来确定。例如：第三换热站。

8. 一级网回水加压泵的设置

第四换热站和第五换热站根据热力的公司的技术要求，需在一级网回水上设置加压泵。

9. 二补一系统

由于一级网供热初期的注水能力不足，换热站内设置"二补一"系统，利用换热站内的补水泵，前期对整个一次网进行注水，补水泵的设置根据热力公司的整体技术要求确定。

三、部分工程设计图纸

详见第一换热站图纸，图 3-7 工艺流程图，图 3-8 管线平面图，图 3-9 设备基础布置平面图。

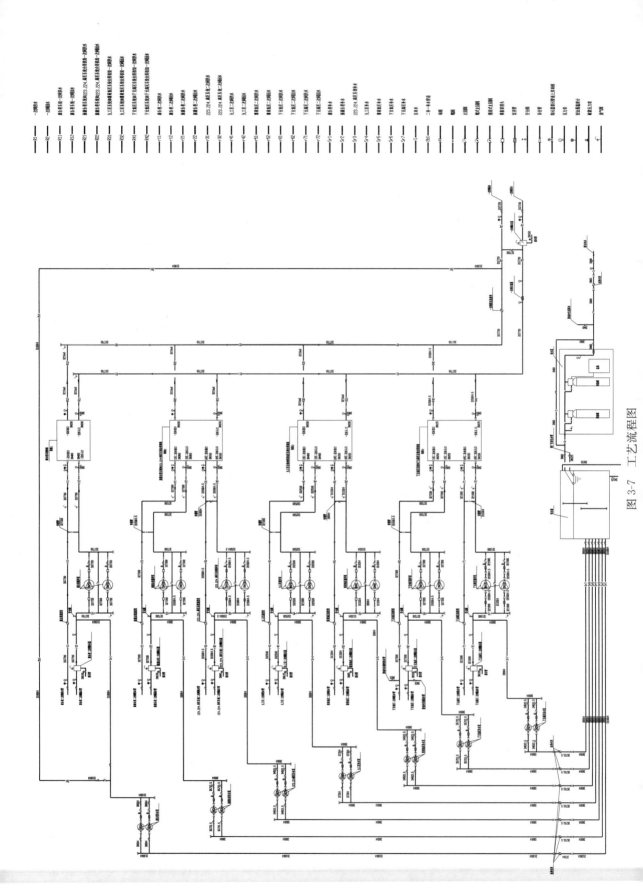

图 3-7　工艺流程图

42

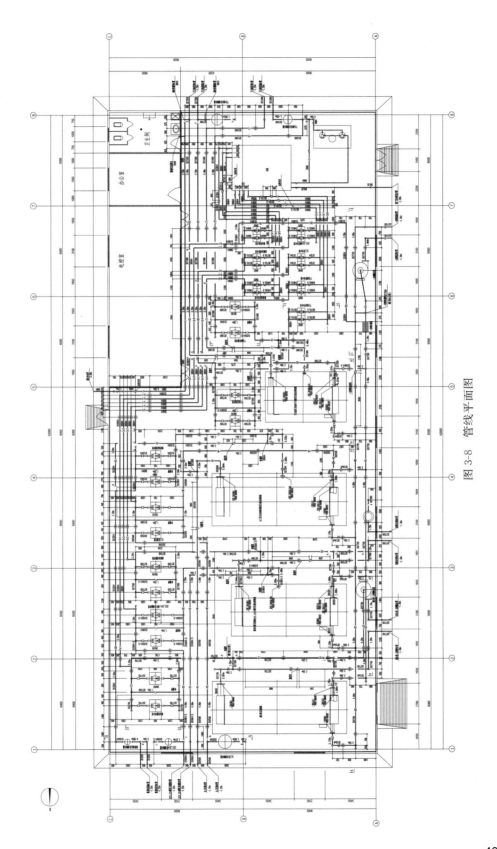

图 3-8　管线平面图

43

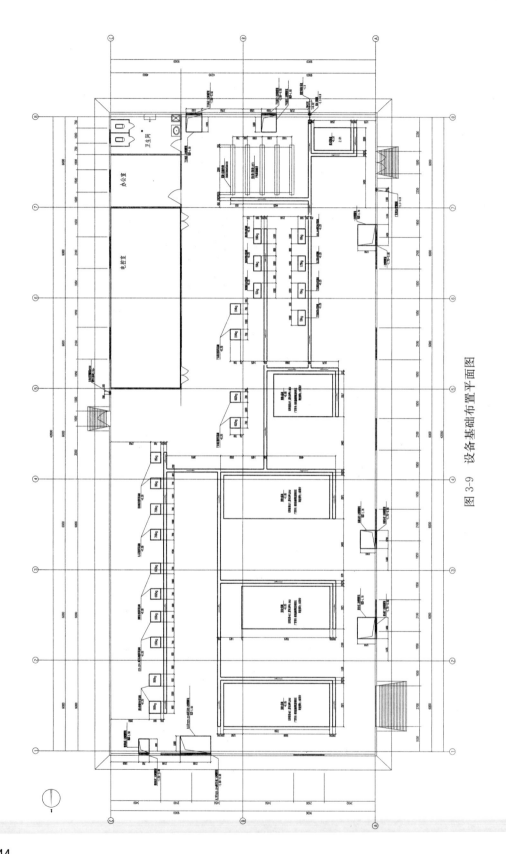

图 3-9 设备基础布置平面图

第四章 分户计量与控制集中供热工程

第一节 侯马市集中供热工程简述

山西亿众公用事业有限公司承担着侯马市中心城区集中供热的管理和运营，其管网主干线管径为 $DN1000$，目前共有换热站 85 座，供热面积约 520 万 m^2。

工程初期引进 4000 万元人民币丹麦政府贷款。最初控制系统为采用电话线路连接的远程控制系统，操作系统为 UNIX。运行三年后，公司开发了基于 Windows 下的远程控制无人值守系统，采用由自己组建的无线局域网络来传输控制和视频监测信号。

侯马市早期就逐步实施分户供热，具备分户管理控制的基础条件。山西亿众公用事业有限公司从 2009 年开始推进分户热计量系统，2010 年开始采用带阀门开关调整控制的分户阀控热计量系统。

第二节 分户阀控热计量的特点

一、解决二级网的水力、热力失调问题

二级网在使用分户阀控热计量前水力失调严重，近端用户开窗散热，而远端用户达不到供热要求而投诉，致使用户缴费率很低。通过改造分户阀控热计量系统，整个二级网在进行了简单初调节后基本无需考虑各支路和各楼宇、各单元之间的水力、热力平衡问题，系统处于自动平衡状态。在由多个开发商开发、既有散热器用户又有地暖用户的复杂供热区域，使用分户阀控热计量供热系统具有明显的优势。

二、大幅度降低系统能耗

末端用户采用阀控热计量系统，可以根据需要灵活设定室温，例如，当用户不在家时，可将设定温度调整到最低，和往年相比节约热量 10%～40%，用户既节省了供热费用，也为保障整体供热效果提供了支持。

三、实现按需供热

用户室内温度自行控制，当室内温度超过用户设定温度时，阀控热量表的阀门自动

关闭，当室内温度低于用户设定温度时自动开启，实现了按需供热，整个二级网始终处于供需平衡状态。

四、提高了供热单位运营管理水平

用户每年采暖前按面积预交热费，即本年交费额等于面积交费额减去上年余额。由于热费与热量挂钩，在保障用户需求的前提下，95％以上的用户都节约了热费，提高了缴费主动性，缓解了用户与供热单位间的矛盾，缓解了交费高峰期的用户排队现象，很大程度提高了各单位运营管理水平。图4-1为某热表用户逐年交费表。当用户热费用完后，阀门自动关闭，督促用户自觉交费。

历年热表与交费和报停情况					
年度	热表数值	热表问题	上年余额	基础热费	计量热费	交费金额
2011						
2012	0	0	0.00	574.38	938.43	1915.00
2013	10358	0	402.00	574.38	1005.56	1513.00
2014	21457	0	335.00	574.38	955.10	1580.00
2015	31999	0	386.00	574.38	976.84	1529.00
2016	42781	0	363.77	574.38	798.00	1551.00
2017	51589	0	542.39	574.38		1372.00

图4-1　某热表用户逐年交费表

年度——供暖期开始时的年份，例如，2015代表2015～2016年采暖季；

热表数值——表示本采暖季开始时热表的累计热量值，单位为kWh；

热表问题——表示本采暖季热表的状态、发生故障的记录等；

上年余额——表示上一个采暖季结束后，用户结余到本年度的热费，单位为元；

基础热费——两部制热价，按面积计算的固定部分，单位为元；本例单价为4.5元/m²年；

计量热费——两部制热价，按热表数值计算的部分，单位为元；本例单价为0.0906元/(kWh)；

本年度的计量热费是本年结束（下年开始）时热表值减去本年度开始值再乘以本年的计量单价。

交费金额——本年度用户实际的交费金额，单位为元。

计算示例如下：

2012该用户装表开始供暖，使用面积127.64m²，2012年按面积预交采暖费127.64×15＝1914.60元，实际交费1915元；（按面积计费热价为15元/m²年）

2013年结算2012年度费用，其中基础热费127.64×4.5＝574.38元，计量热费（10358－0）×0.0906＝938.43元，合计2012年度热费1512.81元，结余到2013年度1915－1512.81＝402.19元，2013年实际交费1513元；以下类同，本例为方便用户人工交费，个别数据进行了四舍五入取整处理。

只要用户上年度有余额，本年度就不必急着交费，用户可以错开交费高峰期交费。配合手机交费系统，用户可以随时随地交热费。详见图4-2手机交费截图：

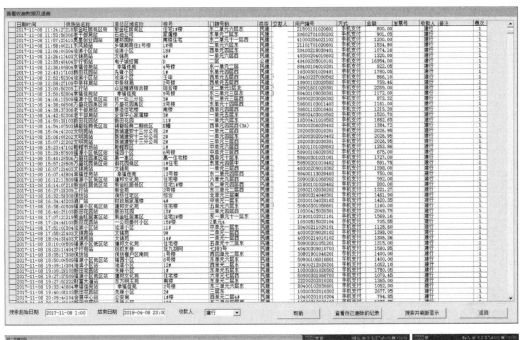

图 4-2　手机交费截图

第三节　分户阀控热计量系统的实施

分户阀控热计量系统主要包括：阀控一体式分户热量表、带数据远传装置的楼栋集中器、末端用户温控器、超表控制软件平台系统等。

一、热量表和集中器

集中器负责与下连供热用户热量表的通信、实现指令下发和数据上传，一般以楼宇单元或片区为单位。每个集中器最多可以连接 200 个热量表，兼顾楼宇和单元及布线方便，一般控制在 40～100 个。集中器功耗为 10～20W，可以采用楼道公共用电电源供电，电费由物业或用户集体承担。

当在平房区域安装热量表和集中器时，一般要安装在专门的防雨表箱内，通信线路采用明敷防老化线。

用户热量表安装示意图参见图 4-3，用户热量表安装实例见图 4-4。

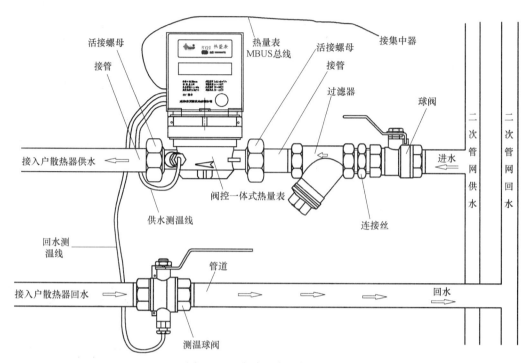

图 4-3　用户热量表安装示意图

图 4-4　用户热量表安装实例图

二、室内温控器

用户室内温度控制器内置室内温度传感器，可安装在用户预留的墙体面板槽内或放在便于操作的地方（像空调遥控器一样），采用电池供电。用户可根据需要自主设定室内温度，提高舒适度及降低能耗，是分户阀控热计量系统的关键设备。

三、数据远传通信

1. GPRS 远传通信

目前，大部分超声波热表厂商远程抄表是基于 GPRS 网络，热量表采用 MBUS 总线连接到集中器（MBUS 总线是一种主从式半双工传输总线，采用主叫/应答的方式通信，即只有处于中心地位的主站 Master 发出询问后，从站 Slave 才能向主站传输数据），集中器采用 GPRS 连接移动公司公共网络，通过路由器连接到供热单位的远端抄表服务器，参见图 4-5。

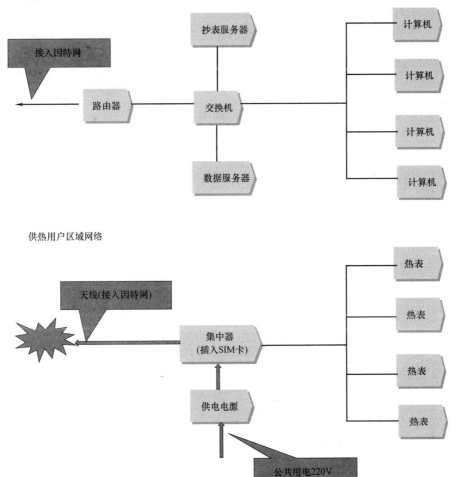

图 4-5 远程抄表网络原理图

集中器、阀控热量表、室内温控器图例见图4-6；集中器通信原理示意图见图4-7。

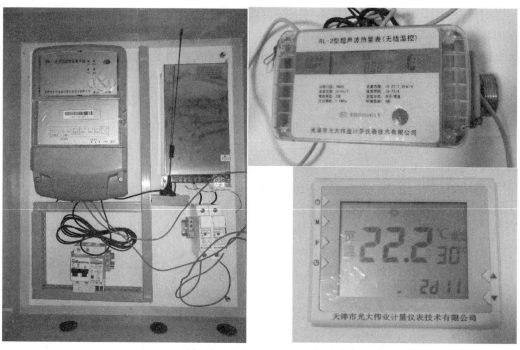

图4-6 集中器、阀控热量表、室内温控器图例

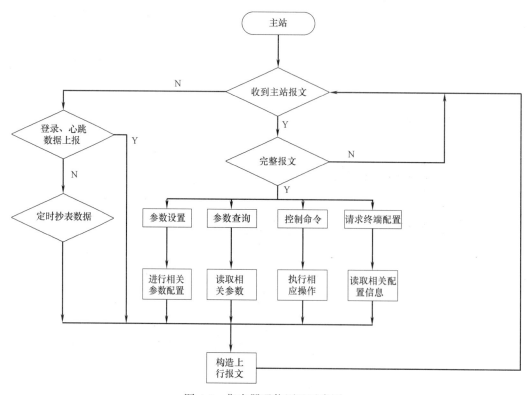

图4-7 集中器通信原理示意图

通信原理：提前将数据中心固定 IP 写入集中器，带 SIM 卡的集中器开机后会自动连接 GPRS 网络获得动态 IP。此时，集中器向数据中心发送心跳包，建立通信连接，协议如图 4-8 所示。

集中器(心跳)																				
68	31	00	31	00	68	C9	03	13	01	00	00	02	70	00	00	04	00	03	56	16
	L		L			C	地址域					AFN	SEQ	数据单元标识				信号强度	CS	

PC发送数据																									
68	49	00	49	00	68	10	03	13	01	00	00	00	60	00	00	04	00	02	00	00	04	00	00	91	16
	L		L			C	地址域					AFN	SEQ	数据单元标识				被确认的AFN	数据单元标识				ERR	CS	

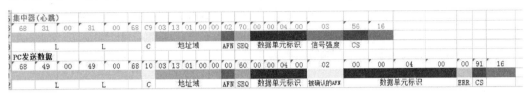

图 4-8　通信协议图

2. 热量表与集中器通信原理简述

热表地址直接采用热表编号与热表集中器编号（或 SIM 卡编号）组成。抄表时，首先读入集中器编号，抄表软件根据集中器编号依次下发对应热表编号生成的抄表指令到集中器，读表指令数据格式见图 4-9。

读表指令

建议：

数据截取方式：

1.先找6820开头　截取数据长度字节　根据数据长度截取数据

2.判断数据是否以16结尾，再判断数据是否有效

数据格式	68	20	B0	B1	B2	B3	B4	B5	B6	01	03	90	1F	00	CS	16

68 20 12 34 56 78 00 11 11 01 03 90 1F 00 71 16

表号　表号固定码　数据长度　校验和

图 4-9　读表指令数据格式

3. 抄表指令示例

集中器接收到读表指令后下发到总线负载热表。热表接收到对应指令后再通过集中器回传至数据中心，数据中心接收到数据后，将字符串分割并进行进制转换得到对应数据，写入数据库，如热量、室温、流量、阀门状态等，数据格式如图 4-10 所示。

上传数据格式

68 20 12 34 56 78 00 11 11 81 2E 90 1F 00 31 12 99 92 01 45 23 01 00

固定起始位　表号　表号固定码　固定码　关阀日期　室温　累计热量

05 00 81 D0 70 02 00 00 00 00 32 67 45 03 00 2A 13 31 00 49 31 00

单位　权限　设定温度　瞬时流量　单位　累计流量　单位　进水温度　回水温度

01 00 00 04 14 14 10 08 12 20 55 07 58 16

工作时间　秒　分　时　日　月　年　阀门状态　状态位　校验和　结束码

图 4-10　集中器返回数据格式

4. 室内温度控制器与热表通信原理简述

室内温度控制器与热量表配对（输入编号一致）后，每隔数分钟自动与热表通信一次，主要将用户设定的室内温度与测量到的室内温度写入热表，热表会根据是否低于或超过用户设定温度来开关热表控制阀门，控制室内温度在合理范围。室内温度控制器与热表之间可以采用有线连接或无线连接，目前我们主要采用无线连接方式。

四、抄表控制服务器系统

1. 抄表系统服务器

服务端工作原理：服务端启动后，使用 TCP 协议监听来自路由器转发的端口数据进行解析，监听由抄表客户端发送的及时抄表请求并及时下传给集中器进行处理。抄表服务平台软件界面见图 4-11。

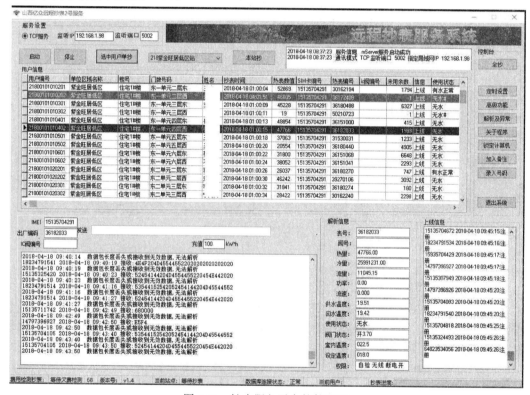

图 4-11 抄表服务平台软件界面

抄表系统服务端工作流程如图 4-12 所示。

2. 抄表服务及开关控制

抄表系统分定时全抄、交费抄表和及时抄表，定时全抄一般每天进行 2~3 次，抄表的数据主要为：抄表时间、供水温度、回水温度、设定温度、室内温度、阀门状态、使用情况、瞬时流速、电池电压等，并自动记录到数据库。

交费抄表两个小时运行一次，主要检测用户交费与费用使用情况，用户交费后，两小时之内阀门自动开启，用户欠费后，自动关闭阀控热量表内的阀门。

及时抄表是通过用户管理系统向抄表系统发送及时抄表指令，等待数秒后系统记录

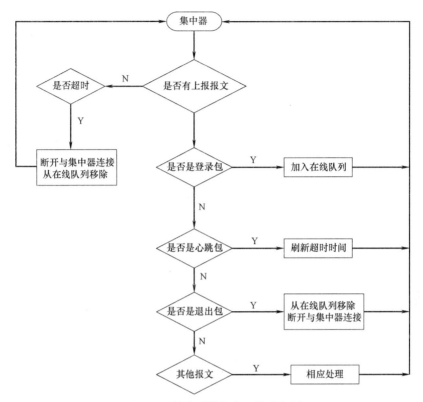

图 4-12　抄表系统服务工作流程图

抄表数据。主要检查用户进户管的供回水温度、管道流速等,使用者可以根据这两个信息判断用户供回水是否接反或用户室内管道是否堵塞等,为供热管理人员提供了用户服务技术支持。

五、开发抄表系统客户端

抄表客户端一般与公司的客户管理信息系统融合在一起,主要有以下几个功能。

1. 热表信息录入

热表信息录入主要是将热表信息附加在供热用户信息上,主要有热表编号、安装日期等,见图 4-13。关联用户信息和热表信息后,还需在用户关联集中器 SIM 卡编号录入界面录入所对应的集中器 SIM 卡编号(图 4-14)。

2. 用户抄表服务及用户抄表信息处理

供热管理者可以随时通过用户管理信息系统浏览各个供热站下热表用户的状态,包括进户供回水温度、设定温度、室内温度、管道流速、热量使用情况等,还可进行热表稽查、交费分析、热表用量节能分析、用户热表故障判断等工作,分别见图 4-15～图 4-16。

3. 用户室内温度记录和用热量记录

系统每天指定一个时刻记录用户当天的抄表数据和室内温度值,记录到数据库,作为用户每日使用热量记录及室内温度记录,当用户对室内温度或使用热量有异议时可以查询,见图 4-17。

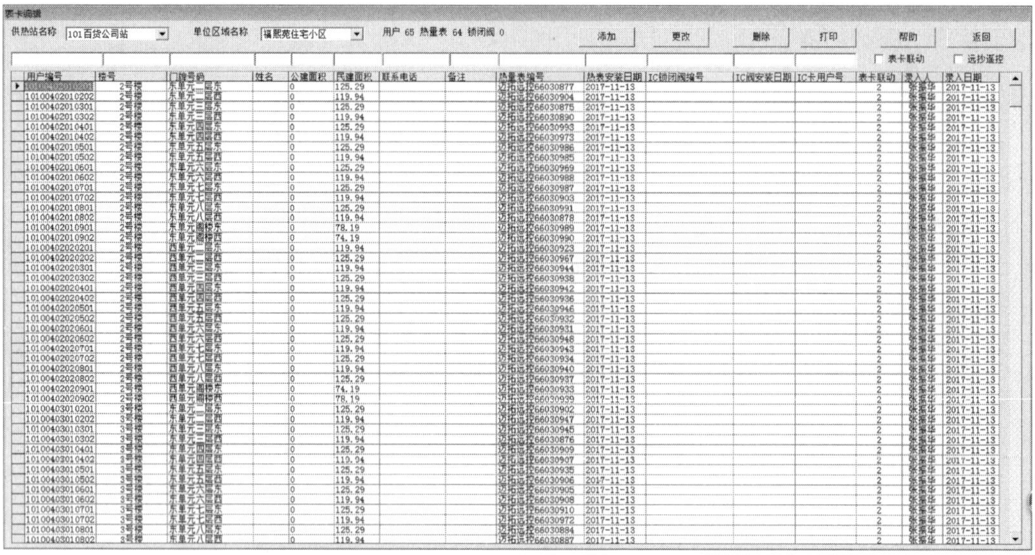

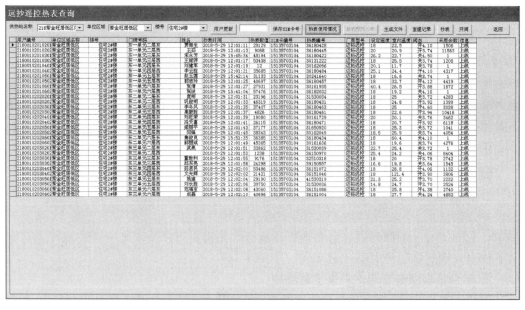

图 4-13　用户表卡信息录入界面

图 4-14　用户关联集中器 SIM 卡编号录入界面

4. 热量表的维修维护

热量表内电池寿命一般为 3～6 年，当电池电压低于某个水平时会导致计量不准确，因此，系统应该在抄表时检测电池电压和数据干扰情况以及通信故障情况。本系统自动检测这几项并自动记录，维护人员根据系统提示去检查热量表并写入维护记录，统计时会分类统计，见图 4-18、图 4-19。

图 4-15　用户管理信息登录、稽查及用户状态界面

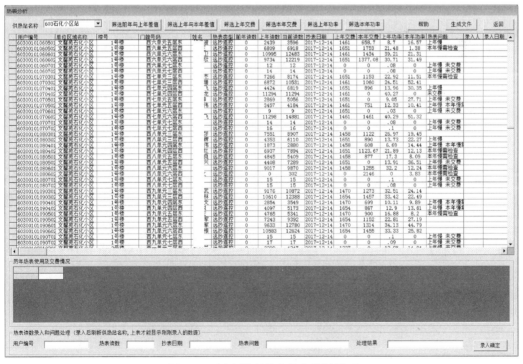

图 4-16　用户管理信息热表分析界面

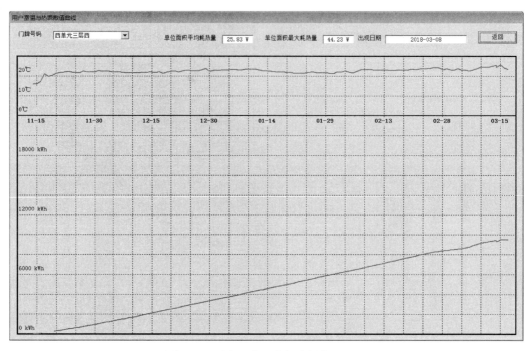

图 4-17　用户室内温度与消耗热量记录

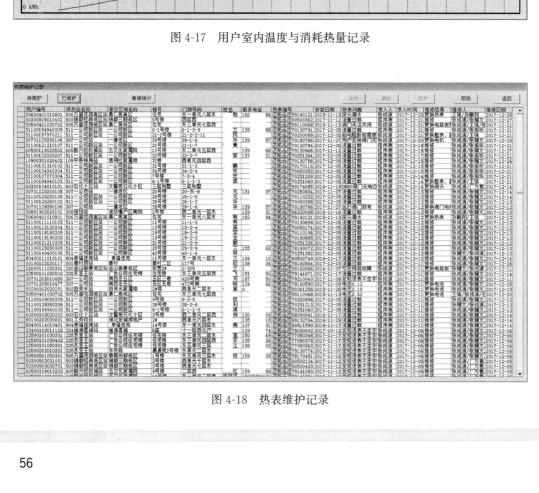

图 4-18　热表维护记录

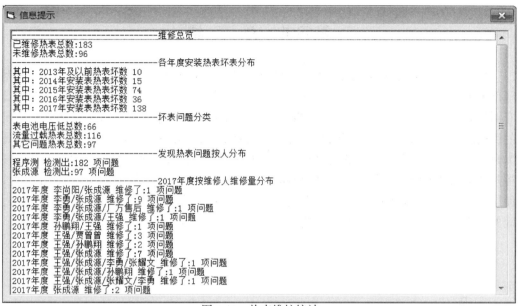

图 4-19　热表维护统计

5. 热量表费用提醒

采用热计量为收费依据后的用户，一般不忙于在采暖期开始交费，用户交热费成了不受时间和地点约束的简单事情。为了避免用户在费用使用完后停热，系统设计了热表交费提醒功能。提醒服务分三次预警，未用余数低于 800kWh 时开始第一次预警，低于 500kWh 时第二次预警，低于 200kWh 时第三次预警。目前采用的是人工通知用户，将来可以自动连接联系电话，采用短信通知方式。图 4-20 为热表交费提醒。

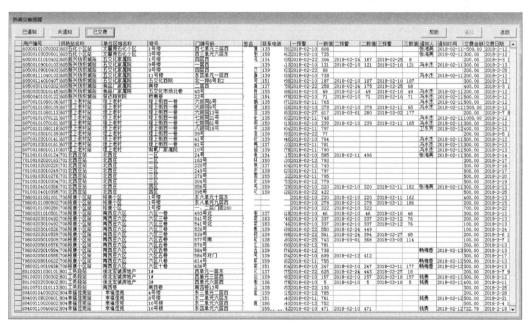

图 4-20　热表交费提醒

第四节　总　结

由于采用了按需供热方式，整个二级网始终处于平衡状态（分时开关），很大程度降低了水力、热力失调，在多开发商、既有散热器用户又有地暖用户的复杂区域使用具有明显的节能效果，真正实现了"按需供热"。同时，用户除了可以将室温调整到需要的温度外，尤其当用户不在家的时候可将设定温度调整到最低，节约大量热量消耗，既为自己节约了供热费，也能够转移热量给其他热用户，很大程度提高了用户满意度。阀控热计量系统上位抄表服务端和客户端的应用，也大幅度降低了工作人员的工作强度，使运营管理水平得到提升，同时也提高了供热服务的透明度，缓解了用户与供热单位之间的矛盾，是一种值得推广的供热技术。

第五章 多热源联网集中供热工程

第一节 工 程 概 况

一、牡丹江热源概况

牡丹江市热电工程总体规划在 1986 年由芬兰专家制定,总体规划参见图 5-1。该规划建设 8 个热源实现联网供热,其中 4 个为基本热源,4 个为调峰热源,确定了牡丹江市多热源环状管网供热系统形式。

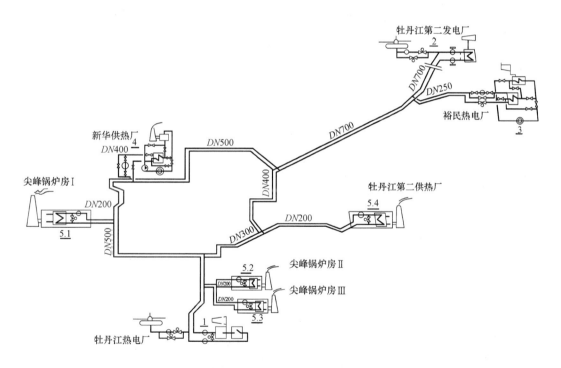

图 5-1 芬兰专家拟定的牡丹江市热电联产供热规划图

图 5-1 中,左上表格见表 5-1。

随着时间的推移和城市的发展,牡丹江供热工程的建设和规划发生了较大变化,形成了三家供热企业联合供热的供热格局,包括牡丹江热电有限公司(以下简称牡热电)、牡丹江第二发电厂(以下简称牡二厂)和佳日热电有限公司(简称佳热电)三家供热公司承担供热总面积 3600 万 m²,占全市供热面积的 90%,即热化率 90%。

牡丹江区域供热热源规划　　　　　　　　　表 5-1

序号	热源厂名称	热负荷（MW）	工业蒸汽（t/h）
1	牡丹江热电厂	105	170
2	牡丹江第二发电厂	185	
3	裕民热电厂（现佳日热电）	25	
4	新华供热厂	42	2
5-1	尖峰锅炉房 I	14	
5-2	尖峰锅炉房 II	14	
5-3	尖峰锅炉房 III	14	
5-4	牡丹江第二供热厂	42	

　　牡丹江市四个热源联网的分布简图如图 5-2 所示：牡热电主热源——牡丹江热电厂在市区的东南角，西城调峰锅炉房在市区的西北角，呈对置式布局，同时建设有三处趸购热量泵站。第一座泵站（东部）位于东北端的安康小区，设计安装两台额定流量为 $4000 \mathrm{m}^3/\mathrm{h}$，扬程为 $40 \mathrm{mH_2O}$ 的回水加压泵；第二座泵站（中部）在牡热电一级网的中

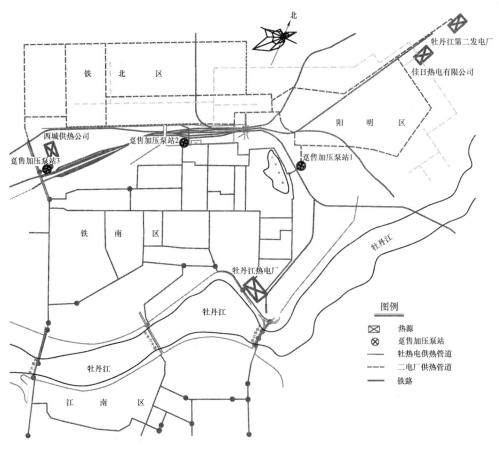

图 5-2　牡丹江市四热源联网简图

北部，设计安装两台加压泵，分别作为回水加压泵和供水加压泵运行；第三座泵站（西部），设置在市区西十一条路西城调峰热源内。

牡丹江第二发电厂位于牡丹江市东北部，距市中心 11km，热电联产企业，负责牡丹江市铁北区域供热，现供热总面积为 1100 万 m^2。热源内共装 960t/h 煤粉炉 2 台，670t/h 煤粉炉 3 台，发电机组 5 台，总装机容量 1220MW，最大供热能力为946.16MW。热网首站循环泵共 8 台，设计流量为 2000t/h，扬程为 138mH_2O，热网分支包括 $DN1200$ 和 $DN1000$ 管道各一支。

佳热电位于牡丹江市东北部，热电联产企业，负责牡丹江市阳明区和大庆路部分区域供热，现供热总面积为 450 万 m^2。热源设置 75t/h 煤粉炉 3 台，并安装 CB12-50/12/7 和 CC12-50/12/7 两台机组，供热能力为 126MW。热网首站循环泵流量为3000t/h，扬程为 70mH_2O，共 3 台，热网分支包括 $DN900$ 和 $DN600$ 管道各一支。

二、牡热电热源概况

牡热电作为全市最大供热单位，2018 年末供热面积达到 2300 万 m^2，供暖热用户超过 20 万户，系统热力站 460 座，占市区热电联产集中供热面积的 65%，热源包括牡丹江热电厂和西城调峰锅炉房，以及与牡二厂热电联产供热管网连接的三处趸购热量泵站，到 2018 年底，热源供热总容量达到 1624MW。

1. 主热源

牡热电现有 5 台发电机组，发电装机总容量为 138MW；4 台高温高压电站锅炉，电站锅炉总容量为 900t/h（3 台 220t/h、1 台 240t/h）；热水锅炉 2 台，总容量为920MW；热网首站 2 座，1 号首站一期工程建设完成，2 号首站后期建在主厂房内。

1 号首站安装 6 台 300m^2 汽—水换热器，液力耦合变速循环泵一台（额定循环流量为 2000m^3/h，扬程为 98mH_2O），变频循环泵一台（额定循环流量为 2200m^3/h，扬程为 120mH_2O），系统如图 5-3 所示。

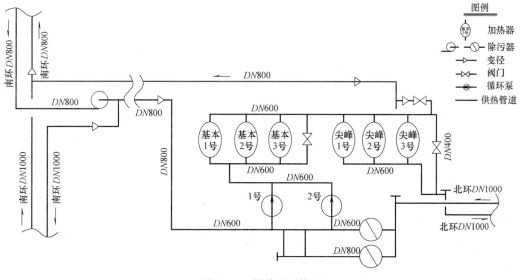

图 5-3　1 号首站系统图

61

2 号首站安装 4 台汽—水换热器 500m^2，4 台变频循环泵（额定循环流量为 2000m^3/h，扬程为 120mH$_2$O），系统如图 5-4 所示。

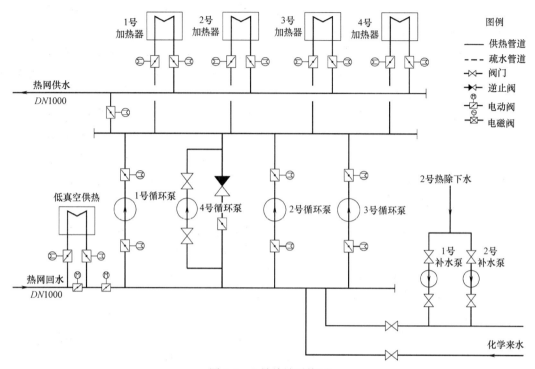

图 5-4 2 号首站系统图

主热源厂内还设计安装 2 台 145MW 热水锅炉，独立循环运行，锅炉房出口管道与电厂出口主干管道相连，配 3 台变频循环泵（额定循环流量为 4325m^3/h，扬程为 55mH$_2$O）。主热源包括四个主分支：管径为 DN1000 的 2 个分支、管径为 DN900 及 DN800 的分支。参见图 5-5 主热源供热系统图。

2. 西城调峰热源

西城调峰热源位于管网系统西北端，现有热水锅炉 9 台：其中 46MW 热水锅炉 3 台（7 号～9 号锅炉），65MW 热水锅炉 1 台（1 号锅炉），80MW 热水锅炉 5 台（2 号～6 号锅炉），总容量为 603MW；变频循环泵两台（1 号和 2 号），额定循环流量为 2000^3/h，扬程为 120mH$_2$O，另设置两台备用循环泵（4 号和 5 号），循环流量为 1300m^3/h，扬程为 112mH$_2$O；供热管道管径为 DN1200。系统流程图见图 5-6。

3. 热量趸售泵站

前已述及牡二厂与牡热电通过 3 处加压泵站联网：分别是安康小区加压泵站，连接管道 DN1000；火车站南加压泵站，连接管道 DN600；西城加压泵站，连接管道 DN800；总供热面积 1650 万 m^2。

三个趸购泵站管道系统流程基本相同，均设置两台回水加压泵，其中安康小区加压泵站、西城加压泵站工艺流程如图 5-7 所示；而车站泵房内两台加压泵可将一台转换为供水加压泵，系统工艺流程图如图 5-8 所示。

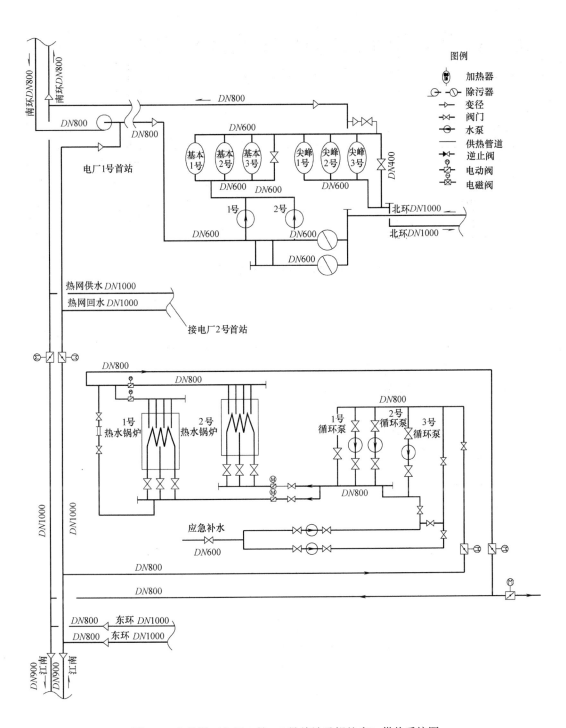

图5-5 主热源（电厂1号、2号首站及锅炉房）供热系统图

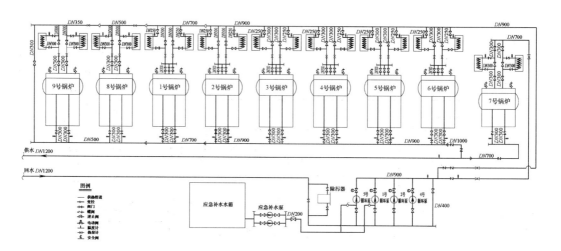

图 5-6　西城调峰热源供热系统图

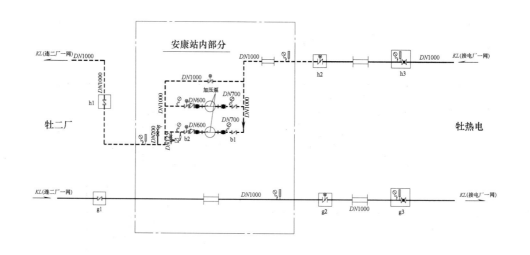

图 5-7　安康加压泵站工艺流程图

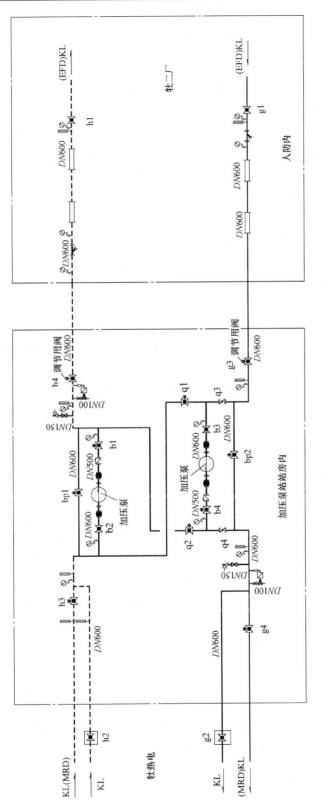

图 5-8　火车站加压泵站工艺流程图

第二节　热源典型特征

一、多热源联合供热系统的特点

牡丹江采用了多热源联合供热的系统形式，这种供热形式在集中供热发展比较早的北欧已被普遍采用，经过多年应用实践，不论是针对热电联产供热系统，还是区域锅炉房供热系统，采用多热源联合供热技术在许多方面都有其应用优势。

1. 供热更节能

供热能耗在当今世界能源消耗中占有很大的比例，尤其是在冬季较寒冷的地区。因此，合理利用各种能源和节约能源是降低供热成本的有效技术途径，可以从使用低品位的能源、提高燃料利用率和设备利用率、降低运行能耗等多方面同时入手，以达到理想的节能效果，而多热源联合供热系统能够有效实现以上这些目标。

1）对于各热源使用不同燃料时，可在低负荷时优先投运燃料价格低的热源，以降低运行成本；

2）对于各热源（锅炉）热效率不同时，优先投运热效率高的热源使之满负荷运转，充分发挥其高效性，当供热能力不能满足用户热负荷需要时，再依次投运其他低效率热源；

3）对于供暖期负荷较低时，只启运其中一个或两个热源，使之达到满负荷运转，以实现高效运行的目的，避免在供热低负荷时，投运热源都在低效率下工作，从而造成大量的能源浪费。

4）多热源系统联合运行时，热源的供热半径会减小，因此其输送电耗会相对降低。

以上这些节能措施对于单热源系统而言是很难实现的。

2. 供热更可靠

供热系统在运行中会发生各种各样的事故，对于单一热源的供热系统，一旦某个部位发生故障，就会造成部分区域甚至全系统的停运，而多热源系统可以很大程度缩小事故的影响范围。多热源系统运行时，在某个热源或热源管网出口等关键部位发生故障时，可由其他热源维持事故期的供热；当热网某处发生故障时，也只需关闭这一段管网进行抢修，其他部分仍可正常供热。因此，多热源联合供热提高了供热系统的可靠性。

3. 灵活性更强

目前，我国的城市建设仍处在一个大发展的时期，各项市政建设的发展速度很快。这样，在城市建设的过程中，经常会出现按原有的市政规划建成的供热系统无法满足城市发展的需要的情况。供热系统在热源和热网都达到满负荷运行的情况下，若现有的热源已无法再扩容，而原有的供热区域内新增供热负荷时，可应用多热源供热技术，选择一个合适的地点、在原有的供热系统中新建调峰热源，并对现有管网进行少量必要的改造，从而在多热源联合供热的基础上扩大规模，以快速有效地解决问题。

二、牡热电热源特征

牡热电供热热源由最初设计供热面积仅为 237 万 m^2 发展至 2300 万 m^2，热源由最

初的单一热源，2 台 220t/h 电站锅炉，发展为 4 台电站锅炉、11 台热水锅炉，热源总
容量达到 2320 t/h 的多热源联合供热系统，经历了较长的扩容改造历程。

1. 80MW 背压机组建成投产

牡热电 1991 年建有两台 HG-220/9.8-YM10 煤粉炉，锅炉额定蒸发量 220t/h，匹
配一台 25MW 双抽式汽轮发电机组和一台 25MW 背压式汽轮发电机组。投运初期因国
家对工业产业布局进行调整，没有工业用汽，背压机组无法投运生产。为了解决该问
题，又设计安装了两台后置 4MW 背压式汽轮发电机组。随着供暖热负荷的增加，热电
厂容量已不能满足需要。2000 年进行二期建设，扩建了第 3 台 220t/h 高压煤粉炉，形
成三台 HG-220/9.8-YM10 煤粉炉配一台 25MW 双抽式汽轮发电机组、一台 25MW 背
压式汽轮发电机组和 2 台 4MW 后置机组的供热发电系统，系统如图 5-9 所示。

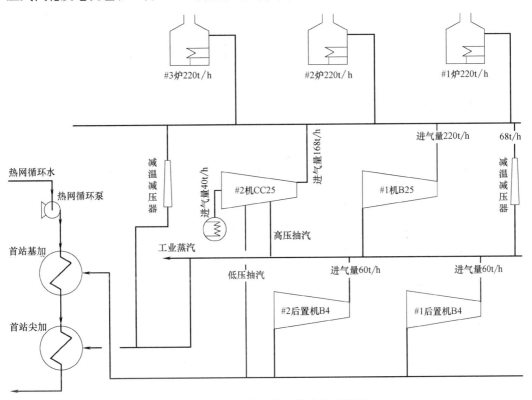

图 5-9 80MW 机组投入前供热系统图

供暖期开始时热电厂首先投入运行，随着室外温度下降，逐步投入减温减压器向首
站输送蒸汽供热，当全部蒸汽炉满负荷运行仍不能满足要求时，再投入厂区内热水锅
炉，若还不能满足供热需要，则启动西城调峰锅炉补热。供暖期大部分时间电厂的三台
220t/h 锅炉满负荷运行，在严寒期电厂满负荷时，从减温减压器直接供热的蒸汽达到
272t/h，而直接将 1MPa 高压蒸汽通过热交换供热的蒸汽量达到了 333.5t/h。

通过减温减压的方式人为地将蒸汽的品位降低，这是能源利用的极大浪费。

另外，由于双抽机组的存在，造成了 40t/h 的乏汽凝结，即冷源损失。这 40t/h 的
乏汽可以在严寒期为多达 30 万到 40 万 m² 的建筑供热，导致供热企业每年减少 1200

多万元的潜在收入。

热电厂的最佳运行状态应是全背压式运行，即没有冷源损失。因此通过新增一台80MW背压机组，在冬季80MW和25MW的背压机组运行，停止2号双抽机和减温减压器供热，达到热电厂全背压方式运行，其经济性远优于25MW的背压机和抽凝机以及减温减压器的并联运行方式。

80MW机组投运后，冬季运行系统图如图5-10所示。

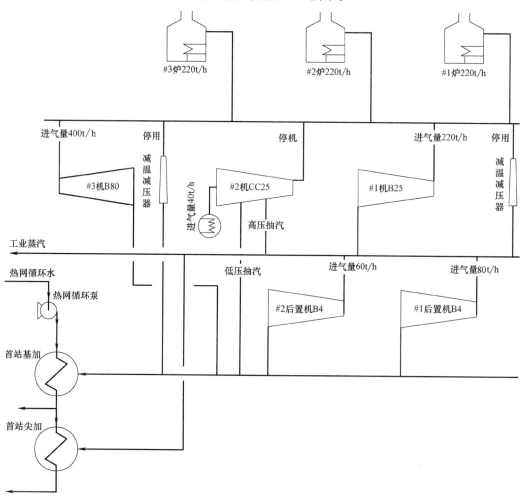

图5-10　80MW机组投入运行系统图

2. 斜推往复热水锅炉不断推广应用

牡热电自1994年开始建设西城调峰热源，采用29MW链条炉排锅炉，至1998年先后安装6台29MW热水锅炉，但运行效率始终不高，实际出力无法达到额定负荷。自1999年采用哈尔滨工业大学研制的3台46MW斜推往复炉排热水锅炉后，运行效果比较理想，从2008年起对西城6台29MW的链条炉排热水锅炉进行了扩容改造，利用原有厂房空间，分别安装了当时国内最大容量的斜推往复热水锅炉65MW热水锅炉1台和80MW热水锅炉5台，到2010年供暖期，西城调峰热源锅炉总容量达到603MW

（最大出力 1020t/h），并形成了"9 炉 1 控"的集中控制运行模式。

2013 年在热电厂厂区内新增了 2 台 145MW 斜推往复炉排热水锅炉，所有锅炉均能达到额定输出功率，短时间内均可实现超额定功率运行。

3. 主热源 7 炉 1 塔集中供热脱硫系统

牡热电主热源采用了"7 炉 1 塔"脱硫系统，满足 3 台发电锅炉和 2 台供热锅炉以及规划的 2 台发电锅炉的脱硫，脱硫系统采用石灰石—石膏湿法烟气脱硫工艺（简称湿法脱硫），烟气脱硫剂为石灰石粉。

脱硫装置为 7 台锅炉（总容量 1400t/h）的烟气进行集中处理，最大连续处理工况下可对 100% 的烟气量处理，且湿法脱硫可在 15%~100% 负荷范围稳定、有效运行。在设计煤种情况下，湿法脱硫装置 SO_2 脱除率 ≥95%，保证湿法脱硫出口烟气中 SO_2 的浓度 ≤50mg/Nm^3。

SO_2 吸收系统包括吸收塔、吸收塔浆液循环装置、吸收塔浆液扰动循环装置、石膏浆液排出装置和氧化空气装置等几个部分，还包括辅助的放空、排净设施。

系统投运后，各项性能指标达到设计要求。在设计煤种及校核煤种 BMCR、处理 100% 烟气量（1743837Nm^3/h）条件下，脱硫效率不小于 95%，出口（烟囱入口处）SO_2 浓度 ≤35mg/Nm^3（干基，6% 氧）。目前运行良好。

4. 25MW 抽凝机组低真空运行改造

2015 年，为了应对不断增长的供热负荷，牡热电扩建了一台 240t/h 的电站锅炉，并进行 2 号机的低真空改造。

2 号汽轮机型号为 CC25-90/10/1.2 型，机组形式为高温高压、冲动、单轴、单缸、双抽供热凝汽式机组。该机共有六段抽汽，第一、第二段抽汽供尖峰加热器；第三段抽汽由中压旋转隔板控制，作为工业生产用汽并供高压除氧器；第四、第五、第六段抽汽分别供基本加热器，其中第五段抽汽由低压旋转隔板控制，作为采暖用汽及低压除氧器。

改造方案为把 2 号机转子最末两级拆除，重新设计安装一级末级叶片，保证在低真空状态下转子和叶片的安全。

为满足一级网和二级网的换热要求，低真空循环水供热采用串联式两级加热系统，热网循环水首先经过凝汽器进行第一次加热，吸收低压缸排汽余热，然后再进入首站热网加热器完成二次加热，生成高温热水，送至一级网，经过二级热力站换热，一网回水再回到机组凝汽器，构成一个完整的循环水路。

供热期间低真空循环水供热工况运行时，机组纯凝工况下所需要的循环水泵停止运行，将凝汽器的循环水系统切换至热网循环泵回路，形成新的"热-水"换热系统，循环水回路切换完成后，凝汽器背压提高，低压缸的排汽温度也将提高（背压下的饱和温度）；经过凝汽器的第一次加热，热网循环水的回水温度也将提升，然后经过首站的热网循环泵升压后送入首站热网加热器，将热网供水进一步加热。改造后系统见图 5-11。

2 号机组改造完成后，供暖期热电厂仍然能够保持全背压运行方式，全厂热效率达到 80% 以上。经过运行前后对比测算，一个供暖期可节约标准煤 1.2 万 t，当年即可收回全部 1000 余万元低真空机组改造投资。

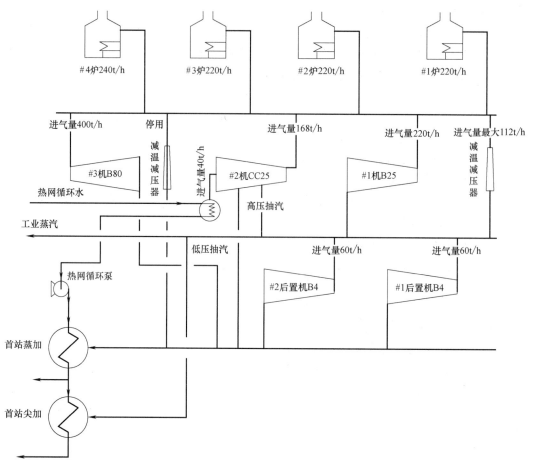

图 5-11 2 号机组低真空改造系统图

5. 单点定压多点事故应急补水

牡热电供热系统的定压补水系统设在热电厂内，可以充分利用热电厂热力除氧等水处理系统优势，提升并保证全系统用水质量。同时，牡热电主热源厂区内建设有 300m³ 软化水箱和 2000m³ 软化水箱各一座，在西城调峰热源厂区内还建有 2500m³ 软化水箱一座，总应急补水储量达到 4800m³。当热网失水量突然超过软化水的制水能力 400t/h 时，这些水箱可以在切断事故漏泄点前保障较大的事故补水量，维持系统运行压力，避免出现系统失压甚至汽化事故发生。此外还采用了下列应急措施：

1）同时在西城厂区内和 20 多个大型热力站内设有应急自来水补水系统，在电厂出现问题无法向热网补水时，可自动向一级管网补入自来水；

2）热电厂增设了应急补水泵，在紧急情况下，应急补水泵把经过过滤的江水直接补入热网，这是防止热网崩溃的最后防线；

3）为了保证热源突然断电等事故状态的补水，在化学分厂、西城调峰锅炉泵房、热电厂泵房三处设置了柴油泵，作为系统停电状态的备用补水泵，向热网补水。

补水系统投运的顺序依次是：当牡热电主热源厂内补水量满足不了需要时，启用牡热电化学储水箱；仍不足时，启用西城热源厂储水箱，然后启动热力站自来水补水泵；最危急的时刻，启动热电厂的危急补水泵直接补入江水。

第三节　多热源及其水压图和运行调节

多热源系统的运行调节，需要根据系统的组成形式、各热源的供热能力、热网的状况和多热源联合运行时水力工况的特点等因素，运用供热的基本理论进行综合分析，抓住主要矛盾，然后制定出合理的运行方案和简单易行的调节方法。

一、运行调节的内容和手段

1. 多热源运行调节

多热源运行调节的主要内容包括供热量的调节和水力工况的调节两部分。供热量的运行调节内容包括：①启运热源数量；②锅炉运行台数和燃烧温度；③热源加热器运行台数；④热源总循环流量。水力工况的调节内容包括：①热网总循环流量；②热网总供水压力；③热网回水压力；④热用户或热力站流量分配。

运行调节的手段也是由集中调节和局部调节两部分组成的，其中，集中调节是在热源进行的，完成调节内容的①～⑦项；局部调节是在热用户和热力站进行的，局部调节只完成最后一项调节内容⑧，即热力站和热用户进行流量再调节，使其达到设计流量。

运行调节的合格标志是二级网具有合格的供、回水温度，此时热用户室内温度绝大部分达到或超过国家标准。

通过流量和压力的集中调节，再与流量的局部调节相结合，才完成了全网水力工况的调节，使全系统处于水力工况的最佳状态。在此基础上，通过合格供热量和供、回水温度的调节，全系统才完成了合格的运行调节，再配合对热用户用热的管理，既不产生热量浪费现象，又使热用户室温达到国家标准。

2. 多热源集中调节方案的制定

对于多热源系统，各热源是随着室外温度的下降而逐个投入运行的。因此，对集中调节的形式，理论分析和实践证明"分阶段改变流量的质调节"方案更适合多热源的逐个投运和供热量的不断变化。应根据系统实际状况制定全系统运行调节方案。

3. 多热源集中调节方案的实施

供热系统的生产调度人员根据预先制定的供热调节表和室外气温的实际情况，对全系统进行集中调节。

当室外温度处在主热源单独工作的阶段时，调节主热源的供热量与制定的运行调节表中所需热量相等。调节循环水泵的调速装置和热源旁通管阀门，使进入热网的总热量与运行调节表中一致，同时供回水温度与表中一致。此时再配合各热力站的局部调节，使全系统达到供热标准。

当室外温度处在多热源联合工作的阶段时，首先使主热源的供热量达到其最大值，不足的热量由调峰热源负担。这时，调节调峰热源启运的锅炉台数和燃烧强度，以保证供热量，调节循环水泵和锅炉旁通管Ⅱ（参见图5-5），以保证循环流量，使调峰热源的供回水温度与主热源一致，而且与供热调节表一致。此时再根据这一阶段系统总循环流量，对各热力站重新进行局部调节，使系统达到新的水力平衡。

这里最主要、最关键的调节思想是：采取一切手段使各热源的供回水温度达到一致。

牡热电 2016～2017 年供暖期热负荷调控图参见图 5-12。

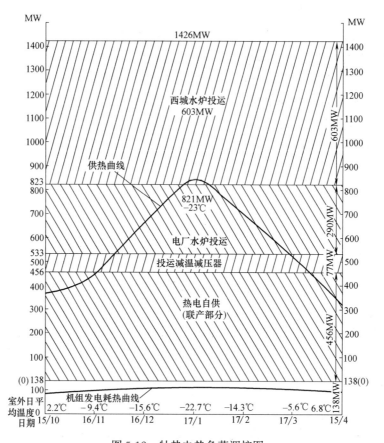

图 5-12 牡热电热负荷调控图

注：室外日平均温度为：（日最高气温＋日最低气温）/2

4. 多热源联合供热的关键技术

多热源联合供热虽然有许多优势，但在技术上是否可行、能否达到预期效果以及如何实现等是首先要考虑的问题。工程实践已经证明，多热源联合供热在技术上是可行的，而且实施起来也并不十分复杂，具体体现在如下方面。

（1）联合供热的关键是实现良好的水力工况

对于一种供热方式和供热系统在技术上是否可行，是指其能否保证所有的热用户在供暖期的任何时间里都能得到应有的热量，全系统都能达到满意的供热效果和保证供热质量，这就要求该系统在热量的供给和分配上是合理的。其中，合理供给是指多热源联合供热的系统容易保证足够的供热量，但要把这些热量合理地分配给每个热用户就显得比较困难，要合理地分配给每个热用户，整个多热源供热系统必须具有良好的水力工况和水力稳定性。

（2）联合供热系统与单热源系统供热调节的共同特点

对于单一热源系统，在运行时只要通过对热源的循环流量、供回水压力的集中调节，以及对各热力站或热用户的局部调节，就可获得良好的水力工况。但对于多热源联合供热系统，是否也可以通过以上方法获得良好的水力工况呢？理论分析和实践表明，这种调节方法是相同的。

以双热源联合供热为例进行分析：

如果两个热源分别设在管网的两端，当同时启运各自的循环水泵联合供热时，两个热源的水泵都是独立运行的工况，都是抽取热网的回水经加压后又送回管网中。此时，会在管网的某个位置上自然形成一个或多个"水力平衡点"。在水力平衡点处，两侧的供水压力相等，一侧为主热源的循环水，另一侧为调峰热源的循环水，"水力平衡点"就像管网中的活塞一样把两个热源的水"分开"了。这时，整个供热系统是被"水力平衡点"分成了两个独立运行的单热源系统，其各自水力工况的调节方法同单热源的运行调节方法是一致的。

（3）联合供热水力工况调节的特殊性

同单一热源系统有所不同的是，把两个热源分成独立的单热源供热系统的"水力平衡点"的位置不是固定的，而是经常变化的。当调节两个热源循环水泵的工况，或对热网中某处进行局部调节时，水力平衡点就会像活塞一样变到一个新的位置上，从而使两个热源的供热范围也发生变化，而不像两个单热源系统那样，供热范围是固定不变的。

这种变化的规律是：当增加一个热源的循环流量而减少另一个热源的循环流量时，"水力平衡点"就会向另一个热源靠近，从而使本热源的供热范围增加，而另一个热源的供热范围则随之减小，反之亦然。

系统在运行调节时并不需要把水力平衡点的具体位置准确地找出来，因为它是在运行调节的过程中自然形成的，同时又是经常变动的。在运行过程中，运行调节人员只要大约知道它在热网的哪个区域内就可以了，清楚它的大致位置有助于了解每个热源的供热范围。

水力平衡点除了具有两侧供水压力相等的特点之外，还有以下特点：

1）当"水力平衡点"处在两个热力站之间时，它不是一个点，而是一个管段。在这个管段的任何位置上，水的压力是一致的。两侧没有压差，水是相对不动的，由于水温较高，而且水力平衡点又是不停变化的，因此不会结冻。

2）当水力平衡点正好落在某个热力站与主管网的接口处时，它才是一个"点"，此时，该热力站的循环水是由两个热源共同提供的。

3）由于两个热源的供水温度有时不可能完全一致，因此在水力平衡点两侧热力站的供水温度就会有一定的差别。可以利用这个特性确定出热网中水力平衡点的大概位置，从而进一步了解两个热源的供热范围。

对于热源为两个以上的多热源系统，其水力工况同双热源系统是一样的，只不过在多个热源同时运行时，热网中会同时存在多个类似于单热源的供热区域，其运行调节的方法与双热源系统相同。

二、多热源的相对位置

多热源供热系统是在同一个供热管网中的不同位置上，同时存在多个热源。其中最大的一个热源称为主热源，它可以是热电厂，也可以是大型供热锅炉房，另有一些小规模的热源称为调峰热源，一般为大、中、小型的供热锅炉房。

由于各热源在管网中所处的位置不同，从而形成了各种形式的多热源系统。各种组成形式在联合供热时的水力工况和运行调节方案有相同之处，也有各自不同的地方。综合起来，不外乎以下几种分布形式。

1）热源均在管网远端的形式：如图 5-13、图 5-14、图 5-15。图 5-13 是支线形成环网，即建设初期三个热源是独立的支状管网，随着供热负荷的发展，逐渐用支线把三个支状独立的管网整合成一个多热源并网系统。图 5-14 是干线形成环网，即建设初期规划设计成多热源并网环状管网，后期随着负荷的变化增加支线。图 5-15 为双源枝状管网。

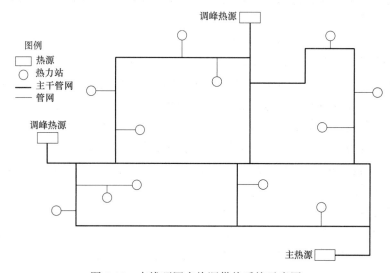

图 5-13 支线环网多热源供热系统示意图

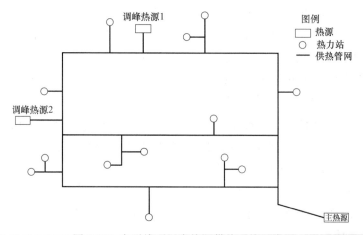

图 5-14 主干线环网多热源供热系统示意图

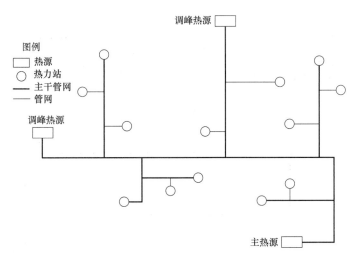

图 5-15　枝状管网多热源供热系统示意图

以上三种布置形式，在主热源单独运行时，调峰热源都是它远端的热用户，而它们同时联网运行时，整个系统又会自然形成几个相对独立的供热系统。它们各自承担着与其距离较近的那部分区域的供热。这样在供热初期和末期，可充分发挥效率最高的主热源的作用，而在供热高峰期，各调峰热源又会就近发挥自己的供热能力。各热源会自然形成几个相对独立的供热区，对单独热源运行时的远端用户供热效果改善明显。

牡丹江热电有限公司的供热系统就属于图 5-13 所示形式。从几年来的运行实践中可看出，这种形式是多热源系统比较理想的组成形式。它联网运行时水力工况调整简单，各热源的循环水泵的扬程又最低，因此节电效果和供热效果都非常好。由牡丹江热电有限公司协助设计并已运行的承德热力公司的供热系统、穆棱市热力公司的供热系统也是这种布置形式。

而太原市热力集团的联网最初是各热源的主干线互连，然后随着城市东环路、西环路、北环路、南环路的建设，随路敷设了 50 多千米的环状管网，管径 $DN1200$ 和 $DN1400$，和各热源主线相连接，整个城市除特殊高海拔区域外形成了古交兴能电厂、城西热源厂、大唐太原第二热电厂、嘉节燃气热电厂、交锦国锦电厂、小店燃气热源厂、晋源燃气热源厂，东山华能燃气热电厂、东山燃气热源厂、城南热源厂、瑞光热电厂的多热源环状管网。

理论和经验表明，图 5-14 和图 5-15 的布置方式与图 5-13 具有相同的特点，是系统增设调峰热源首选布置方式。

2）调峰热源布置在管网的中心区，如图 5-16 和图 5-17 所示。

图 5-16、图 5-17 所示布置形式，在多热源联合运行时，调峰热源 2 投入运行后可以对系统补充供热量，但对改善系统不利点的资用压差效果不显著，因而最不利点供热效果的改善也不显著，也不会减小主热源循环泵的功率。由此可见，管网中心区域布置的调峰热源与管网远端布置的调峰热源相比，对于改善管网系统供热效果要差些。牡丹江热电有限公司的多热源系统最初就是建设内部调峰热源这种系统，中心调峰热源建成

75

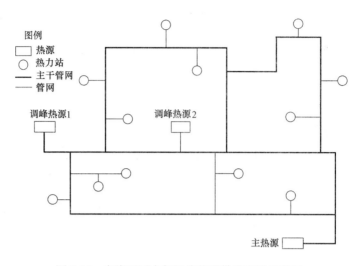

图 5-16　支线环网内部调峰热源供热系统示意图

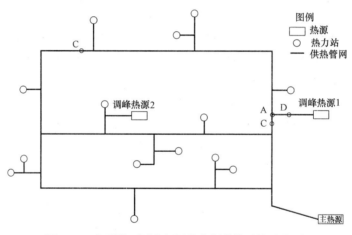

图 5-17　主干线环网内部调峰热源供热系统示意图

后只试运行了两个月，以后就只作为备用热源没再启动，后期建成了图 5-13 所示布置方式的调峰热源后，就拆除了原有的中心调峰热源。

　　3）调峰热源在主热源附近的形式，如图 5-18、图 5-19 所示。

　　图 5-18、图 5-19 这种布置，在本质上与单热源多台炉的形式是一致的。在联网运行时，主热源和调峰热源的循环水泵属于常见的水泵并联运行，两热源汇流后，主管网的总循环流量将小于各热源循环水泵单独运行条件下的水量之和。然而当调峰热源均在管网远端布置时，各调峰热源循环水泵的耗电量之和要大些。

　　特别强调，如果采用这两种调峰热源布置方式，热源汇合后主干管道的管径应重新更换，以降低管道沿途压力损失，提高调峰热源输送流量的能力。

　　这种方式的水力工况与单热源一样。牡丹江热电有限公司所属的原新华供热公司就是图 5-19 这种形式，运行了近 20 年。

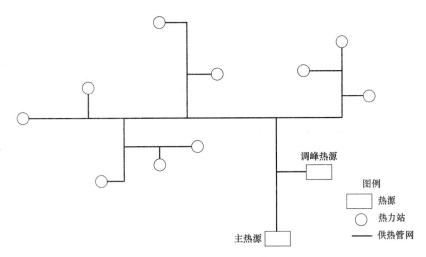

图 5-18 枝状管网调峰热源在主热源附近布置示意图

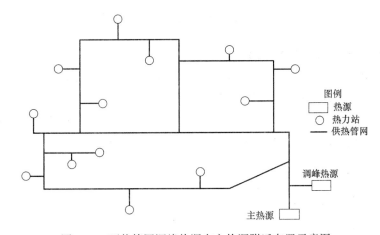

图 5-19 环状管网调峰热源在主热源附近布置示意图

4）几个单热源系统用管网连在一起的形式，如图 5-20（图中的虚线连接各供热系统的新建管网）所示。

这种联网方式优先保证供热量较大或热效率较高的一个或几个热源负担全网的基本负荷。在供热负荷增加后，再逐步启运其他的热源。因此，这种联网形式在一定的条件下也可充分发挥较大或运行热效率较高的热源的供热能力，从而提高全系统的供热效率，避免了各热源单独运行时，在供热初、末期都不能满负荷工作，效率低下而产生的能量浪费。

图 5-20 和图 5-15 的布置形式和运行工况基本一致，但它在改变原供热区的供热效果、充分发挥高效热源利用率、提高全系统运行安全可靠性、降低系统能耗等方面可发挥很大的作用。必须指出：如何使原有供热系统联网，以及如何确定联网运行的各种方案等，都需要认真的推敲和研究，例如，准确的水力计算，以确定新建管道的管径、改造原有管道的管径；各热源循环水泵重新选型计算等，以适应各热源联合运行。

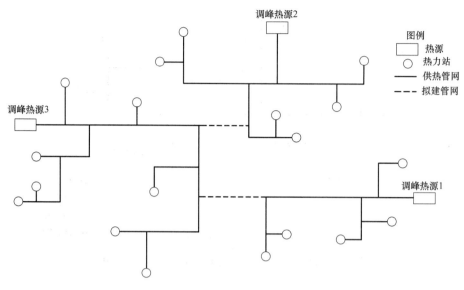

图 5-20　几个单热源系统联网示意图

三、多热源水力工况与水压图

充分认识多热源联网时的水力工况特点对系统运行的集中调节是必不可少的。热源的分布形式不同，管网的形式不同，联网运行后的水力工况也不同。

1) 当热源是图 5-18、图 5-19 的布置形式时，主管网的水力工况与单热源的水力工况一样。对于两热源流体汇合以后的主管网，其简化示意水压图如图 5-21 所示。

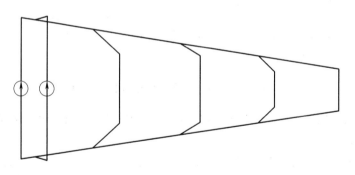

图 5-21　调峰热源位于主热源附近的水压示意图

2) 对于图 5-16 和图 5-17 的热源布置形式，在各热源间的水力平衡点处供回水压力相等。水力平衡点之前分别为各自的水压图，水力平衡点后为共同的水压图。值得注意的是，水力平衡点不一定是各热源与主干管网接入点。只考虑主热源和调峰热源 1 时，其水压示意图参见图 5-22。图 5-22 中，A 点不一定是调峰热源 1 与主干管网的连接点。

如果调峰热源 1 的水泵流量扬程更大些，且调峰热源接入点在环网上，见图 5-17，如果之前两热源水力平衡点在点 A 处，调峰热源的水泵流量扬程增大后，两个热源水

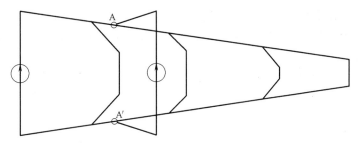

图 5-22 调峰热源远离主热源附近布置的水压示意图

力平衡点将超过 A 点，向交汇点外侧延伸至管网的 C 点。图 5-17 只考虑主热源和调峰热源 1 时，调峰热源的水泵流量扬程加大后，水压示意图参见图 5-23；如果调峰热源的水泵流量扬程减少或主热源循环泵流量扬程加大，则两热源水力平衡点将回缩至 D 点上，见图 5-17 中调峰热源 1。

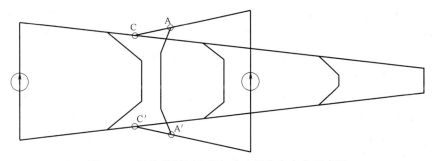

图 5-23 调峰热源压力增加水力平衡点变化示意图

3）热源是图 5-15 的布置形式时，管网为枝状管网联网，会在各热源之间的某处形成一个水力平衡点。而图 5-13 或图 5-14 是环状管网，就会在热源之间的某些地方形成多个水力平衡点。这些水力平衡点有如下特点：

① 水力平衡点的压力相等，且把两侧热源的水分开。其中一侧为主热源的水，一侧为调峰热源的水。

② 如水力平衡点正好落在管网的某个分支点处，只有两个热源时，其水压示意图如图 5-24 所示。而两个热源的水会共同进入这个分支点，只是各热源提供的水量可能不同。

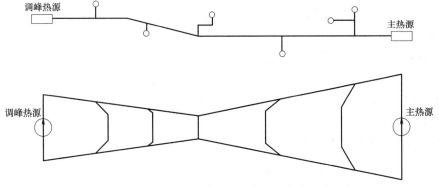

图 5-24 对向布置双热源水力平衡点在分支点压力示意图

79

③ 如水力平衡点落在两个分支点之间，则在两个分支点之间会形成一段压力平衡段，此管段水暂时不流动。只有两个热源时，其水压示意图如图 5-25 所示。

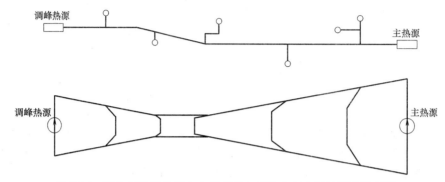

图 5-25　对向布置双热源水力平衡点在两分支点之间的压力示意图

④ 在热网运行中，水力平衡点不是固定不动的，它像活塞一样随着热网的运行条件和运行中的水力波动而经常变化位置。其变化规律是：当加大某个热源的循环流量时，这个水力平衡点就会远离该热源，向流量不变的热源方向移动，又重新形成一个或几个新的水力平衡点。

⑤ 整个供热系统被这些水力平衡点分成了几个相对独立的供热区。启运几个热源，就有几个这样的供热区。这些供热区的大小随着各热源流量的变化而变化。一个热源的流量加大，它所负担的供热区就会加大，如果此时这个热源的供热量不变，则它的回水温度就会降低，反之亦然。整个供热系统就是用这种方法使各热源的供、回水温度趋向一致的。

四、趸购泵站的运行调节

趸购泵站参见图 5-7、图 5-8。趸购泵站内只对一级网系统流量和压力进行调控，主要通过调整加压泵变频装置来调整流量，以达到调整购热量之目的。趸购泵站水流量上限根据牡二厂能提供的最大流量确定。趸购泵站供回水温度随牡二厂系统变化调整，牡热电趸售侧系统一级网温度调节，根据牡热电要求，在各热力站内调控。

回水增加压泵运行状态下，站内供回水管道所有阀门开启；站内水泵旁通阀关闭，工作泵进、出口阀开启，备用加压泵出口电动阀关闭。

泵站供水流量的调控以加压泵运行频率调控为主，泵站出口压力的调整，则通过调控供水阀门 g2 开度来实现。

当站内电源正常，工作泵突然停运时，备用泵自动投入，备用泵出口阀联动开启。

当站内突然停电时，配有不间断电源的供回水电动阀门 g2 和 h2 自动关闭。

当系统失水量较大或其他原因需要切断系统时，加压泵停止运行，联动关闭供回水阀门 g2 和 h2。

五、局部调节方案与实施

局部调节是系统运行调节中最重要的一个环节，如果调节不好，会造成系统的水力失调和热力失调，继而严重影响系统的供热质量，必须给予充分的重视。

局部调节的方法很多，一般分为手动调节、自动调节和半自动调节三大类型。

（1）手动调节：一般用具有调节功能的调节阀和平衡阀来完成。但对于管网中水量、水压和热用户经常发生变化的系统，即使经常调、反复调也很难达到满意的效果。如果用不具备调节功能的孔板、闸板阀或截止阀等代替调节阀，其效果就会很差。

（2）自动调节：它有很多方式，其调节效果较好。但由于其投资大，设备多，对各种元器件的质量、精度和寿命都要求较高，一般中小型的供热部门不容易实现。

（3）半自动调节：由最近几年发展起来的自力式流量控制阀来完成。只需要安装在热力站或热用户的入口处，按热力站或热用户所需要的流量设定手柄的位置，只要热网在此处的资用压头达到其工作要求，它就会自动控制此处的流量保持不变，并会自动消除剩余压头，不受外网变化的影响。对系统采用"分阶段改变流量的质调节"方式时，应在全网流量改变时，再全部重新设定一次新的流量。

目前，这种调节方式是设备投资最少、运行调节效果最理想的方式。但在一个系统中不能既有自力式流量控制阀，又有其他形式的阀门共同工作，这样管网会处于经常调节的状态。

现在又有了一种可带电动执行器的自力式流量控制阀，只要在中心调度室安装一套指挥系统，就可远距离操纵阀门的开度，从而实现集中的非手动的局部调节，使系统的运行调节又向前跨进了一大步。

各热力站在每个供热阶段中，流量的大小有一套简单的计算方法，这里不再详述。

对于多热源联网供热系统，由于实例较少，对它的认识和研究还不够，尤其是尚无一个完整的、比较科学和规范的设计方法，这些均有待于在今后的推广和应用中进一步研究。

第四节　管网及热力站特点

一、多热源环状管网

由于牡丹江热负荷增加，需要逐年增加环网数量，并根据实际情况进行了多环嵌套，全网无隔断联网运行（全网所有分断阀除事故外，保持全开状态）。牡丹江全市城区形成了牡热电、西城调峰锅炉房、牡第二发电厂、佳日热电四大热源联网的"一城一网"供热局面，各热源联网简图见图 5-2。

这种多级复合环状管网具有如下特点。

（1）可自动优化水力工况

环状管网系统水力自平衡能力强，随着环状管网增多，该能力越来越强。当某热源压力工况发生变化，管网压力出现波动，处于环网上的某热力站一级网压力发生变化，然而其资用压力仍然通过来自环网两个方向流体自动平衡后的压力提供，并且保持资用压差不变，而不像枝状管网上热力站，资用压差只能来自一个方向，被动地随热源运行工况的变化而变化。

（2）提高了热网供热的可靠性

系统运行安全更可靠。首先，环状管网缩小了管道事故的影响面；其次，多热源联网系统在某一热源出现故障，其他热源可以保证系统正常供热或安全低温运行，使系统供热可靠性全面提高。

当某处管网发生事故时，可关闭事故段管网就近两端的阀门进行抢修，而其余部分可继续供热，很大程度缩小了事故的影响范围。

（3）环状管网适应系统扩建能力强

环状管网适应系统扩建，尤其适合不断发展中的供热系统。发展热源相距较远的多热源供热系统，尤其是主要负荷区两端的多热源供热，可以有效缩短不利环路距离，提高供热效果，降低系统电耗。

（4）由于环状管网水分流的环路多，各支管中水的流速与枝状管网相比较小，从而较好地提高了全网的水力稳定性。另外，还因加大了管网的资用压差而提高了系统的供热质量。

（5）环状管网也存在初投资较大的问题，管道敷设应与城市规划紧密配合，规划好路径，同时，管道管径选择应预留5年以上热负荷发展空间，避免短时间内重复建设的问题出现，以更好的发挥环状管网的优势。

（6）多热源环状管网，尤其是多热源的运行调节相较于单一热源运行管理更加复杂，需要强有力的热源和管网统一管理，才能很好地保证系统均衡、稳定运行。

（7）系统需要有远程监控系统配合，尤其是保证各热源、热力站主要运行参数及时反馈到控制室，便于运行调控人员随时掌握系统运行数据，以结合室外温度及时做出调整。

二、二级网节电技术的应用

1. 单泵运行

由于单泵运行的效率必然高于双泵或多泵并联运行的效率，因此在全部热力站均实际采用单泵运行模式，保证水泵的最高效率，最大单泵功率为110kW。

2. 不设止回阀

由于采用单泵运行模式，系统内只有一个动力源且水泵出口不设止回阀，因而当泵因故障跳闸停止运行时，不会有回座压力，系统逐渐回归静止。因此，牡热电所有热力站循环泵出口，自1991年投入运行起就未设止回阀。

3. 全部水泵配套变频器

采用水泵出口阀门进行节流调节，会造成非常大的节流损失。根据水泵的相似原理：当水泵速度变化时，流量与转速成正比，扬程与转速的平方成正比，轴功率与转速的立方成正比。由此可见，采用调节转速的方法来调节流量，电动机所取用的电功率将大为减少。

此外，使用变频器控制水泵时，其转速可在满足系统需求的情况下随时调整，而且可以实现软启动、软停车、无级调速，将电动机启动电流降低到额定电流的1.5倍左右，避免了启动过程中系统对城市用电的冲击。变频器内置PID控制功能与传感器、变送器和PLC组合可较容易实现自动控制。

4. 系统阻力优化

热力站内设置双换热器或多换热器，调节阀尽量设置在楼栋单元等。

第五节　项目的管理与控制

一、项目建设管理

项目建设统一规划设计，由热源到管网和用户全方位建立质量管理体系，并网、改造和各种新建项目均统一规划设计。工程所用设备材料采用统一制定的质量标准，保证设备材料质量，方便设备统一维护保养和备品备件调配，运行中存在设备材料问题及时反馈，淘汰问题产品，推广可靠先进产品，多种措施保证系统稳定高效运行的同时，系统不断更新发展。图 5-26 为牡热电项目建设流程图。

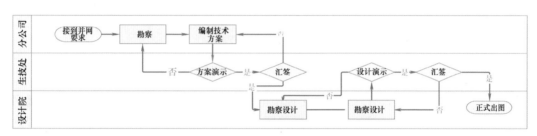

图 5-26　项目建设流程图

二、运行管理

牡热电供热运行管理参照电力系统管理模式，具有如下特点。

（1）采用工作票、操作票制度，严控人为安全事故发生。

（2）严控各项生产指标，包括发电能耗、热网失水量、热网电耗、能耗，运行期逐日分析各项指标，使公司各项指标处于国内先进行列，2010 年以来的热网水耗对比和热网电耗对比图见图 5-27、图 5-28。

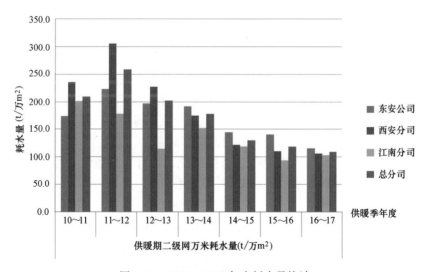

图 5-27　2010～2017 年度耗水量统计

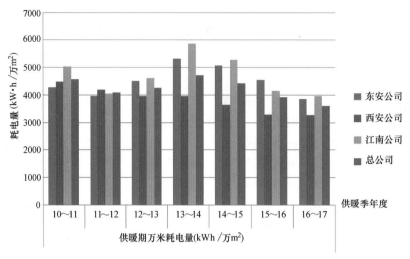

图 5-28　2010~2017 年度耗电量统计

（3）全网统一调度，分片管理。主控根据室外温度实施调控，通过调控，使一级网运行温差由 40℃提高到 65℃，二级网散热器系统运行温差由 10℃提高到 20℃，低温热水地板辐射供暖系统温差则由 6℃提高到 10℃。

三、自动控制系统

自动控制系统从最初由芬兰引进的 SS100（就地室外温度控制），经历了无线遥测监控热力站，到现在的有线宽带监控系统。建设初期就实现了所有热力站无人值守，现在已实现可远程监测和控制。

全系统 2300 万 m^2 供热面积、460 多座热力站的供热温度、系统压力、流量等水力工况平衡调节，全部实现自动化远程自控。各项生产、经营、技术指标优秀，特别是水、电两项能源单耗指标跻身国内先进行列。智能热网生产管理平台情况如下。

1. 平台概述

牡热电智能热网生产管理平台是由 SCADA 系统和 xLink System 系统平台建成的，是二者的完美组合。SCADA 系统具有可扩展性，能提供完备的监控与数据采集功能，非常适合于供热行业应用；xLink 系统是供热行业生产管理平台软件，可以将 SCADA 系统、抄表系统、各类数据采集系统的数据进行整合，以多种方式展现，帮助调度、操作、控制人员查看热源、热力站的实时数据、历史数据等内容，进而对热网工况、能耗指标等进行分析对比，以制定快速高效的控制策略。

目前系统平台包括以下内容：WEB 监控系统、运行分析系统、能源管理系统、管理驾驶舱系统、室内温度检测系统、热计量抄表系统。

2. 平台系统架构

xLink 架构 WEB 监控软件平台是建立在标准的三层体系结构之上，构成了分层全方位的支撑平台，从平台层到应用层为用户提供了可移植性、开放性、可扩展性和分布性，方便用户功能的可持续性拓展，能够为用户提供调度系统不断发展的扩展空间。

系统对于软件和硬件具有灵活的可变性，最大限度满足用户对系统的灵活性和可伸缩性的要求；在硬件方面，系统可以应用于各类服务器、工作站、工业控制计算机和普通商用 PC 机等硬件设备；对于操作系统可以在 Windows 2000/2003/XP 上运行，后台数据存储可基于 SQL Server、Oracle、DB2 等商用数据库。

平台系统全面支持数据采集、数据清洗、现场控制、数据分析、调度指挥、图形用户界面等系统功能。其中数据采集包括 SCADA 系统、室内测温系统、热计量抄表系统等，见图 5-29 所示。各子系统之间通过网络实现数据的传输和共享。应用标准的软件和硬件，该网络支持多种广域网，以将可能的节点连接成为一个整体的系统。

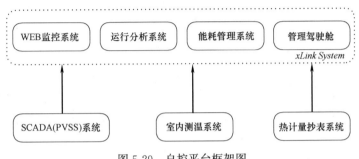

图 5-29 自控平台框架图

监控系统将实时、全面地监控热源、管网、热力站以及通信网络的运行情况，根据管网热负荷的预测和变化，调度热源按需供热，以满足全网供热热量均衡和节能的目的。它是热力管网安全可靠、优化运行的保证。

该平台是在公共通信网络平台的基础上，搭建一个热力生产信息共享平台。所有热力站将采集到的信息直接汇集到这个大平台上。这个平台的核心是一个大型热力集团生产管理网络数据库，各相关用户（WEB 客户端、操作员站、工程师站及热力站控制器）通过对等的结构共享数据库资源。形象地说，虚拟平台就像一个人的神经系统，可以把所有的信息反馈给人的大脑（这个大脑是生产数据库），神经末梢是各相关用户（WEB 客户端、操作员站、工程师站及热力站控制器）。这样大脑的想法就可以通过它传达下去并予以实施，虚拟平台上的各点可以同步共享数据库资源。生产信息共享平台架构如图 5-30 所示。

3. 平台系统特点

（1）扩展性——"一键加站"技术

解决热力监控系统经常发生的问题："一期建设得很好，但经过几年，随着站点数量的增加，系统扩建和维护越来越困难。"

解决方案：

1）采用"扁平式单中心"网络结构；

2）引入了"标准化模板"的概念图 5-31。

"标准化模板"就是将热力站分为几类，比如单系统站建立一个模板，双系统建立一个模板，依据不同的模板，将热力站加到系统中，从而使系统扩展和加站工作快速、准确地完成。

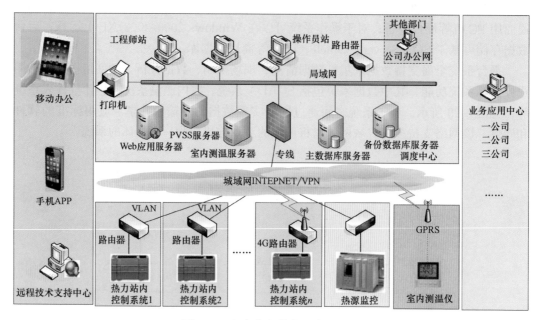

图 5-30　生产信息共享平台架构图

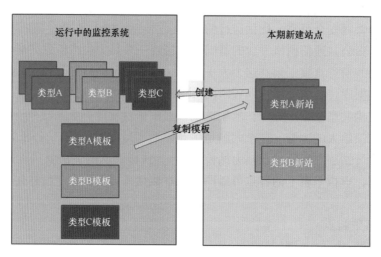

图 5-31　扩展标准化模板示意图

（2）"自由曲线"图表分析（图 5-32）

任意站内参数可显示在同一图表中，实现纵向站与站间参数对比，横向站内不同参数对比。分析事件简便、明晰、快速。

（3）自控技术与供热行业管理需求的结合，快速完成以下任务。

① 能源分析——热单耗、水单耗、电单耗分析；

② 根据分析结果，实现班组、管理员的绩效考核工作；

③ 各类灵活、自由的报表输出。

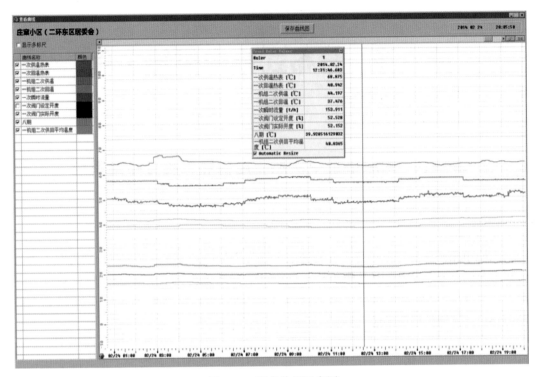

图 5-32 图表分析示意图

第六章 分布式集中供热工程

第一节 太原市集中供热二电供热工程分布式系统

一、工程典型特征

1. 工程概况

太原市集中供热二电供热工程管网主干线为 $DN1000$，五条支干线分别为北大街支干线 $DN800 \sim DN600$、柳溪街支干线 $DN400$、旱西关街支干线 $DN800 \sim DN600$、跨越汾河支干线 $DN1000$ 以及中北大学支干线 $DN600$。供热管网供热半径较长，达 19.27km（管网平面图见图 6-1）。

工程建设初期建设管网 32km、中继泵站一座、热力站 68 座，供热面积 784.5 万 m^2。随着负荷的变化，特别是中北大学负荷的接入，系统压力发生了很大的变化，按照原设计水压图运行，冬季严寒期需要启动中继泵站运行，造成电能的极大浪费。为此，在管网末端涧河路和建设路区域 20 座热力站的一级网回水侧安装了分布式回水加压泵，用分布式回水加压泵代替中继泵，改变了管网运行压力及运行费用，年节约用电 125×10^4 kWh。

2. 设计范围及供热面积

二电供热工程设计范围为：电厂内热网首站、自热电厂围墙外 1m 至各热力站的一级管网、中继泵站以及热力站。

供热范围包括河东区域：胜利街以南，府东街、府西街以北，滨河东路以东，同蒲铁路以西；河西区域：兴华北街以南，和平北路以东，滨河西路以西，漪汾街以北。

设计总供热能力为 697.6MW，供热面积为 1158.5 万 m^2。其中，现状供热面积为 858.6 万 m^2，规划供热面积为 299.7 万 m^2。

二、热源首站

第二热电厂四、五期工程为 3×200MW 空冷供热机组，汽机为超高压一次中间再热单轴三缸两排汽空冷供热凝汽抽汽式汽轮机。空冷供热机组抽汽参数压力为 0.29MPa，过热温度为 272℃，可以利用基本加热器将循环回水从 70℃加热到 120℃，再利用一至三期富裕蒸汽将 120℃的热水经过尖峰加热器加热到 150℃。

电厂内设热网首站，站内安装加热器 6 台，其中，JR-2650 型基本加热器 3 台，GR-1336 型尖峰加热器 3 台；安装 5 台 250DK-240 型热网循环水泵和两台 6N6 型热网补水泵；3 台 200AY150 型基加疏水泵，3 台 150AY150B 型尖峰加热器疏水泵，参见图 6-2。

图 6-1　二电供热管网平面图

三、水力计算

方案一

采用传统供热方式，由电厂首站循环泵提供全部循环动力，循环泵扬程按满足管网最不利环路资用压头选用。

1. 水力计算简图

水力计算简图见图 6-3。

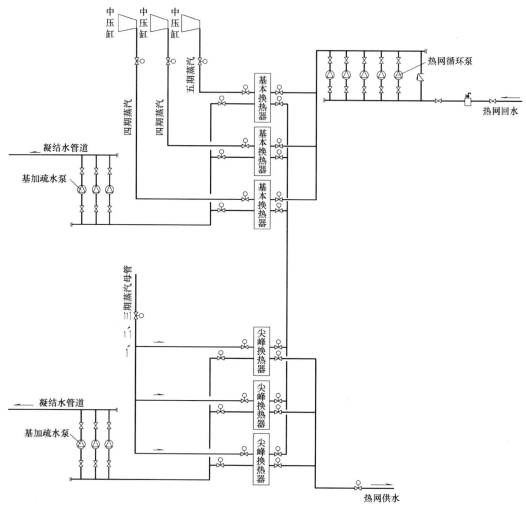

图 6-2　二电热网首站流程图

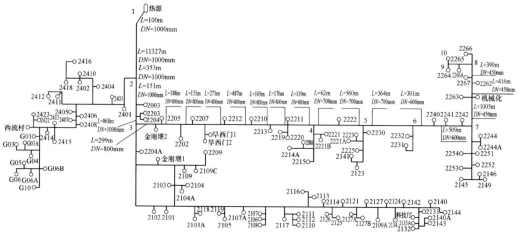

图 6-3　二电供热管网水力计算简图（方案一）

2. 水力计算

按规划建筑面积计算流量及合理的沿程比摩阻确定管径，根据所选定的管径及实际比摩阻计算各管段压降及节点压力。

一次管网供/回水设计温度为150℃/70℃，供暖室外计算温度为－12℃（工程建设时期的参数），供暖室内设计温度为18℃，热电厂提供的最大流量为6900t/h。

管壁的绝对粗糙度为0.5mm。

沿程比摩阻的选取为：主干线≤30Pa/m，支干线≤50Pa/m，支、户线≤100Pa/m。

管道计算长度＝管道几何展开长度×（1+α）。其中，α为局部阻力当量长度系数，从热电厂至近环支干线分支点，α＝0.5；其他主干线及支干线，α＝0.4；支、户线，α＝0.3。

水力计算结果见表6-1。

二电供热管网水力计算表（方案一） 表6-1

节点编号	管段号	管径(mm)	管段长度 L(m)	流量 Q(t/h)	管段压降 P(kPa)	供水压力 P_G(kPa)	回水压力 P_H(kPa)	供回水压差 P_{G-PH}(kPa)
1						2078.00	250.00	1828.00
2	1-2	1000	353	6900	620.00	1458.00	870.00	588.00
3	2-3	1000	1019	4899	32.00	1426.00	902.00	524.00
4	3-4	800	1796	2728	55.00	1371.00	957.00	414.00
5	4-5	700	627	1798	17.00	1354.00	974.00	380.00
6	5-6	700	364	1555	8.00	1346.00	982.00	364.00
7	6-7	600	933	1485	35.00	1311.00	1017.00	294.00
8	7-8	450	1811	403	72.00	1239.00	1089.00	150.00
9	8-9	350	720	250	9.00	1230.00	1098.00	132.00
10	9-10	200	320	76	16.00	1214.00	1114.00	100.00

注：水力计算按常规计算，部分管段由于阻力损失偏小，所以在管段划分时，进行了简化。如管段3-4中存在多处分支的情况。

根据水力计算结果，管网最不利环路从节点1到节点10，供热半径为19.27km，管路损失为864×2kPa。

3. 水压图

（1）静水压线

首站地面标高为805.83m，供热管网途经地带的绝对地面高程最高为814.2m，最低为786.95m。考虑到管网与用户热力站采用间接连接，为满足管网停运时不出现倒空现象，同时考虑管网最高点不产生汽化，确定静水压线位置为863m。

（2）动水压线

按照水力计算结果绘制的管网水压图见图6-4。

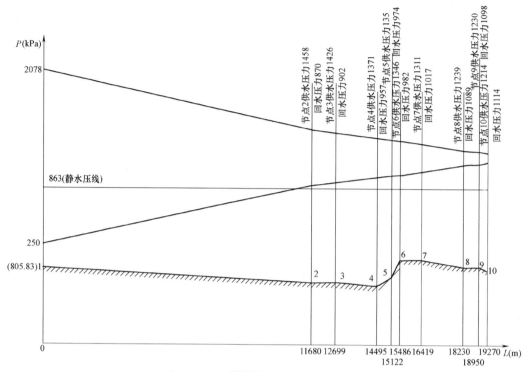

图 6-4 二电供热管网水压图（方案一）

电厂首站主循环泵需提供 1828kPa 的资用压头，若主循环泵入口压力保持在 250kPa，那么电厂出口供水管道压力就达到 2078kPa。整个管网以及 122 座热力站均须按 2.5MPa 等级压力进行设计。从节约管网建设初投资、提高项目经济效益的目的出发，方案一有待进一步优化。

方案二

在距电厂约 11.3km 处的回水干管上设置中继泵。电厂首站循环泵负责管网部分循环动力，其余不足部分由中继泵提供。

1. 水力计算简图

水力计算简图见图 6-5。

2. 水力计算

水力计算方法同方案一，水力计算结果见表 6-2。

3. 水压图

（1）静水压线参见方案一。

（2）动水压线

设置中继泵站系统的管网水压图见图 6-6。

和方案一相比，在设置了中继泵站后，整个管网的运行压力都降低到 1.6MPa 以下，使整个系统可以按 1.6MPa 等级进行设计，整个系统的管道和设备都可以按 1.6MPa 等级进行采购。很大程度降低了二电供暖工程的初投资。

因此，实际工程中选择了方案二，在回水管网设置中继泵站。

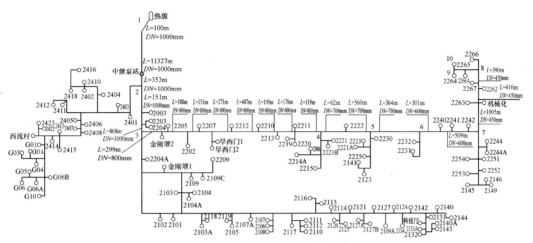

图 6-5 二电供热管网水力计算简图（方案二）

二电供热管网水力计算表（方案二）　　　　　　　　　　　　表 6-2

节点编号	管段号	管径 (mm)	管段长度 L(m)	流量 Q (t/h)	管段压降 P(kPa)	供水压力 P_G(kPa)	回水压力 P_H(kPa)	供回水压差 P_{G-PH}(kPa)
1						1560.00	250.00	1310.00
	中继泵站-1	1000	11327	6900	597.00	963.00	847.00	116.00
							329.00	
2	中继泵站-2	1000	353	6900	23.00	940.00	352.00	588.00
3	2-3	1000	1019	4899	32.00	908.00	384.00	524.00
4	3-4	800	1796	2728	55.00	853.00	439.00	414.00
5	4-5	700	627	1798	17.00	836.00	456.00	380.00
6	5-6	700	364	1555	8.00	828.00	464.00	364.00
7	6-7	600	933	1485	35.00	793.00	499.00	294.00
8	7-8	450	1811	403	72.00	721.00	571.00	150.00
9	8-9	350	720	250	9.00	712.00	580.00	132.00
10	9-10	200	320	76	16.00	696.00	596.00	100.00

4. 中继泵站

中继泵站位于滨河东路东侧，距离二电厂 11.3km，占地 1620m²，泵房主体占地 42m×15m，半地下建筑。设置有泵房、配电室、控制室。泵房设置在地下，安装有 5 台变速泵，泵出口安装有金属软管，吸收管道受热变形；同时安装有缓闭止回阀门，预防停泵引起的水锤事故。变压器室和控制室设置在地面，控制室内安装有 5 台变频器用以控制水泵的启停和转速。

中继泵站流程图见图 6-7。

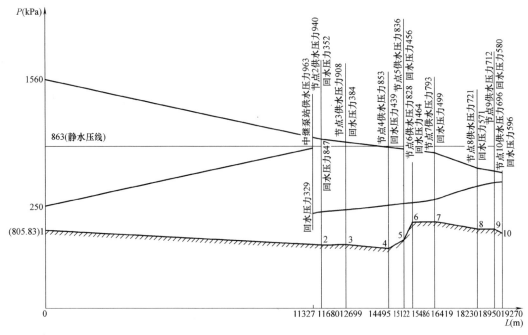

图 6-6　二电供热管网水压图（方案二）

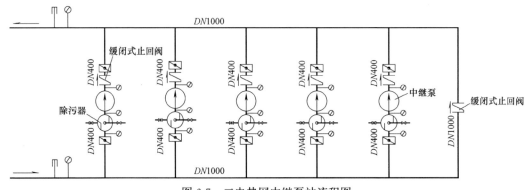

图 6-7　二电热网中继泵站流程图

中继泵具体参数如下：

单台流量 $G = 1792\mathrm{m}^3/\mathrm{h}$

扬程　　　$H = 63\mathrm{mH_2O}$

功率　　　$P = 450\mathrm{kW}$

中继泵站图片集见图 6-8。

四、分布式加压泵代替中继泵

2003 年，在电厂首站出口增加了中北大学 115 万 m^2 的供热面积，市区供热面积由原设计的 1158.5 万 m^2 减少为 1043.5 万 m^2。

中北大学热用户的加入对管网的水力工况产生了非常大的影响。中北大学位于电厂西北侧，由电厂出口 $DN1000$ 的主干线引 $DN600$ 管线向西北方向敷设 8.8km 接至中

图 6-8　中继泵站

北大学。由于中北大学两座热力站（115 万 m²）的分流，进入市区管网的流量由 6900t/h 降到了 6220t/h。系统管网阻力减小，在不启动中继泵站的运行工况下，发现管网末端涧河路、建设路等 20 座热力站的资用压头不足。

为了保证末端 20 座热力站的运行效果，严寒期运行需要启动中继泵站。管网近端约 102 座热力站则需要采用调节阀门节流消耗剩余的资用压头，浪费大量电能。

针对这种情况，提出了在资用压头不足的热力站，在一级网回水管道上增设加压泵的方案，用分布式加压泵供热系统（热力站回水加压泵）代替中继泵站系统。

1. 水力计算简图见图 6-9。

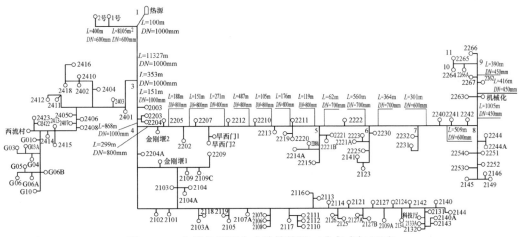

图 6-9　二电供热管网水力计算简图（分布式加压泵）

2. 水力计算

水力计算方法参见方案一，水力计算结果见表 6-3。

二电供热管网水力计算表（分布式加压泵）　　表 6-3

序号	管段号	管径 （mm）	管段长度 L(m)	流量 Q(t/h)	管段压降 P(kPa)	供水压力 P_G(kPa)	回水压力 P_H(kPa)	供回水压差 P_{G-PH}(kPa)
1						1560.00	250.00	1310.00
2	1-2	1000	100	6900	3.00	1557.00	253.00	1304.00
3	2-3	1000	11580	6220	501.00	1056.00	754.00	302.00
4	3-4	1000	1019	4424	27.00	1029.00	781.00	248.00
5	4-5	800	1796	2460	44.00	985.00	825.00	160.00
6	5-6	700	627	1606	14.00	971.00	839.00	132.00
7	6-7	700	364	1402	7.00	964.00	846.00	118.00
8	7-8	600	933	1239	28.00	936.00	874.00	62.00
9	8-9	450	1811	364	25.00	877.00	933.00	−56.00
10	9-10	350	720	114	7.00	870.00	940.00	−70.00
11	10-11	200	320	76	13.00	857.00	953.00	−96.00

根据水力计算结果绘制了管网水压图（分布式回水加压泵系统），见图 6-10。

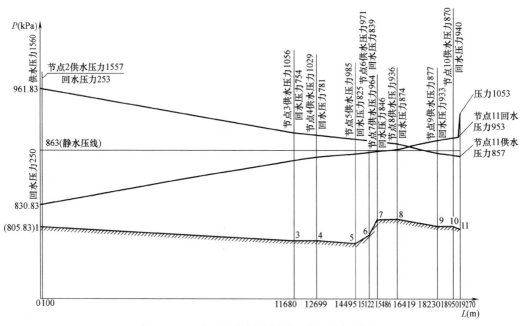

图 6-10　二电供热管网水压图（分布式加压泵）

从图 6-10 可以看出，位于节点 5 以后的 20 座热力站资用压头不足，需设置回水加压泵提供循环动力。

热力站回水加压泵系统见图 6-11。

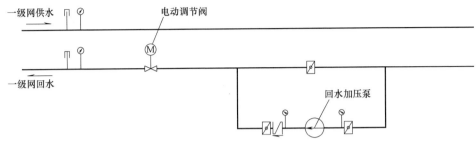

图 6-11 热力站回水加压泵流程图

运行实践证明，回水加压泵运行效果良好。热力站二次侧的温度可以先通过调整回水加压泵的频率进行调节，如不能满足，再通过中央控制系统调节电动调节阀门的开度进行精确调节。

五、系统投资、运行费用分析对比

1. 系统投资分析对比

中继泵站是供热管网系统的关键设施，必须保证其运行的可靠性和安全性，供电按二级负荷考虑，即双电源供电。同时，为了避免停泵造成管网水锤事故，站内中继泵必须与电厂联动，其投运时间、台数、运行参数都必须与电厂循环水泵一致，不得出现误操作。这就需要配套较高水平的自控系统。

中继泵站占地面积为 $1620 \mathrm{m}^2$，包括加压泵房、配电室、自控室。泵房主体占地 $42\mathrm{m} \times 15\mathrm{m}$。投资包含土建、工艺安装、电气安装、自控安装等。

中继泵站投资表见表 6-4。

中继泵站投资表 表 6-4

热机安装投资 （万元）	电气安装投资 （万元）	自控安装投资 （万元）	土建投资 （万元）	其他投资 （万元）	总投资 （万元）
467.8	244.2	15.0	133	15.6	875.60

热力站回水加压泵投资主要是加压泵和变频器的设备投资，其安装费用占比很小。分布式回水加压泵投资明细见表 6-5。

回水加压泵投资明细表 表 6-5

序号	热力站编号	热力站名称	回水加压泵功率 $P(\mathrm{kW})$	热机安装投资 （万元）	电气安装投资 （万元）	总投资 （万元）
1	2267	晋安热力站	3.0	1.10	1.70	2.80
2	2266	矿机热力站	7.5	2.30	2.10	4.40
3	2266A	享堂热力站	1.5	1.00	1.50	2.50
4	2265	机车南热力站	7.5	2.30	2.10	4.40
5	2264	机车北热力站	3.0	1.10	1.70	2.80
6	2263	机械施工热力站	5.5	2.20	1.90	4.10

续表

序号	热力站编号	热力站名称	回水加压泵功率 P(kW)	热机安装投资（万元）	电气安装投资（万元）	总投资（万元）
7	2262	中原新村热力站	3.0	1.10	1.70	2.80
8	2254	东单热力站	7.5	2.30	2.10	4.40
9	2253	铁干院热力站	7.5	2.30	2.10	4.40
10	2252	门诊部热力站	7.5	2.30	2.10	4.40
11	2251	太铁热力站	11.0	2.70	2.30	5.00
12	2244	太铁工程热力站	1.1	0.90	1.50	2.40
13	2244A	太铁设计热力站	1.1	0.90	1.50	2.40
14	2242	材料库热力站	2.2	1.10	1.70	2.80
15	2241	新开巷热力站	2.2	1.10	1.70	2.80
16	2240	金属公司热力站	2.2	1.10	1.70	2.80
17	2149	太铁花园热力站	11.0	2.70	2.30	5.00
18	2146	大东关热力站	11.0	2.70	2.30	5.00
19	2145	住院部热力站	7.5	2.30	2.10	5.00
20	2268	机械化热力站	3.0	1.10	1.70	2.80
合计						73.00

2. 系统运行费用分析对比

在供热系统中系统的运行费用主要是指系统中水泵的耗电量，其他照明和自控设备用电量可不计入。

供热管网在实际运行中采用分阶段改变流量的质调节的运行调节方式，在初寒期和末寒期流量为严寒期流量的 80%，水力工况得到改善，管网末端热力站资用压头满足运行要求，不需要启动中继泵站运行。中继泵站仅在严寒期运行两个月。中继泵和回水加压泵全部配有变频器，其耗电量按运行频率为 40Hz 计算。

中继泵站年耗电量：

$$W = n \times 24 \times P \times \left(\frac{f}{50}\right)^3 \tag{6-1}$$

所以

$$W = 151 \times 24 \times 1800 \times \left(\frac{40}{50}\right)^3 \times 2/5 = 133.6 \times 10^4 \text{kWh}$$

式中　W——中继泵站年耗电量，kWh；

　　　n——供暖天数（太原市供暖期为 5 个月，中继泵按严寒期运行 2 个月）；

　　　P——中继泵总功率或回水加压泵总功率，kW；

　　　f——中继泵运行频率，Hz。

热力站回水加压泵年耗电量见表 6-6。

热力站回水加压泵年耗电量明细表　　　　表 6-6

序号	热力站编号	热力站名称	流量 (t/h)	资用压差 (kPa)	热力站内部压损 (kPa)	扬程 mH₂O	加压泵功率 (kW)	年耗电量 (kWh)
1	2267	晋安热力站	33.00	−50.00	100.00	15.0	3.00	2226.59
2	2266	矿机热力站	97.00	−60.00	100.00	16.0	7.50	5566.46
3	2266A	享堂热力站	3.00	−60.00	100.00	16.0	1.50	1113.29
4	2265	机车南热力站	79.00	−100.00	100.00	20.0	7.50	5566.46
5	2264	机车北热力站	32.00	−70.00	100.00	17.0	3.00	2226.59
6	2263	机械施工热力站	70.00	−50.00	100.00	15.0	5.50	4082.07
7	2262	中原新村热力站	35.00	−50.00	100.00	15.0	3.00	2226.59
8	2254	东单热力站	93.00	−10.00	100.00	11.0	7.50	5566.46
9	2253	铁干院热力站	98.00	−50.00	100.00	15.0	7.50	5566.46
10	2252	门诊部热力站	119.00	−30.00	100.00	13.0	7.50	5566.46
11	2251	太铁热力站	131.00	−40.00	100.00	14.0	11.00	8164.15
12	2244	太铁工程热力站	14.00	40.00	100.00	60.0	1.10	816.41
13	2244A	太铁设计热力站	7.00	40.00	100.00	60.0	1.10	816.41
14	2242	材料库热力站	44.00	60.00	100.00	40.0	2.20	1632.83
15	2241	新开巷热力站	49.00	90.00	100.00	10.0	2.20	1632.83
16	2240	金属公司热力站	72.00	80.00	100.00	20.0	2.20	1632.83
17	2149	太铁花园热力站	135.00	−50.00	100.00	15.0	11.00	8164.15
18	2146	大东关热力站	112.00	−60.00	100.00	16.0	11.00	8164.15
19	2145	住院部热力站	100.0	−40.00	100.00	14.0	7.50	5566.46
20	2268	机械化公司	14.00	−50.00	100.00	15.0	3.00	2226.59
合计								78524.25

使用分布式回水加压泵后,在不影响供热质量的前提下,中继泵不再运行。系统年耗电量由 133.6×10^4 kWh 降到了 7.85×10^4 kWh,节能效果明显。

由此可见,分布式回水加压泵同中继泵相比具有如下优势。

(1)体积小、功率小,安装使用方便,系统投资少

水泵的安装、使用需要考虑安装现场的面积大小、配电设施及用电负荷。分布式回水加压变频泵同中继泵相比,具有流量小、扬程小、功率小、体积小的优点。在实际工程中,分布式回水加压变频泵可以在热力站中直接安装,不需要征用建设用地建设厂房,也不需要申请增容用电负荷。

(2)提高管网输送效率,大幅降低了系统运行费用

使用中继泵的供热系统,通常是通过调节阀门的开度进行管网的水力平衡调节,为了满足管网末端热力站的流量、资用压头的要求,需要利用调节阀将管网近端热力站富裕的资用压头消耗掉。这种调节方式依靠阀门节流,电损耗十分巨大,管网的输送效率很低。

采用分布式回水加压系统时，可以通过调节回水加压泵的频率进行管网水力平衡调节，实现以泵代阀。这种调节方式避免了节流损耗，大幅降低了系统运行费用。

（3）适应管网热负荷变化的能力强

分布式回水加压变频泵功率小、体积小，移动便捷，适应管网热负荷变化的能力也强。实际运行中，热力站供热面积每年都会发生变化。根据热力站供热面积的变化每年进行全网水力平衡计算，并依此对热力站内的分布式回水加压泵进行调整或更换。

（4）运行管理简单，不需要运行人员看护

热力站采用了自控系统，对热力站内的参数和设备均能实现实时数据采集和监控。回水加压泵设置在热力站中，其运行状态能够通过中央控制室进行监控，不需要专职运行人员看管。

中继泵站设置有泵房、配电室、自控室等，由于其在供热管网中的重要性，从安全角度考虑，中继泵站通常采取四班倒工作制，每班配备专职运行人员 2 人、电工 2 人，这样，中继泵站的管理人员就达到 16 人，运行管理的难度和费用大幅增加。

（5）管网运行更安全

设置有中继泵的管网，如果发生停泵、阀门误操作等情况，易发生水击，对管道和设备造成破坏，影响管网运行。对于分布式回水加压泵系统来说，个别加压泵的启停不会对整个管网的运行造成大的影响，安全性更高。

第二节 前山矿区分布式供热系统工程

一、工程概况

山西省太原市西山煤矿总公司前山矿区供热工程负责解决南北寒地区、白家庄矿区、官地矿地区 315.1 万 m^2 建筑的冬季供暖问题。该区域由西南向东北依次为官地矿、白家庄矿、南北寒地区，地势由高到低，坡度较大，海拔（56 黄海高程）从1073m 到 856.4m，最大高差为 216.6m，电厂位于海拔居中的白家庄矿区（海拔976.5m）。

该工程的难点在于南北地形大高差导致的系统设计压力高。

1. 热源

西山煤矿总公司前山矿区供热管网工程的热源为西山热电有限责任公司综合利用电厂，厂址位于原白家庄矿内，在西山矿区的西南方向，距西山矿区 3.8km。电厂规划为容量 3×220t/h 高温高压循环流化床锅炉配 3×C50 汽轮发电机组。一期工程建设规模为 3×220t/h 高温高压循环流化床锅炉配 2×C50 直接空冷抽汽式汽轮发电机组。热电厂 1 号机组 2005 年 7 月投产。抽汽压力为 0.294MPa，一级网供/回水温度为125℃/65℃。

2. 设计范围

该工程设计范围自热电厂围墙外 1m 至各热力站的一级热力管网及 25 座热力站、1座供热管网首站、1 座热力监测中心、1 座供热管网维修车间。

3. 热负荷

根据热负荷调查，供暖面积共 $315.1 \times 10^4 m^2$，其中上线区域（首站西南侧供热片区）$29.6 \times 10^4 m^2$，下线区域（首站东北侧供热片区）$285.5 \times 10^4 m^2$。

根据供热规划新建了 25 个换热站。达到规划负荷时，下线最大换热站负荷为 24.0MW，最小换热站负荷为 2.64MW；上线最大换热站负荷为 9.12MW，最小换热站负荷为 3.96MW。

4. 管网走向及敷设方式

官地矿、白家庄矿位于九院沟内的狭长山谷地带，顺山谷敷设一条管网即可满足供热要求。南北寒地区位于九院沟与虎峪沟交汇的相对开阔的丘陵地带，供热区域较为分散，须敷设多根支线方可满足供热要求。管网走向现场踏勘确定如下。

（1）上线管网

上线管网主干管经电厂南侧出厂区后沿轻轨向西南架空敷设，到头后穿轻轨向白家庄路沿路北侧直埋敷设，西行至隧道后翻至泄洪洞架空敷设。出隧道后沿白家庄路北侧西南方向直埋敷设至四楼换热站。上线管网总长约 3.16km。其中直埋管段 1.54km，架空管段 1.62km。

（2）下线管网

下线管网主干管自热电厂沿白家庄路南侧直埋敷设，东北向敷设至虎峪河，沿河岸南侧低支架架空敷设，东向行至河涝湾巷分成两支，一支向东至红沟然后向北沿街东侧直埋敷设，到西矿街后沿街北侧向东直埋敷设至机修区换热站，另一支即文化宫支线沿河涝湾巷向北直埋敷设，穿西矿街后直埋敷设至文化宫换热站。下线最远换热站距电厂首站约 7.46km。其中直埋管段 4.6km，架空管段 2.86km。

管网走向详见图 6-12。

5. 设计原则

（1）进行多方案比较，整体上降低了管网的设计压力。

（2）供热区域地势高差较大，采用分布式回水加压泵系统，进一步降低各系统压力，降低了管网建设初投资和管网系统运行电耗。

（3）管网采用直埋无补偿冷安装敷设为主导，架空敷设为辅，结合管网具体情况，不同地段采用不同的补偿敷设方式。

二、首站系统方案比选

热网首站设置在电厂内。电厂地面标高 976.5m，换热站地形最高点地面标高为 1073m，换热站地形最低点地面标高为 856.4m。

方案一

首站设置一套供热系统，向上线和下线用户供热。

主干线从电厂引出至白家庄路，然后分成两支。上线支干线沿路北侧直埋敷设，西行至隧道后，翻至泄洪洞架空敷设直至四楼换热站，共负责 3 座换热站，负荷为 17.76MW。下线支干线沿路南侧直埋敷设，负责南北寒地区 22 座热换热站共 171.3MW 负荷。

图 6-12　前山矿区供热管网平面图

1. 水力计算简图（图 6-13）

2. 水力计算

按规划建筑面积计算流量及合理的沿程比摩阻确定管径，根据所选定的管径及实际比摩阻，计算各管段压降及节点压力。

一次管网供/回水设计温度为 125℃/65℃，供暖室外计算温度为−12℃（工程建设时期的参数），供暖室内设计计算温度为 18℃，热电厂提供的最大流量为 2455t/h。

管壁的绝对粗糙度为 0.5mm。

管道计算长度＝管道几何展开长度×(1+α)，其中，α 为局部阻力当量长度系数，DN450～1000 的输配干线，α＝0.4，DN≤400 的输配干线，α＝0.3。

水力计算结果见表 6-7。

3. 水压图

（1）定压方式的确定

热网补水点设在首站循环水泵的循环水回水母管上，定压方式采用循环水泵旁通管定压，定压点置于循环水泵旁通管上，旁通管始、末端设关断阀及手动调节阀。通过调节两端的阀门可以很方便地改变运行时循环水泵的入口压力，从而降低整个管网的运行

图 6-13　前山矿区供热管网水力计算简图（方案一）

前山矿区供热管网水力计算表（方案一）　　　　表 6-7

节点编号	管段号	管径(mm)	管段长度 L(m)	流量 Q (t/h)	管段压降 P (kPa)	供水压力 P_G(kPa)	回水压力 P_H(kPa)	供回水压差 P_{G-PH}(kPa)
1						2136.00	1060.00	1076.00
A	1-A	800	30	2710	1.00	2135.00	1061.00	1074.00
2	A-2	800	203	2455	6.00	2129.00	1067.00	1062.00
3	2-3	800	934	2417	26.00	2103.00	1093.00	1010.00
4	3-4	800	11	2374	1.00	2102.00	1092.00	1010.00
5	4-5	800	603	2327	15.00	2087.00	1109.00	978.00
6	5-6	700	901	2277	44.00	2043.00	1153.00	890.00
7	6-7	600	602	2190	62.00	1981.00	1215.00	766.00
8	7-8	600	163	1483	8.00	1973.00	1223.00	750.00
9	8-9	500	321	1327	32.00	1941.00	1254.00	687.00
10	9-10	500	346	1155	25.00	1916.00	1280.00	636.00
11	10-11	450	608	1011	57.00	1859.00	1336.00	523.00
12	11-12	400	145	705	12.00	1847.00	1349.00	498.00

节点编号	管段号	管径 (mm)	管段长度 L(m)	流量 Q (t/h)	管段压降 P (kPa)	供水压力 P_G(kPa)	回水压力 P_H(kPa)	供回水压差 $P_{G\text{-}PH}$(kPa)
13	12-13	400	473	628	31.00	1816.00	1380.00	436.00
14	13-14	300	1510	344	135.00	1681.00	1515.00	166.00
15	14-15	250	340	172	20.00	1661.00	1535.00	126.00
16	15-16	200	278	86	13.00	1648.00	1548.00	100.00

压力，而在循环水泵停用时也可保证管网的静压，提高了管网的可靠性。采用此种定压方式，运行灵活、方便。为方便运行监视、控制，易于日常管理，减少能耗，一级管网定压点设在电厂首站。

（2）定压值的确定

一次管网高点出现在官地矿区域管网，按照不倒空、不汽化的要求，系统定压点压力为：

$$P = H_1 + H_2 + 0.1P_s + 5 = 119.7 \text{mH}_2\text{O} \tag{6-2}$$

式中　P——定压点压力值，mH_2O；

　　　P_s——与热网供水温度对应汽化压力，kPa（125℃下热水汽化压力为132kPa）；

　　　H_1——换热站充水高度，mH_2O（按 $5\text{H}_2\text{O}$ 考虑）；

　　　H_2——最高换热站地面标高与首站地面标高差值，mH_2O；

　　　5——安全余量，mH_2O；。

（3）静水压线

根据定压点压力确定系统定压值为静压线1200kPa，即静压线相对于电厂首站地面标高为120m。

（4）动水压线

按照水力计算结果绘制的管网水压图见图6-14。

根据水压图电厂出口压力为2136kPa。同时，电厂下游南北寒地区地面标高比首站低120.1m，管网最低点静压就达到240.1mH_2O。这样，系统中大部分管网的设计压力将不得不取为2.5MPa，系统中的设备和管道也将不得不按照2.5MPa等级选用。

方案二

首站设置两套供热系统，分别为上线管网3座换热站、下线管网22座换热站供热。

1. 水力计算简图（图6-15）

2. 水力计算

上线供热系统水力计算结果见表6-8，下线供热系统水力计算结果见表6-9。

3. 水压图

（1）上线系统

根据式（6-2）计算可得，上线系统定压点压力为119.7mH_2O，因此上线系统定压值为1200kPa，即静压线相对于电厂首站地面标高为120m。

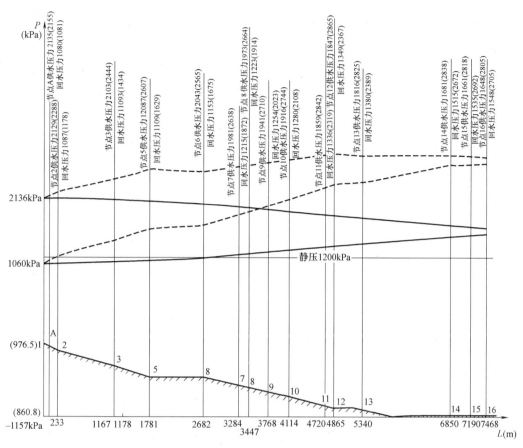

图 6-14　前山矿区供热管网水压图（方案一）

注：图中实线为供回水动水压线，虚线为供回水压强水头线

上线供热系统水力计算表　　表 6-8

序号	管段号	管径(mm)	管段长度 L(m)	流量 Q(t/h)	管段压降 P(kPa)	供水压力 P_G(kPa)	回水压力 P_H(kPa)	供回水压差 P_{G-PH}(kPa)
1						1442.70	1060.00	382.70
2	1-17	300	1072	254.5	43.1	1399.60	1103.10	296.50
3	17-18	250	1217	197.8	76.8	1322.80	1179.90	142.90
4	18-19	200	871	67.1	21.5	1301.30	1201.30	100.00

下线供热系统水力计算表　　表 6-9

节点编号	管段号	管径(mm)	管段长度 L(m)	流量 Q(t/h)	管段压降 P(kPa)	供水压力 P_G(kPa)	回水压力 P_H(kPa)	供回水压差 P_{G-PH}(kPa)
1						1222.00	150.00	1072.00
2	1-2	800	233	2454.9	7.00	1215.00	157.00	1058.00
3	2-3	800	934	2417.0	26.00	1189.00	183.00	1006.00

续表

节点编号	管段号	管径(mm)	管段长度 L(m)	流量 Q(t/h)	管段压降 P(kPa)	供水压力 P_G(kPa)	回水压力 P_H(kPa)	供回水压差 P_{G-PH}(kPa)
4	3-4	800	11	2374.0	1.00	1188.00	184.00	1004.00
5	4-5	800	603	2326.7	14.00	1174.00	198.00	976.00
6	5-6	700	901	2243.3	45.00	1129.00	243.00	886.00
7	6-7	600	602	2190.0	62.00	1067.00	305.00	762.00
8	7-8	600	163	1482.4	8.00	1059.00	313.00	746.00
9	8-9	500	321	1326.7	31.00	1028.00	344.00	684.00
10	9-10	500	346	1154.8	26.00	1002.00	370.00	632.00
11	10-11	450	608	1011.2	56.00	946.00	426.00	520.00
12	11-12	400	145	705.1	12.00	934.00	438.00	496.00
13	12-13	400	473	361.1	32.00	902.00	470.00	432.00
14	13-14	300	1510	283.7	135.00	767.00	605.00	162.00
15	14-15	250	340	229.6	20.00	747.00	625.00	122.00
16	15-16	200	278	86.0	11.00	736.00	636.00	100.00

图 6-15 前山矿区供热管网水力计算简图（方案二和方案三）

上线系统水压图见图 6-16。

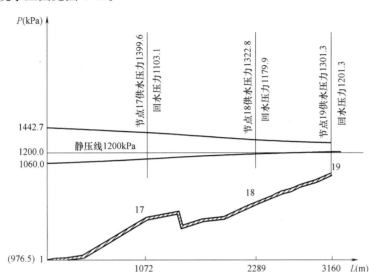

图 6-16　前山矿区供热管网上线水压图（方案二）

（2）下线系统

根据式（6-2）计算可得，下线系统定压点压力为 $23.2 \mathrm{mH_2O}$，因此下线系统定压值为 240kPa，即静压线相对于电厂首站地面标高为 24m。

下线系统水压图见图 6-17（含压强水头曲线）。

图 6-17 中，有 4 条压力曲线和一条地形相对标高曲线均以电厂首站地面标高为基准面。其中，两条实线为管网动水压线，即管网运行时，管路中各点的测压管水头的连接线。供水动水压线和回水动水压线共同构成水压图。两条虚线为供回水压强水头线，即管网运行时，管路中各点压强水头的连接线。管路中任意点压强水头等于该点测压管水头与该点所处位置相对标高之差。图 6-17 中括号内数值代表节点处测压管水头，括号外数值代表节点处压强水头。

对比上述两方案，虽然方案二在首站中多设置了一套供热系统，增加了部分设备投资，但其将供热区域分成了上线和下线两个部分，降低了地势高差对管网系统的影响。首站管网出口压力由 2.5MPa 降到了 1.6MPa。

方案三

首站采用两套系统，下线系统采用分布式回水加压泵系统。

电厂首站虽然采用了上线、下线两套供热系统，但下线供热系统地势高差依然对系统压力影响很大。从图 6-17 中可以看出，管网最不利环路供回水压力损失为 1.07MPa，若取主循环泵入口压力 0.15MPa，首站主循环泵扬程须满足管网最不利环路用户资用压头，则电厂管网出口供水压力将达到 1.22MPa。随着水流流动方向，地势越来越低，由于高差静压的影响，管网供水相对压力也随着地势的降低而不断升高，很快就超过了 1.6MPa，在节点 5 处供水相对压力达到 1.694MPa，在节点 11 处供水相对压力达到最大即 1.929MPa。这样，管网中大部分管道和设备将需要按照公称压力 2.5MPa 等级选

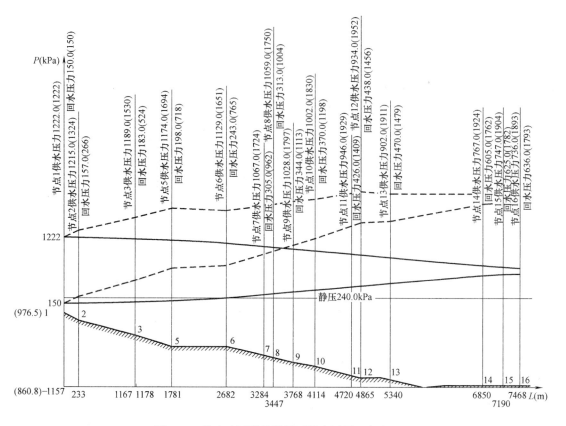

图 6-17 前山矿区供热管网下线水压图（方案二）
注：图中实线为供回水动水压曲线，虚线为供回水压强水头线

用，管网的初投资仍然较大。

为了降低下线供热系统的设计压力等级，系统设计时采用了分布式回水加压泵系统。

本案例中，首站循环和热力站回水加压泵共同提供循环动力，在定压方式不变、回水管压力不变的情况下，供水压力就会随首站循环泵扬程的减小而减小，最小极限循环泵扬程等于零，各热力站动力全部由分布式回水加压泵提供。通过优化，选定节点 8 处为供回水零压差点。

1. 水力计算简图（图 6-15）

2. 水力计算结果（表 6-10）

前山矿区供热系统水力计算表（分布式回水加压泵）　　　　　　表 6-10

节点编号	管段号	管径（mm）	管段长度 L(m)	流量 Q(t/h)	管段压降 P(kPa)	供水压力 P_G(kPa)	回水压力 P_H(kPa)	供回水压差 P_{G-PH}(kPa)
1						600.00	150.00	450.00
2	1-2	800	233	2454.9	7.00	593.00	157.00	436.00
3	2-3	800	934	2417.0	26.00	567.00	183.00	384.00

续表

节点编号	管段号	管径(mm)	管段长度 $L(m)$	流量 $Q(t/h)$	管段压降 $P(kPa)$	供水压力 $P_G(kPa)$	回水压力 $P_H(kPa)$	供回水压差 $P_{G-PH}(kPa)$
4	3-4	800	11	2374.0	1.00	566.00	184.00	382.00
5	4-5	800	603	2326.7	14.00	552.00	198.00	354.00
6	5-6	700	901	2243.3	45.00	507.00	243.00	264.00
7	6-7	600	602	2190.0	62.00	445.00	305.00	140.00
8	7-8	600	163	1482.4	8.00	437.00	313.00	124.00
9	8-9	500	321	1326.7	31.00	406.00	344.00	62.00
10	9-10	500	346	1154.8	26.00	380.00	370.00	10.00
11	10-11	450	608	1011.2	56.00	324.00	426.00	−102.00
12	11-12	400	145	705.1	12.00	312.00	438.00	−126.00
13	12-13	400	473	361.1	32.00	280.00	470.00	−190.00
14	13-14	300	1510	283.7	135.00	145.00	605.00	−460.00
15	14-15	250	340	229.6	20.00	125.00	625.00	−500.00
16	15-16	200	278	86.0	11.00	114.00	636.00	−522.00

3. 分布式变频泵供热系统水压图（图6-18）

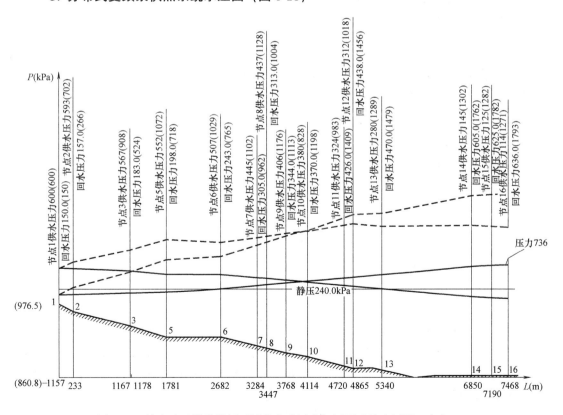

图6-18 前山矿区供热管网下线分布式回水加压泵系统水压图（方案三）

从图 6-18 中可以看出，由于采用了分布式变频泵系统，电厂首站主循环泵只需要提供节点 8 之前系统循环的部分动力，其余动力由各热力站的回水变频加压泵负责提供。这使主循环泵负责提供的资用压头从 1.07MPa 降低到了 0.45MPa，管网电厂出口供水压力则降低到 0.6MPa。随着水流流动方向地势越来越低，同传统供热系统一样，管网供水相对压力也在不断升高，但由于管网电厂出口供水压力起点低，一直到管网最不利节点 15 处的相对压力只有 1.3MPa，依然没有超过 1.6MPa。但在回水管路，由于部分末端热力站回水变频加压泵的扬程比较高，节点 14、节点 15 处的相对压力超过 1.6MPa。这部分管网中的设备及管道则必须按照公称压力 2.5MPa 等级选用。

4. 回水加压泵的选择

为了取得较好的节能效果，一级管网的水力平衡方式采用附加阻力平衡和增设回水加压泵相结合。离热电厂较近的热力站，其资用压差大，采用附加阻力平衡多余资用压差，距离热电厂较远的热力站，其资用压差不足，在一级网的回水管上设回水加压泵进行加压，使各支线在所需流量条件下实现水力平衡。

综合考虑不同建设期、不同运行工况时的情况，应避免出现同一个换热站既设回水加压泵又设调节阀的工况出现。根据以上原则，经过计算、比较，确定了加设回水加压泵的换热站数量。最终，10 个换热站加设回水加压泵，12 个换热站采用调节阀调节。

回水加压泵的流量和扬程的选取：

回水加压泵流量 $D=1.1\times Q$　　　　　　t/h

式中　Q——热用户设计流量，t/h。

回水加压泵扬程 $H=1.2\times|h_1-h_2|$ 10mH$_2$O

式中　h_1——热用户系统资用压差，10kPa；

　　　h_2——热用户系统内部阻力，10kPa。

三、系统能耗对比

1. 传统供热系统（方案二下线系统）输送电损耗

供热管网中，循环泵提供的能量和管网中阀门节流损失的能量 P 如下：

$$P=2.72\times D\times H\times\rho/\eta\times10^{-6} \tag{6-3}$$

式中　P——水泵提供能量或阀门节流损失能量，kW；

　　　D——水泵流量，t/h；

　　　H——水泵扬程，mH$_2$O；

　　　ρ——流体密度，kg/m^3；

　　　η——水泵效率，75%。

从系统水压图 6-17 中可以看出，在设计工况下，为了满足系统最不利用户的资用压头要求，近端用户不得不用调节阀将大量的富裕压头节流消耗掉，这样浪费了大量的电能，消耗的电量可以通过式（6-3）计算得出。

传统供热系统换热站节流损失能耗表见表 6-11。

传统供热系统换热站节能损失能耗表 表 6-11

序号	热力站名称	规划热负荷(万 m²)	流量(t/h)	资用压差(kPa)	热力站内部压损(kPa)	富裕压头(kPa)	电厂循环泵功率(kW)	节流损耗(kW)
1	新建换热站	4.40	37.84	1030.00	100.00	930.00		7.18
2	五四街换热站	5.00	43.00	990.00	100.00	890.00		7.81
3	五四街原换热站	5.50	47.30	1000.00	100.00	900.00		8.68
4	二中换热站	5.82	50.05	950.00	100.00	850.00		8.68
5	建工苑换热站	6.20	53.32	870.00	100.00	770.00		8.38
6	杜儿坪矿换热站	3.86	33.20	870.00	100.00	770.00		5.22
7	建北换热站	25.60	220.16	680.00	100.00	580.00		26.05
8	第一换热站	18.10	155.66	610.00	100.00	510.00		16.19
9	二中心换热站	17.60	151.36	610.00	100.00	510.00		15.75
10	文化宫换热站	9.40	80.84	510.00	100.00	410.00		6.76
11	水厂换热站	11.60	99.76	530.00	100.00	430.00		8.75
12	朝南换热站	18.10	155.66	740.00	100.00	640.00		20.32
13	河南换热站	20.00	172.00	670.00	100.00	570.00		20.00
14	医院换热站	16.70	143.62	630.00	100.00	530.00		15.53
15	西矿街换热站	35.60	306.16	500.00	100.00	400.00		24.98
16	高层换热站	9.00	77.40	490.00	100.00	390.00		6.16
17	机修厂区换热站	26.70	229.62	320.00	100.00	220.00		10.31
18	机修厂红星换热站	6.30	54.18	390.00	100.00	290.00		3.21
19	西华苑 1 号换热站	10.00	86.00	140.00	100.00	40.00		0.70
20	西华苑 2 号换热站	10.00	86.00	130.00	100.00	30.00		0.53
21	西华苑 3 号换热站	10.00	86.00	100.00	100.00	0.00		0.00
22	西华苑 4 号换热站	10.00	86.00	100.00	100.00	0.00		0.00
	电厂首站	285.48	2455.13	1081.60			541.72	221.17

从表 6-11 中可以看出，下线 22 座热力站中，有 20 座热力站需要进行阀门节流以控制热力站的流量。电厂首站循环泵提供的能量为 541.72kW，阀门节流损耗为 221.17kW，占比 40.8%，也就是说大约 40.8% 的电能被浪费。

2. 分布式供热系统输送电损耗

采用分布式供热系统后，电厂循环泵扬程选用 0.45MPa，仅负责管网部分循环动力，热力站循环动力则由站内设置的回水加压泵提供。

分布式供热系统总耗电量见表 6-12。

从表 6-12 中可以看出，下线 22 座热力站中，有 7 座热力站需要进行阀门节流以控制热力站的流量，有 15 座热力站需要设置回水加压泵。电厂循环泵提供的能量为 225.38kW，采用回水加压泵提供的能量为 102.7kW。

分布式供热系统总耗电量　　表 6-12

序号	热力站名称	规划热负荷（万 m^2）	流量（t/h）	资用压差（kPa）	热力站内部压损（kPa）	富裕压头（kPa）	电厂循环泵提供能量（kW）	回水加压泵提供能量（kW）
1	新建换热站	4.40	37.84	410.00	100.00	310		
2	五四街换热站	5.00	43.00	370.00	100.00	270		
3	五四街原换热站	5.50	47.30	380.00	100.00	280		
4	二中换热站	5.82	50.05	330.00	100.00	230		
5	建工苑换热站	6.20	53.32	250.00	100.00	150		
6	杜儿坪矿换热站	3.86	33.20	250.00	100.00	150		
7	建北换热站	25.60	220.16	60	100.00	−40		1.80
8	第一换热站	18.10	155.66	−10	100.00	−110		3.49
9	二中心换热站	17.60	151.36	−10	100.00	−110		3.40
10	文化宫换热站	9.40	80.84	−90	100.00	−190		3.13
11	水厂换热站	11.60	99.76	−110	100.00	−210		4.27
12	朝南换热站	18.10	155.66	120	100.00	20		
13	河南换热站	20.00	172.00	50	100.00	−50		1.75
14	医院换热站	16.70	143.62	10	100.00	−90		2.64
15	西矿街换热站	35.60	306.16	−120	100.00	−220		13.74
16	高层换热站	9.00	77.40	−130	100.00	−230		3.63
17	机修厂区换热站	26.70	229.62	−300	100.00	−400		18.74
18	机修厂红星换热站	6.30	54.18	−230	100.00	−330		3.65
19	西华苑 1 号换热站	10.00	86.00	−480	100.00	−580		10.18
20	西华苑 2 号换热站	10.00	86.00	−490	100.00	−590		10.35
21	西华苑 3 号换热站	10.00	86.00	−520	100.00	−620		10.88
22	西华苑 4 号换热站	10.00	86.00	−530	100.00	−630		11.05
	合计							102.70
	电厂首站	285.48	2455.13	450.00			225.38	

采用分布式回水加压泵系统后，系统总能耗为 328.08kW。同方案二下线供热系统的 541.72kW 相比，能耗大幅度降低约 39.4%。

第七章 大功率空气源热泵区域供热工程

石家庄市地处中纬度欧亚大陆东缘，属于暖温带大陆性季风气候，属于寒冷地区。太阳辐射的季节性变化显著，地面的高低气压活动频繁，四季分明，寒暑悬殊，雨量集中于夏秋季节。干湿期明显，夏冬季长，春秋季短。春季时长约 55 天，夏季时长约 105 天，秋季时长约 60 天，冬季时长约 145 天。春季气候干燥，降水量少，常有 5、6 级偏北风或偏南风，4 月份气温回升快；夏季，受海洋温湿气流影响，6、7、8 三个月降水量占全年降水量的 63%～70%；秋季，受蒙古高压影响，晴朗少雨，温度适中，气候宜人，深秋多东北风，有寒潮天气发生；冬季，受西伯利亚冷高压的影响，盛行西北风，气候寒冷干燥，天气晴朗少云，降水少。

石家庄碧桂园项目位于元氏县张掖村（位于元氏县最北部，东边与栾城县接壤，北边与鹿泉相邻，号称元氏县四大村之一）、青银高速与红旗大街交汇处西南。一期占地 490 亩，二期占地 211.5 亩，三期占地 500 亩，总占地 1201.5。石家庄碧桂园一期项目总建筑面积为 46.83 万 m^2，其中展示区及一至五标段建筑面积为 29.89 万 m^2，西部高层＋别墅建筑面积为 16.94 万 m^2。

第一节 工程典型特征

石家庄碧桂园大功率空气源热泵供热工程一期项目总建筑面积为 46.83 万 m^2，设计总热负荷为 14130.91kW，共分 7 个供热分区。

石家庄最冷月干球温度变化图见图 7-1，石家庄历时 30 年的气象数据的历史最低干球温度为 $-12.3℃$。普通螺杆式空气源热泵机组适合为该项目提供热源。

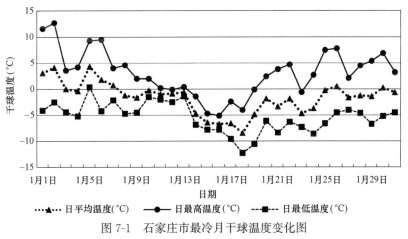

图 7-1 石家庄市最冷月干球温度变化图

采用华誉能源空气源热泵作为集中供热热源，共需空气源热泵机组 49 台，电负荷 9900kW。其中，26 台布置于 5 号楼北侧地下污水处理站附近，占地面积为 2070m²，为 1 号分区、2 号分区、3 号分区、4 号分区提供热源，另外 23 台布置于一期热源厂能源楼内，占地面积为 2612 m²，为 5 号分区、6 号分区、7 号分区提供热源。

主机供回水温度设置为 45/35℃，10℃温差，符合《辐射供暖供冷技术规程》JGJ 142—2012 之有关内容规定。所有供热分区均采用直供方式。

采用大功率空气源热泵作为供热热源，总投资 2889.4 万元，折合初投资 61.70 元/m²，总用电负荷 9809.60kW，每个冬季的运行费用为 631.68 万元，折合运行费用 13.49 元/m²。

每供热季可节约能源 5707t 标准煤（tce），依据每吨标准煤排放二氧化碳 2.6t、二氧化硫 8.5kg、氮氧化物约 7kg，经计算，减少二氧化碳排放 14838t，减少二氧化硫排放 49t，减少氮氧化物排放 40t，节能环保效益明显。

第二节　热源形式的比较

该项目可选用的热源形式有：燃气锅炉、电锅炉、大功率空气源热泵、土壤源热泵四种类型。四种形式的比较基于下列条件。

（1）燃气指标：每 Nm³ 产生能量 8500kcal；每 Nm³ 的燃气价格为 2.6 元；

（2）用电指标（考虑峰谷电）：平电时间 14h，单价为 0.52 元/kWh；谷电时间 10h，单价为 0.28 元/kWh；全天电价折算后，单价为 0.42 元/kWh。

（3）设备指标：普通燃气锅炉热效率为 90%；燃气冷凝锅炉热效率为 100%；普通电锅炉和蓄能电锅炉热效率指标为 100%；土壤源热泵的综合能效系数 COP 为 4.2；大功率空气源热泵的综合 COP 为 3；电价为 0.42 元/kWh。

一、不同热源类型单位 GJ 的能耗费用

不同热源类型单位 GJ 的能耗费用测算如下。

普通燃气锅炉：$\frac{10^6}{8500\times4.2\times0.9}=31Nm^3$，单位 GJ 成本：$31\times2.6=80.6$ 元/GJ；

燃气冷凝锅炉：$\frac{10^6}{8500\times4.2}=28Nm^3$，单位 GJ 成本：$28\times2.6=72.8$ 元/GJ；

普通电锅炉：$\frac{10^6}{3600}=278kWh/GJ$，单位 GJ 成本：$278\times0.42=116.76$ 元/GJ；

蓄能电锅炉：$\frac{10^6}{3600}=278kWh/GJ$，单位 GJ 成本：$278\times0.28=77.84$ 元/GJ；

土壤源热泵：$\frac{10^6}{3600\times4.2}=66kWh/GJ$，单位 GJ 成本：$66\times0.42=27.72$ 元/GJ；

空气源热泵：$\frac{10^6}{3600\times3}=93kWh/GJ$，单位 GJ 成本：$93\times0.42=39.06$ 元/GJ。

二、不同热源形式单位 GJ 的初投资费用

统一按照每 GJ 热量供 3m² 的面积计算，每 GJ 的投资成本详见表 7-1。

不同热源形式单位 GJ 的初投资费用　　　　　　　　表 7-1

热源形式	普通燃气锅炉	燃气冷凝锅炉	普通电锅炉	蓄能电锅炉	土壤源热泵	大功率空气源热泵
设备及系统造价(元)	45	60	30	60	270	180
电增容造价(元)	45	45	60	90	30	45
总造价(元)	90	105	90	150	300	225

三、不同热源形式单位 GJ 的综合比较

与集中供热比较，采暖费 22 元/m^2，入网费 40 元/m^2，按照每 GJ 能量供热 3m^2 计算，每 GJ 的采暖费为 66 元，入网费为 120 元，详见表 7-2。

不同热源形式单位 GJ 的综合比较　　　　　　　　表 7-2

热源形式	普通燃气锅炉	燃气冷凝锅炉	普通电锅炉	蓄能电锅炉	土壤源热泵	大功率空气源热泵
初投资(元)	90	105	90	150	300	225
10 年运行费用(元)	806	728	1167.6	778.4	277.2	399.6
10 年采暖收费(元)	660	660	660	660	660	660
入网费(元)	120	120	120	120	120	120
10 年每 GJ 总收益(元)	−116	−53	−477.6	−148.4	202.8	155.4
10 年每 m^2 总收益(元)	−38.7	−17.7	−159.2	−49.5	67.6	51.8

四、不同热源形式的优缺点比较

不同的热源形式有着不同的适用环境及优缺点，如普通燃气锅炉或燃气冷凝锅炉、通电锅炉或蓄能电锅炉、土壤源热泵、空气源热泵，详见表 7-3。

不同热源形式优缺点比较　　　　　　　　表 7-3

热源形式	普通燃气锅炉或燃气冷凝锅炉	电锅炉或蓄能电锅炉	土壤源热泵	空气源热泵
机房情况	需设专用室内锅炉房，面积较大，地下机房需考虑通风、防爆要求	需设专用室内锅炉房，面积较小	需室内机房，机房占地面积小，需要较大钻凿地埋孔面积，地埋孔不影响地上面积	无需专用机房或需小泵房，其主机及附属设备可以直接放在地面或建筑物顶部
夏季能否制冷	不能	不能	能	能
系统节能性	锅炉效率 90%~100%	锅炉效率 100%	机组能效比 4.0~5.8	机组能效比 2.5~3.5
系统可靠性	经多年研发与使用，机组质量好、可靠性高	经多年研发与使用，机组质量好、可靠性高	目前在国内外已大量使用，但应用效果的可靠性与冬季汲取热量和夏季释放热量的平衡有关	经多年研发与使用，机组质量好、可靠性高

续表

热源形式	普通燃气锅炉或燃气冷凝锅炉	电锅炉或蓄能电锅炉	土壤源热泵	空气源热泵
系统安全性	锅炉为压力容器,需要燃烧天然气,安全性不高	运行安全	运行安全	运行安全
系统稳定性	稳定	稳定	稳定	不稳定
	主机制热采用锅炉提供的热水,采暖效果好	主机制热采用锅炉提供的热水,系统稳定,采暖效果好	通过地埋管热交换器从土壤中汲取或释放热量,运行不受室外环境温度影响,运行稳定可靠	主机直接从空气中汲取或释放热量,受室外温度影响较大,冬季主机需反冲除霜
使用寿命	8~10 年	10~15 年	15~20 年	15~20 年
安装难度	安装复杂,需大量的配套设施,系统复杂、安装工程量大	安装复杂,需大量的配套设施,系统复杂,安装工程量大	系统复杂,需要占较大面积的土地;受施工条件限制,施工难度较大	系统简单,施工方便
运行管理人员	主机为全电脑自动控制;需专人管理机房及锅炉房	不需要专人维护,要有 1~2 人日常维护	需专人管理机房;主机为全电脑自动控制,增加控制系统,可以无人值守,实现电脑管理	主机的控制模式采用电脑控制,无须专人看守,也无须专业人员(制冷专业)维护
职能部门审核	需要消防、安全部门的检查	不需要消防、安全部门的检查	不需要消防、安全部门的检查	不需要消防、安全部门的检查
维护保养	主机保养简单,但两套水系统需定期除垢,清洗管路和冷却塔,保养工作量较大	主机保养简单,但水系统需定期除垢,清洗管路,保养工作量一般	主机保养简单,但水系统需定期除垢,清洗管路;而埋管水系统为闭式管路,无须清洗,保养工作量同风冷热泵系统	主机保养简单,但水系统需定期除垢,清洗管路,保养工作量一般

综上所述,燃气锅炉和电锅炉系统的初投资低,运行费用高;土壤源热泵和大功率空气源热泵系统的初投资高,运行费用低。从长期来看,选择土壤源热泵或大功率空气源热泵经济效益较好。因该项目的功能需求以供热为主并且受到场地的限制,选择大功率空气源热泵是最优的方案。

第三节　空气源热泵选型

空气源热泵是一种利用高位能把热量从低位空气源流向高位热源的装置。按机组容量大小,分为户式小型机组、中型机组、大型机组等。户式小型机组一般指制热量

25kW 以下的机组，中型机组一般指制热量 250kW 以下的机组，大型机组一般指制热量 300kW 以上的机组，这里指专用于供热的空气源热泵机组。

空气源热泵机组在农村煤改电小型空气源热泵全面推开应用的同时，也凸显了占地面积大、集中布置冷岛效应等问题。

本项目选用某大功率空气源热泵机组，机组外观参见图 7-2，具有如下特点。

1. 高效节能

（1）采用高效半封闭螺杆压缩机，高精度加工，效率极高，安全可靠。

（2）可根据负荷变化自动调节运行工况，使机组保持较高的部分负荷能效比。

（3）采用高换热效率及防腐蚀性全铝微通道翅片换热器，保证产品的高效节能。

2. 环保低碳

整机采用箱体隔振设计，多层降噪处理，标配的低噪声风扇，有效降低机组噪声。独特的塔式风机悬固结构，机组运行更安静。

3. 多重保护措施

（1）三级密码保护，防止未授权人的误操作。

（2）压缩机高低压保护、过载保护、排气高温保护、压差保护、水泵连锁、逆（缺）保护、风机过流保护、水流开关保护、蒸发器防冻保护、传感器故障保护。

（3）自动故障记录，提供运行数据和故障记录打印功能。

4. 安全可靠

（1）采用半封闭式螺杆压缩机，机组振动小、平稳可靠，使用寿命长。

（2）电子膨胀阀精确控制冷媒流量，确保机组安全可靠并且高效运行。

（3）以自身研发平台为基础，结合专业实验室的技术力量，通过有限元算法对机组的关键部分进行优化设计，如室外蒸发器的温度模拟及结霜现象对机组制热量的影响。每台机器均经过华誉能源试验平台的全面严格测试，确保产品质量和性能的可靠性。

图 7-2 机组外观

（4）机组均经过严格的试验测试，在满足 GB/T 18430 测试要求的基础上，增加各种恶劣工况的测试，如：环境温度 48℃ 超高温制冷运行、环境温度 −13℃ 最大湿度条件下超低温制热运行、低水流量运行等，确保出厂的每台机组都有极高的可靠性。

5. 智能化霜

打破传统的定期化霜方式，根据不同工况下结霜对系统的影响，通过大量数据分析，开发出全新的适时智能化霜模式，使机组能够判断蒸发器上是否有霜，需要时启动化霜，没有霜的时候持续制热，不启动化霜，很大程度加强了低温高湿工况下制热的可靠性，同时，可以将低温无霜工况的平均制热量相对于传统定期化霜模式提高 13.6% 左右。

6. 结构紧凑

（1）结构精巧、外形美观，采用优质不锈钢板材料或冷轧钢板喷涂，美观、防腐防锈能力强，以适应户外恶劣气候条件，确保机组在使用寿命周期内具有良好的外观。

（2）机组有关部件及系统配管均经合理布局，配以倒"M"型盘管及整体式结构设计，使机组外观显得清晰流畅。

7. 维修方便

（1）机组安装灵活。

（2）机组采用开放式结构，其压缩机、制冷配件及电控系统均置于机组下部，没有任何面板，维修空间大，人员进出方便，维护保养更容易。

8. 智能控制

（1）采用工业级 PLC 控制系统，全中文彩色触摸屏，实时显示运行数据，界面友好、直观，操作简便。

（2）智能控制机组启停，压缩机能量调节、温度调节、全功能故障报警及故障自动诊断，实现无人值守。

（3）配备标准 RS485 通信接口，提供开放的通信协议，可实现系统群控。

（4）通过 MODBUS 协议，可实现无线网局域控制与远程控制机组的功能，既可现场控制，又可远程控制。

一、大功率空气源热泵的分类

1. 普通涡旋式空气源热泵机组

普通涡旋式空气源热泵机组采用普通涡旋压缩机，属于普通空气源热泵类型。适用于华北以南地区，最低环境温度 −15℃，最高供水温度 45℃。蒸发温度和室外环境温度一般留有 5℃的端差，单机压缩机组的制热水温度和制冷剂的性质有关，但是普通涡旋压缩机制热温度太高会严重影响其 COP。

普通涡旋压缩机运行范围图参见图 7-3，普通涡旋压缩机基本参数见表 7-4。

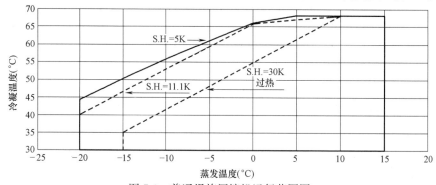

图 7-3　普通涡旋压缩机运行范围图

2. 喷气增焓涡旋式空气源热泵机组

喷气增焓涡旋式空气源热泵机组采用喷气增焓涡旋压缩机，属于普通空气源热泵类型。适用于寒冷地区及华北以南，最低环境温度 −25℃，最高供水温度 60℃。喷气增焓涡旋压缩机运行范围图参见图 7-4，喷气增焓涡旋压缩机基本参数见表 7-5。

普通涡旋压缩机基本参数表 表 7-4

空气源热泵类型	普通空气源
压缩机形式	普通涡旋压缩机
最低环境温度(℃)	−15
最高出水温度(℃)	45
应用地区	华北以南地区

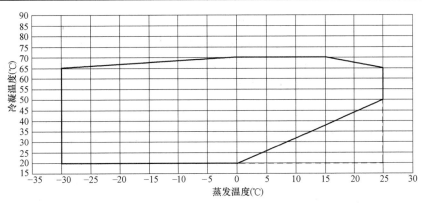

图 7-4 喷气增焓涡旋压缩机运行范围图

喷气增焓涡旋压缩机基本参数表 表 7-5

空气源热泵类型	低温空气源热泵
压缩机形式	喷气增焓涡旋压缩机
最低环境温度(℃)	−25
最高出水温度(℃)	60
应用地区	寒冷地区及华北以南地区

3. 普通螺杆式空气源热泵机组

普通螺杆式空气源热泵机组采用普通螺杆压缩机,属于低温空气源热泵类型,适用于寒冷地区及华北地区,最低环境温度−25℃,最高供水温度50℃。普通螺杆压缩机运行范围图参见图 7-5,普通螺杆压缩机基本参数见表 7-6。

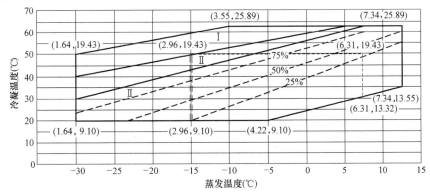

图 7-5 普通螺杆压缩机运行范围图

普通螺杆压缩机基本参数表 表 7-6

空气源热泵类型	低温空气源热泵
压缩机形式	普通螺杆压缩机
最低环境温度(℃)	−25
最高出水温度(℃)	50
应用地区	寒冷地区及华北地区

4. 单机双级螺杆式空气源热泵机组

单机双级螺杆式空气源热泵机组采用双级螺杆压缩机,属于超低温空气源热泵类型,适用于东北、西北大部分极寒地区,最低环境温度−35℃,最高供水温度60℃。双级螺杆压缩机运行范围图参见图7-6,双级螺杆压缩机基本参数见表7-7。

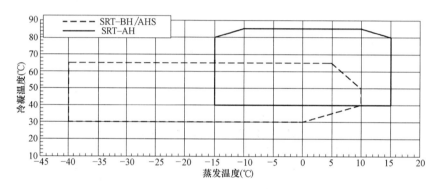

图 7-6 双级螺杆压缩机运行范围图

双级螺杆压缩机基本参数表 表 7-7

空气源热泵类型	超低温空气源热泵
压缩机形式	双级压缩螺杆机
最低环境温度(℃)	−35
最高出水温度(℃)	60
应用地区	东北、西北大部分极寒地区

二、大功率空气源热泵产品选型原则

首先,根据项目所在区域以及具体的冬季室外最冷月干球温度,结合以上介绍的产品类型,进行产品的选择。

其次,根据产品样本的参数和安装地区冬季室外最冷月干球温度的数据,以及大功率空气源热泵的机组型号,选取制热量及其输入功率修正系数,详见表7-8。

最后,根据项目设计的总热负荷,以及修正后的大功率空气源热泵的制热量确定所需设备的数量。

制热功率修正系数表 表7-8

制热量修正系数 R22									
热水出水温度 (℃)	环境温度(℃)								
	−20	−15	−10	−5	0	5	7	10	15
30	0.4616	0.5396	0.6296	0.7317	0.8462	0.9733	1.0276	1.1130	1.2655
35	0.4596	0.5360	0.6243	0.7249	0.8380	0.9636	1.0174	1.1020	1.2531
40	0.4574	0.5322	0.6196	0.7183	0.8300	0.9544	1.0076	1.0913	1.2411
45	0.4565	0.5299	0.6156	0.7136	0.8241	0.9437	1	1.0304	1.2313
50		0.5329	0.6153	0.7122	0.8217	0.9437	0.9961	1.0783	1.2253
55				0.7158	0.8243	0.9453	0.9973	1.0788	1.2247

制热输入功率修正系数 R22

热水出水温度 (℃)	环境温度(℃)								
	−20	−15	−10	−5	0	5	7	10	15
30	0.6126	0.6376	0.66	0.6799	0.6979	0.714	0.7201	0.7287	0.7422
35	0.6838	0.713	0.7383	0.7602	0.7788	0.7946	0.8003	0.8080	0.8191
40	0.7577	0.7933	0.8239	0.8498	0.8712	0.8887	0.8946	0.9025	0.9131
45	0.8304	0.875	0.9131	0.9453	0.9716	0.9929	1	1.0093	1.0212
50		0.9639	1.0023	1.0430	1.0768	1.1039	1.1131	1.125	1.1404
55			1.1403	1.1832	1.2186	1.2310	1.2466	1.2676	

三、热泵机组及主要设备选型

1. 负荷统计

碧桂园一期总建筑面积为 46.83 万 m^2，总热负荷为 14130.91kW 详见热负荷统计表 7-9。

一期热负荷统计表 表7-9

建筑类型	建筑面积(m^2)	热指标(W/m^2)	热负荷(W)
标段别墅	80638.28	根据设计图纸选取 (平均值50.50)	4154.80
5号楼	2326.47	31.03	72.20
6号楼	4104.98	31.5	129.30
G213	1565.92	35.95	56.29
1号商业	1899.31	58	110.20
2号商业	1382.5	60	83.00
3号商业	5121.36	56	286.80
综合楼	2972.95	60	178.40
幼儿园	3727.95	60	223.68

建筑类型	建筑面积(m²)	热指标(W/m²)	热负荷(W)
205 号~211 号高层高区	36826.25	根据设计图纸选取 (平均值 23.11)	865.90
205 号~211 号高层中区	40693.74		941.50
205 号~211 号高层低区	41237.62		946.90
216 号~224 号高层高区	56817.48	根据设计图纸选取 (平均值 23.45)	1340.54
216 号~224 号高层中区	53851.14		1263.64
216 号~224 号高层低区	50556.77		1185.44
212 号~215 号高层高区	27183.36	根据设计图纸选取 (平均值 24.07)	653.30
212 号~215 号高层中区	25446.10		611.70
212 号~215 号高层低区	23765.71		571.30
西部别墅	8806.91	根据设计图纸选取 (平均值 51.66)	456.02
总计	468329.80		14130.91

为了更好地为建筑供热，本方案将碧桂园一期供热工程区域分为 7 个供热区域，参见一期工程热负荷分区表 7-10。

一期工程热负荷分区表 表 7-10

区号	分区	建筑面积(m²)	热指标(W/m²)	热负荷(kW)
1 号分区	别墅及多层	103739.72	51	5294.67
2 号分区	205 号~211 号高层低区	41237.62	35	1443.32
3 号分区	205 号~211 号高层中区	40693.74	23	941.50
4 号分区	205 号~211 号高层高区	36826.25	24	865.90
5 号分区	212 号~224 号高层低区及别墅	83129.39	27	2212.76
6 号分区	212 号~224 号高层中区	79297.24	24	1875.34
7 号分区	212 号~224 号高层高区	84000.84	24	1993.84
总计		468329.80		14130.91

2. 换热站热泵主机及配套水泵选型

碧桂园一期供热项目从系统分区及备用性角度考虑，主机统一采用普通螺杆式空气源热泵机组。根据计算，需要 HE620-LAB 风冷热泵机组 49 台，制冷剂为 R22，机组供回水温度为 45/35℃。单台机组的参数见表 7-11。

下面以 1 号分区为例，介绍热泵机组的选择计算过程。其他区域热泵机组主要设备型号参见表 7-13~表 7-18。

以 1 号分区的机组选择为例，型号为 HE 620-LAB 的热泵机组，名义制热量为 620.1 kW，机组输入功率为 176.4 kW，系数 COP 为 3.52。

热泵机组性能参数表　　　　　　　　　　表 7-11

型号：HE LAB		620
名义工况制热性能（环境 7℃/出水 45℃）	制热量（kW）	620.1
	机组输入功率（kW）	176.4
	性能系数 COP	3.52
电源		380V 3N-50Hz
机组启动电流（A）		625.8
机组最大运行电流（A）		394.8
制冷剂		R22
压缩机	型式	半封闭螺杆式压缩机
	数量	1
	名义制热输入功率（kW）	155.4
	名义制热输入电流（A）	258.4
	能量调节范围	25%～100%
蒸发器	型式	高效壳管式换热器
	数量	1
	名义工况水流量（m³/h）	97.0
冷凝风机	型式	轴流式风机
	数量	14
	风量（m³/h）	252000
	输入功率（kW）	21.0
	输入电流（A）	44.8
机组尺寸	长（mm）	7130
	宽（mm）	2383
	高（mm）	2560
机组重量	净重（kg）	4630
	噪声 dB(A)	77

说明：1. 制热名义工况：热水出水温度：45℃；环境干球温度：7℃；湿球温度：6℃；

　　　2. 制热设计工况：热水进/出水温度：45℃；环境干球温度：-12℃；

　　　3. 机组执行标准：GB/T 18430.1。

石家庄最冷月 1 月的最低温度为-12.3℃，为保证在最不利温度下的供暖效果，该项目按照-12.5℃配置机组数量，根据表 7-8 可以查得在-12.5℃环境下，出水温度 45℃下的热量修正系数为 0.573，功率修正系数为 0.894，能效修正系数为 0.64（热量修正系数/功率修正系数）。可得单台机组修正后的制热量为 355.3kW，输入功率为 157.7 kW，能效比为 2.25。根据表 7-10 统计数据所示，1 号分区的热负荷为 5294.67kW，需要 HE620-LAB 14 台，另加 500kW 辅助电加热进行调峰。1 号分区供热系统主要设备详见表 7-12。2 号～7 号区的供热系统主要设备参见表 7-13～表 7-18。

1号分区供热系统主要设备　　　表 7-12

序号	名称	规格参数	单位	数量	备注
1	热泵主机	型号：HE620-LAB 制热量：620.1kW 制热功率：176.4kW	台	14	
2	循环水泵	流量 280m³/h，功率 55kW 扬程 44m，效率 82%	台	4	3用1备 变频
3	定压补水装置	处理量 8m³/h	套	1	
4	辅助电加热	500kW	台	1	

2号区供热系统主要设备表　　　表 7-13

序号	名称	规格参数	单位	数量	备注
1	热泵主机	型号：HE620-LAB 制热量：620.1kW 制热功率：176.4kW	台	4	
2	循环水泵	流量 160m³/h，功率 22kW 扬程 32m，效率 83%	台	3	2用1备 变频
3	定压补水装置	处理量 4m³/h	套	1	

3号区供热系统主要设备表　　　表 7-14

序号	名称	规格参数	单位	数量	备注
1	热泵主机	型号：HE620-LAB 制热量：620.1kW 制热功率：176.4kW	台	4	
2	循环水泵	流量 160m³/h，功率 22kW 扬程 32m，效率 83%	台	2	1用1备 变频
3	定压补水装置	处理量 3m³/h	套	1	

4号分区供热系统主要设备表　　　表 7-15

序号	名称	规格参数	单位	数量	备注
1	热泵主机	型号：HE620-LAB 制热量：620.1kW 制热功率：176.4kW	台	4	
2	循环水泵	流量 160m³/h，功率 22kW 扬程 32m，效率 83%	台	2	1用1备 变频
3	定压补水装置	处理量 3m³/h	套	1	

5号分区供热系统主要设备表　　　表 7-16

序号	名称	规格参数	单位	数量	备注
1	热泵主机	型号：HE620-LAB 制热量：620.1kW 制热功率：176.4kW	台	8	

序号	名称	规格参数	单位	数量	备注
2	循环水泵	流量 200m³/h,功率 30kW 扬程 33m,效率 72%	台	2	1用1备 变频
3	定压补水装置	处理量 6m³/h	套	1	
4	辅助电加热	200kW	台	1	

6 号分区供热系统主要设备表　　表 7-17

序号	名称	规格参数	单位	数量	备注
1	热泵主机	型号:HE620-LAB 制热量:620.1kW 制热功率:176.4kW	台	7	
2	循环水泵	流量 200m³/h,功率 30kW 扬程 33m,效率 72%	台	2	1用1备 变频
3	定压补水装置	处理量 6m³/h	套	1	

7 号分区供热系统主要设备表　　表 7-18

序号	名称	规格参数	单位	数量	备注
1	热泵主机	型号:HE620-LAB 制热量:620.1kW 制热功率:176.4kW	台	8	
2	循环水泵	流量 200m³/h,功率 30kW 扬程 33m,效率 72%	台	2	1用1备 变频
3	定压补水装置	处理量 6m³/h	套	1	

第四节　平面布置及气流组织与减振降噪

一、热泵机组布置原则

1. 布置热泵机组时,必须充分考虑周围环境对机组进风与排风的影响。应布置在空气流通好的环境中,保证进风流畅,排风不受遮挡和阻碍,同时,应注意防止进排风气流短路。

2. 机组进风口处的气流速度宜保持在 1.5～2.0m/s;排风口处宜≥11m/s。进排风口之间的距离应尽可能大。

3. 应优先考虑选用噪声低、振动小的机组。

4. 机组宜安装在主楼的屋面上,因为其噪声对主楼本身及周围环境影响小;若安装在裙房屋面上,要注意防止其噪声对主楼房间和周围环境的影响。必要时,应采取降低噪声的措施。

5. 机组与机组之间应该保持足够的距离,机组的一个进风侧离建筑物墙面不宜过近，以免造成进风受阻。机组之间的距离一般应大于 2m，进风侧距离建筑墙体应大于 1.5m。

6. 机组放置在周围及顶部有围挡没有开口的地方，易造成通风不畅，排风气流有可能受阻后形成部分回流。

7. 若机组放置在高差不大、平面距离很近的上下平台上，供冷时低位机组排出的热气流上升，易被高位机组吸入；供热时高位机组排出的冷气流下降，易被低位机组吸入。这两种情况下，机组的运行性能都会受到影响。

8. 多台机组分前后布置时，应避免位于主导风上游的机组排出的冷/热气流对下游机组吸气的影响。

9. 机组的排风出口前方，不应有任何限制，以确保射流能充分扩展。

二、机组布置平面图

1 号～4 号供热分区 26 台机组排放在一期 5 号楼北边地下污水处理站上方及以东区域，占地面积为 2070m^2，机组距离 205 号楼最近处为 29.77m。平面及管线布置如图 7-7、图 7-8 所示。

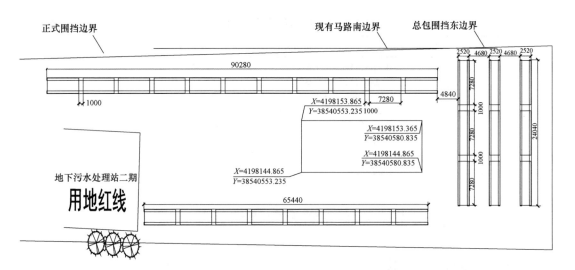

图 7-7 1 号～4 号供热分区机组布置图

1 号～4 号供热分区管线走向如图 7-8 所示。1 号供热分区主管道在热泵排放区域接出后，沿着 5 号楼与 205 号楼之间道路埋地敷设至换热站内与分集水器对接。2 号、3 号、4 号供热分区主管道由背面红线处埋地穿入小区后与相应管线对接。

5 号～7 号供热分区 23 台机组排放在一期热源厂能源楼内，占地面积为 2612m^2，能源楼建设位置及楼内机组排布方式如图 7-9 所示。

三、气流组织设计方案

合理地组织空气的流动，使空气的温度、湿度、流速等能更好地满足空气源热泵机组的要求，实现高效换热，这就是气流组织的任务。

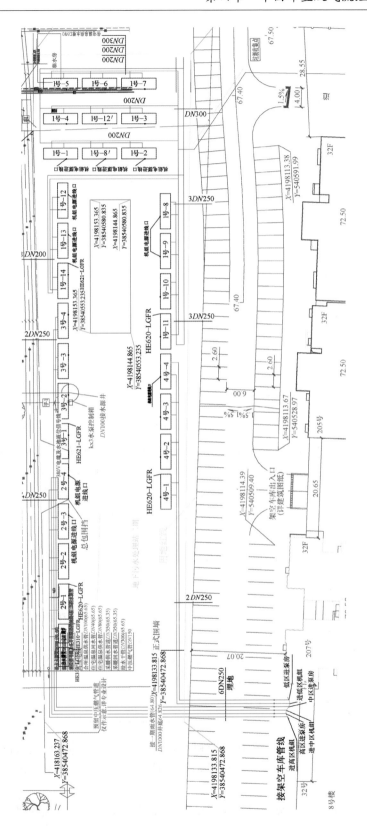

图 7-8　1 号~4 号供热分区管线布置图

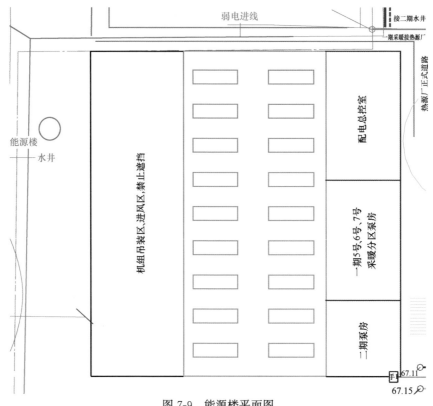

图 7-9 能源楼平面图

空气经过引流由进风口进入进风管道，与空气源热泵机组蒸发器进行热质交换后，经排风管到排风口排出。空气的进入和排出必然引起空气的流动，好的气流组织效果能使空气源热泵机组设备运行时气流有序流动，不产生短路，从而能满足空气源热泵机组标准风量的要求，使空气源热泵机组的进风温度不受排风温度干扰。

具体气流组织措施如下：

（1）送风方式：结合大功率空气源热泵机组的特点，选择上送风下回风的气流组织形式。

（2）导流式能源楼的设计

首先，石家庄地处温带季风气候区，冬季为西北风。进风口在西北风的上游，排风口在西北风的下游，避免产生气流短路，如图 7-10 所示。

其次，在设计的两层能源楼楼板及顶层设置集中排风层，相当于在普通楼板上设置了一层空气流动层，使气流有序流动。

图 7-11 为导流式能源楼的外观图。

四、减振降噪方案设计

减振降噪措施主要是针对空气源热泵机组设备运行时引起的结构共振进行降噪设计与实施，对设备进行隔振、阻隔，避免设备运行时引起结构共振，对居民居住环境造成影响。

减振主要针对基础，降噪主要包括系统降噪和机组降噪。使空气源热泵机组运行时

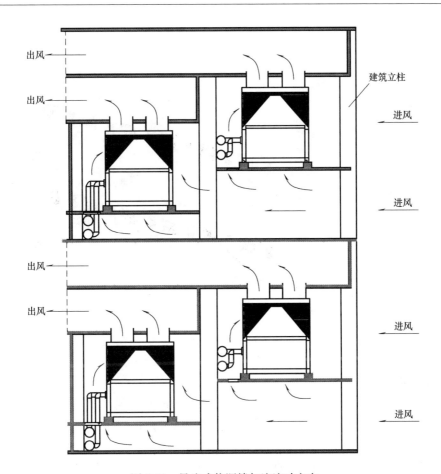

图 7-10 导流式能源楼气流流动方向

噪声值控制在到国家标准范围。对于居住建筑，国家要求居民窗外 1m 处噪声值≤45dB（A），详见表 7-19。

噪声排放标准限值 表 7-19

声环境功能区别		时段	
		昼间（dba）	夜间（dba）
0 类		50	40
1 类		55	45
2 类		60	50
3 类		65	55
4 类	4a 类	70	55
	4b 类	70	60

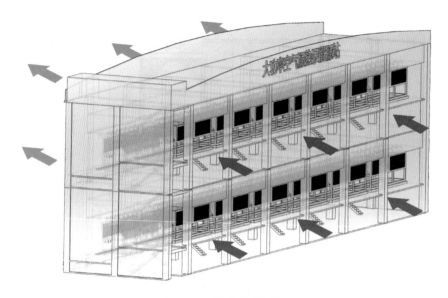

图 7-11　导流式能源楼

1. 机组降噪

（1）压缩机降噪：根据距压缩机 1m 处倍频程中心频率噪声值，采用 1.5mm 冷板作为隔声罩，内填充 50mm 厚超细玻璃棉，容重为 $20kg/m^3$，用 1.5mm 厚穿孔板护面（开孔率为 25%）。

（2）吸排气管降噪：压缩机吸排气管路采用扩张室消声器，利用管道截面扩展、收缩引起声波反射和干涉消声。消声器采用 3 节扩张室消声器，扩张比为 10，外表面粘贴吸声材料。

（3）风机降噪：对于轴流风机，主要为空气动力性噪声，由旋转噪声、涡流噪声和排气噪声等组成。根据轴流风机频谱特性，可采用阻抗复合型消声器，阻性消声段内填充 50mm 超细玻璃棉，容重为 $20kg/m^3$，玻璃布＋穿孔板护面。

2. 系统降噪

（1）安装隔声屏障：空气源热泵机组周围整体安装隔声屏障，将设备运行时产生的空气动力性噪声与居民进行隔离，从而减少对居民造成的影响，如图 7-12～图 7-14 所示。

（2）安装排风消声器：为了减少设备排风口运行时产生的空气动力性噪声，在设备排风口安装排风消声器，设备运行时，在排风的同时减弱其噪声值，从而减少设备运行时产生的空气动力性噪声对周围居民环境造成的噪声辐射。

（3）隔声屏障隔声板为复合结构：1.0mm 喷塑镀锌板＋100mm40kg/m^3 高性能吸声玻璃棉板＋憎水玻璃丝布＋0.7mm 穿孔板。

（4）隔声屏障表面（单面）进行喷塑处理。

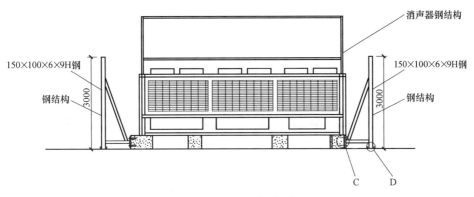

图 7-12　降噪结构尺寸图

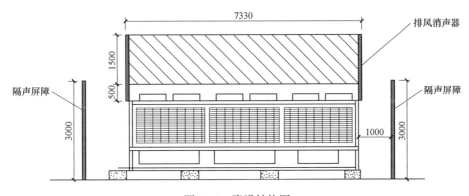

图 7-13　降噪结构图

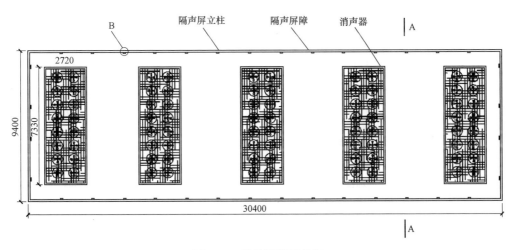

图 7-14　整体降噪示意图

五、机组减震措施

在楼层结构板上安装机组和水泵时，应充分考虑设备的减振，从下往上结构为橡胶隔振隔声层＋橡胶隔振器＋设备基础剔除＋钢结构支架＋设备机组，如图 7-15 所示。

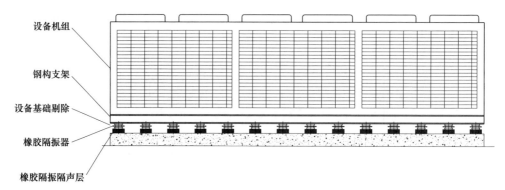

图 7-15 机组减震示意图

第五节 初投资及运行数据分析

一、项目初投资及其耗电量估算

本项目初投资见表 7-20，项目电负荷统计见表 7-21，运行费用统计见表 7-22。

项目初投资估算表　　　　　表 7-20

序号	名称	规格参数	单位	数量	单价(元)	合价(元)	备注
1	热泵主机	型号：HE620-LAB 制热量：620.1kW 制热功率：176.4kW	台	49	540000	26460000	
2	循环水泵	流量280m³/h,功率55kW	台	4	45000	180000	3用1备 变频
3	循环水泵	流量160m³/h,功率22kW 扬程44m,效率82%	台	7	28000	196000	4用3备 变频
4	循环水泵	流量200m³/h,功率30kW 扬程33m,效率72%	台	6	36000	216000	3用3备 变频
5	定压补水装置	处理量8m³/h	套	1	40000	40000	
6	定压补水装置	处理量6m³/h	套	3	36000	108000	
7	定压补水装置	处理量4m³/h	套	1	33000	33000	
8	定压补水装置	处理量3m³/h	套	2	28000	56000	
9	辅助电加热	500kW	台	1	75000	75000	

续表

序号	名称	规格参数	单位	数量	单价(元)	合价(元)	备注
10	辅助电加热	200kW	台	1	30000	30000	
11	机房电气		项	1	500000	500000	
12	机房安装		项	1	1000000	1000000	
13	合计					28894000	
14	建筑面积					468329.8m²	
15	折合每 m² 价格					61.7元	

项目电负荷统计　　　　　　　　　　　　　　　　　　　　表 7-21

分　　项	1号分区	2号分区	3号分区	4号分区	5号分区	6号分区	7号分区
机组数量(台)	14	4	4	4	8	7	8
单台机组功率(kW) (−12.5℃)	176.4	176.4	176.4	176.4	176.4	176.4	176.4
机组总功率(kW)	2469.6	705.6	705.6	705.6	1411.2	1234.8	1411.2
水泵总功率(kW)	165	22	22	22	30	30	30
辅助电加热总功率(kW)	500	0	0	0	200	0	0
合计(kW)	9664.6						

根据表 7-21 数据并考虑其他辅助性电耗，一期空气源热泵系统用电至少需要 9900kW。

运行费用统计表　　　　　　　　　　　　　　　　　　　　表 7-22

电价(元/kWh)	0.42
冬季小时耗电量(kWh)	9634.6
冬季日运行时间(h)	24
冬季运行时间(d)	120
冬季负荷系数	0.50
冬季运行电费(元)	5827006.08
运行消耗水费(元)	40000.00
运营人工费(元)	144000.00
维修管理费(元)	200000.00
冬季总费用(元)	6211006.08
供热面积(m²)	468329.80
单位面积运行费用(元/m²)	13.26

注：该项目电费为：0.52 元/(kWh)（8：00～22：00）；0.28 元/(kWh)（22：00～8：00）；综合电费为 0.42 元/(kWh)。

冬季负荷系数计算方法如下：

$$\varepsilon_h = (T_N - T_w)/(T_N - T_{dJ}) \tag{7-1}$$

式中　T_N——供暖室内计算温度（℃），一般取 18℃；

　　　T_w——室外干球温度（℃）；

　　　T_{dJ}——供暖室外计算温度（℃）。

冬季负荷系数一般按照上式计算，但是实际负荷系数一般比计算值小，这里的负荷系数 0.5 为计算加经验值。

二、运行数据分析

本项目实际运行费用统计见表 7-23，日耗电量与日运行费用见图 7-16。

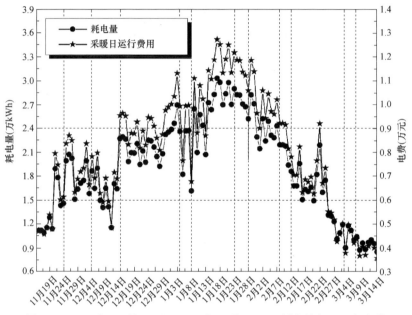

图 7-16　2016 年 11 月 15 日～2017 年 3 月 15 日日耗电量与日运行电费

本项目实际运行费用统计　　　　　　　　　　表 7-23

供暖时间段	总耗电量(万 kWh)	电费(万元)	采暖费用(元/m²)
11 月 15 日～12 月 15 日	47.890	20.114	3.002
12 月 15 日～01 月 15 日	69.011	28.985	4.326
1 月 15 日～2 月 15 日	77.120	32.391	4.834
2 月 15 日～3 月 15 日	36.104	15.164	2.263
合计	230.123	96.653	14.426

注：采暖使用峰谷电，峰电（08：00～22：00）电价为 0.52 元/(kWh)，谷电（22：00～次日 08：00）电价为 0.28 元/(kWh)，供暖面积按 6.7 万 m²。

2016 年已完成建筑面积 6.7 万 m²，自 2016 年采暖季起投入使用，效果良好，运行成本低，得到业主及客户的一致好评。

第八章　钢铁厂余热区域供热工程

炼铁的高炉冶炼过程，是在高炉上部加入铁矿石、焦炭、石灰石，高炉下部送入1100～1150℃、0.4MPa左右的压缩热空气，通过高炉内部一系列氧化还原过程，生产出金属铁，产生高炉煤气，同时也将产生大量的熔融渣，在此过程中，按照高炉生产现状，每生产1t生铁，需要加入焦炭325kg、烧结矿1163.2kg、球团矿170.9kg、块矿284.3kg、煤粉154.27kg、鼓风1518.3kg；其产生物除铁水外还有高炉煤气2301.99kg、炉尘13.5kg、炉渣300kg。这些高炉渣是熔融状态，其中蕴含着巨大的余热资源。生产1t铁水有0.55～0.85GJ热量被产生的熔融渣带出，而回收利用熔融渣，目前主要采取水淬的方式，即水渣工艺。熔融渣携带的大量热能中有60%～70%进入冲渣水中，根据冲渣工艺的不同，冲渣水温度为60～95℃；以全国约8亿t铁的年产量测算，冲渣水蕴含的热能在$2640×10^6$～$4760×10^6$GJ，相当于9020～16270万t标煤。

对如此巨大、如此集中的余热进行回收，非常必要。京津冀地区是我国钢铁生产的最重要片区，高炉冲渣水余热高效回收利用，可以取代区域集中供热锅炉房，为广大居民提供一种全新的实用、高效、环保供热方式，造福一方，为城市建筑集中供热发挥重要作用。

第一节　高炉冲渣水余热供热工程

一、冲渣水余热特征

高炉炼铁的水渣处理方法有：沉淀过滤法、过滤法、转鼓过滤法、图拉法等。从余热回收角度理解，分为两大类，区分的标准主要是依据冲渣过程中是不是有冲渣水池。有冲渣水池可以理解为具有蓄热缓冲作用，其渣水温度变化幅度较小，可以低至60～70℃；而像转鼓过滤法，只有容积非常小的热渣水池，不具备蓄热缓冲作用，如果出渣速度控制不好，其温度变化范围常常在50～95℃。

原设计高炉炼铁的冲渣系统都没有考虑这部分余热回收，也就是说，原有渣浆泵的扬程没有考虑余热回收系统的附加阻力的需要。

高炉生产过程中，根据高炉规模的不同，其高炉出渣的规律也不同，余热回收必须是在保证高炉安全顺畅运行的前提下进行。通常3000～4000m³级以上高炉其出渣口有3～4个，出渣口轮流不间断出渣，而不同出渣口相距达几百米；对于几百m³～1000m³的高炉可能只有1～2个出渣口，这种高炉一天可能有17～18次出渣过程，但不是连续出铁。由此可见，高炉冶炼生产有一定的生产周期，出渣时余热资源就存在，不出渣时就没有余热，渣流量越大余热量越多。虽然高炉冲渣水可大量携带热能，然而

135

受高炉出渣量、出渣周期的影响，其温度及其携带热量的多少是不太稳定的。

作为炼铁高炉的操作工艺，在高炉冲渣水余热回收之前，根本没有考虑也不可能考虑炼铁生产还要兼顾供热的均衡性、平稳性问题。利用这部分余热供热可能会造成供热系统的供热温度周期性大幅度波动，无法满足用户舒适性要求。

二、冲渣水成分

高炉由于其原料成分复杂，所以高炉冶炼渣的成分也非常复杂，太钢集团炼铁厂 $4350m^3$ 高炉，采用 INBA 法进行冲渣作业，通过对冲渣水成分进行化验分析，主要成分及各成分含量见表 8-1，固体颗粒物粒径分析见表 8-2。

高炉冲渣水成分分析　　　　　　　　　　　　　　　　　表 8-1

项目	pH	Ca^{2+}（mg/L）	Mg^{2+}（mg/L）	总铁（mg/L）	F^-（mg/L）	CL^-（mg/L）	NO_2^-（mg/L）	NO_3^-（mg/L）	SO_4^{2-}（mg/L）	SS（mg/L）
最大值	6.1～7.6	990.1	225.7	5.01	36.6	1016	22.5	311.6	930.4	1800
取值	6～8	1000	350	6.01	40	1160	30	350	1000	2400

高炉冲渣水固体颗粒物粒径分析　　　　　　　　　　　　表 8-2

分级	40 目	60 目	80 目	100 目	120 目	140 目	160 目	180 目	200 目	220 目
重量(g)	147.6	359.5	295.6	295.0	14.7	105.3	15.9	30.7	26.4	13.3
比例(%)	11.3	27.6	22.7	22.6	1.1	8.1	1.2	2.3	2.0	1.0
总重(g)	1304.0									

通过表 8-1，表 8-2 可以看出：高炉冲渣水中成分复杂，悬浮物非常多，特别是水中有矿棉类丝状物质，容易造成渣水换热器的渣水侧流道堵塞；冲渣水中的矿渣除了会造成流道堵塞，还会造成换热器磨损；由于各种阴、阳离子的存在，还会造成换热器结垢及腐蚀。

三、生产工艺要求

高炉冲渣水余热回收系统绝不能对高炉生产造成较大影响，绝不能改变原来炼铁操作岗位的操作习惯。

四、冲渣水换热系统存在的问题

1. 过滤技术问题：有沙滤、筛网过滤、纤维过滤、旋流过滤等多种方式，也有采用组合、多级过滤的，各类过滤方式均需经常对过滤设备进行清理，反冲洗频繁，清理出的污物需要不断运输清倒，反冲洗周期一般在 4～30min；操作复杂，可靠性低，维护量大。

2. 换热器问题：该类项目用换热器主要包括螺旋扁管换热器、螺旋板换热器、可拆卸板式换热器、全焊接板式换热器等。这些换热器没有针对具体使用环境进行改进，堵塞、磨损、腐蚀等问题严重。螺旋扁管换热器与螺旋板换热器传热元件采用碳钢，寿命为 2～3 年，有的传热元件一个采暖季大量穿孔，有的一个采暖季淤积堵死。可拆卸板式换热器板片材质有 316L 和钛材，虽然使用寿命增长，但是大多在 10～30 天清洗一次，拆卸清洗频繁。各种换热器反映的共性问题：停车冲洗的频次逐年增加，主要原因是磨损、结垢、结晶和淤积加快；运行操作工作量大。

3. 热回收率低、热品质低：换热设备需要反冲洗，不能对全部冲渣水实现热回收，热回收工艺复杂，热损失比较大，不能长周期运行。

4. 系统占地面积大、附加动力消耗大：过滤设施会产生相当大的阻力，导致系统需要增设加压泵；反冲洗系统也要设置一套反冲洗泵。

5. 过滤设施和换热器的频繁清洗以及污物排放不可避免地产生次生污染。

6. 过滤换热方案的冲渣水余热利用项目基本都应用在底滤或平流沉淀冲渣工艺的小高炉上，无法应用在大型高炉上，究其原因有以下几点：

（1）目前国内大型高炉的冲渣工艺一般选择 INBA 法、明特法、嘉恒法等工艺，冲渣水中颗粒悬浮物在 $1000 \sim 3000 \mathrm{mg/L}$。与小高炉的底滤或平流沉淀相比，其冲渣水中的颗粒物和矿物纤维悬浮物大出 $5 \sim 10$ 倍。这种条件下，过滤工艺基本无法实现。以冲渣水量 $2600 \mathrm{m^3/h}$、颗粒物 $1500 \mathrm{mg/L}$、过滤效率取 50% 计算，过滤量为 $2600 \times 1500 \times 0.5 = 1.95 \mathrm{t/h}$，大型高炉两套冲渣系统出渣量为 $3.9 \mathrm{t/h}$，每天约 $93.6 \mathrm{t}$ 渣量，这些杂物的滤除和清理将是一项很大的工程，需要消耗大量的人力、物力，加之矿物纤维的存在，过滤设施更难运行。同时，在滤除这些杂物的过程中，将不可避免地损失掉相当一部分的热量和水量；个别企业再次增加平流沉淀池，又带来占地、抓渣、环保等问题。

（2）小型高炉对冲渣水温度不做要求、水量平衡要求低，而大型高炉对冲渣温度、水量平衡严格控制，过滤换热方案的上述诸多问题，无法实现与高炉操作无缝对接。

（3）大多钢铁企业的大型高炉附近基本没有场地安装如此多的设备。

以上这些问题限制了过滤换热供暖方案的大规模推广应用，也限制系统的大型化发展。

第二节　大型高炉冲渣水余热供热工程案例

一、高炉冲渣水系统基本情况

2013 年春，山西太钢工程技术公司对太钢集团炼铁厂 $4350 \mathrm{m^3}$ 高炉冲渣水系统实地调研得知，该高炉为 $4000 \mathrm{m^3}$ 级大型高炉，设两套水冲渣系统，采用 INBA 法进行冲渣作业，每套出渣口的高炉冲渣设计水量为 $2600 \mathrm{m^3/h}$；渣水设计操作温度为 $90/45^{\circ}\mathrm{C}$，实际操作温度为 $90/55^{\circ}\mathrm{C}$；粒化水回水泵（即前述冲渣水泵）工作压力为 $38 \mathrm{mH_2O}$。设计前期通过对该高炉连续多天的运行记录进行收集、分析，根据高炉出渣期间冲渣水温升情况等发现：高炉冲渣水量基本可以恒定运行，而随着高炉出渣量的变化，高炉冲渣水温度变化范围较大，在 $55 \sim 90^{\circ}\mathrm{C}$ 之间，根据收集的大量数据整理后，并与现场冶炼技术人员交流，确定高炉冲渣水最大操作温度范围为 $90 \sim 55^{\circ}\mathrm{C}$，外部供热的供回水温度为 $85 \sim 50^{\circ}\mathrm{C}$。参见高炉冲渣水系统实际运行曲线图 8-1。

根据该高炉实际运行工况：高炉容积为 $4350 \mathrm{m^3}$，高炉利用系数（指高炉每立方米容积每天生产铁的产量，单位是 $\mathrm{t/(m^3 \cdot d)}$ 为 $2.2 \sim 2.6$，设计按 2.3 计取，高炉日产生铁 10005t；渣铁比为 0.35～0.4，设计按 0.35 计取，高炉日产渣 3501.75t；余热回收量及匹配供热面积见表 8-3。

为保证供暖初期、末期也能充分回收余热，在确定供暖面积时，就要相应加大供热面积配置。

余热回收量及匹配供热面积表

表 8-3

项目	计算数据	备注
	5 号高炉	
高炉炉容(m^3)	4350.0	
利用系数	2.3	
渣铁比	0.35	
日产铁量(t/d)	10005.00	
日产高炉渣量(t/d)	3501.75	
时产高炉渣量(t/h)	145.91	
最大渣流速度(t/min)	8.00	同一个出铁场两个铁口搭接
渣水比	5	同一个出铁场两个铁口搭接
冲渣平均小时热量(MW)	73.40	渣熔 1812kJ/kg
冲渣瞬时最大小时热量(MW)	181.20	渣熔 1812kJ/kg
可用余热热量(MW)	52.00	渣热的 70%
可供暖面积(万 m^2)	≈98	采暖热指标按 53W/m^2
配置供暖面积(万 m^2)	≈186	采暖热指标按 28W/m^2

高炉冲渣水系统某日实际运行曲线见图 8-1。

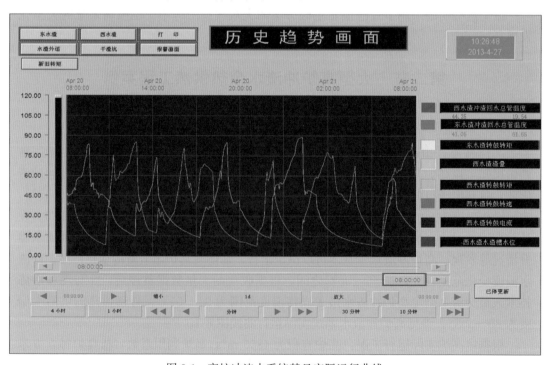

图 8-1　高炉冲渣水系统某日实际运行曲线

二、冲渣水换热工艺流程设计

为满足在高炉冲渣余热全部回收的要求，根据高炉东、西两套出渣周期性交替出渣的情况，分别设置一套冲渣水换热器。来自高炉 1 产生的高炉熔融渣，进入渣沟 2，冲渣水来自粒化回水泵 6，冲渣后的热水进入热渣水池 3，热渣水由冲渣水循环泵 4 送入冲渣水换热器 7 高温侧进水口（非采暖季，热渣水由冲渣水循环泵 4 送入冷却塔冷却），冲渣水换热器 7 高温侧出水再接入冷却塔 5 下部超越管，进入冷却塔冷水池，冷却塔冷水再通过冲渣水粒化泵 6 打入渣沟循环使用。来自外部采暖用户 10 的回水经除污器、流量调节蝶阀进入冲渣水换热器 7 低温侧进水口，冲渣水换热器 7 低温侧出水，经流量调节蝶阀、循环泵 8 送往厂外热用户；在循环泵所在的车间设蒸汽汽水换热器 9，根据室外温度、回水温度以及供水温度决定是否需要补热，以及需要补热多少。参见高炉冲渣余热回收工艺流程图 8-2。

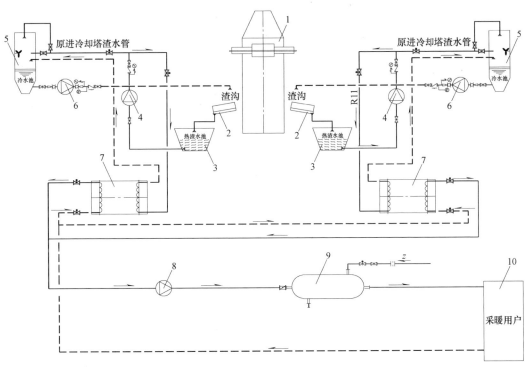

图 8-2　高炉冲渣余热回收工艺流程简图

1—高炉本体；2—冲渣沟；3—热渣水池；4—冲渣水循环泵；5—冷却塔（冷水池）；
6—冲渣水粒化泵；7—冲渣水换热器；8—采暖水系统循环泵；9—汽-水换热器；10—采暖用户

供热初期、末期无须蒸汽补热，寒冷期外供热水首先在汽水换热器补热，再送往外部用户。补热系统凝结水采用凝结水回收装置予以回收，并可以作为热网补水，通过系统的定压补水泵补入热网，多余凝结水回到该公司凝结水回收管网，凝结水没有的时候，通过设在补热站内的软化水系统制取的软水，通过定压补水泵补入热网。软化水制水量按照系统循环量的 2% 考虑设置，采暖用户属于常规供热系统，不再赘述。

图 8-3 为太钢 5 号高炉西出渣系统冲渣水换热器布置的实景照片，该组换热器由一套六台组成。

图 8-3　太钢 5 号高炉西水渣换热站照片

三、冲渣水换热设备选择要求

1. 防止堵塞

如前所述，冲渣水中固体颗粒物硬度较高，水体中 Cl^-、NO_3^{2-}、SO_4^{2-} 等离子含量很高；工程实践中对矿棉纤维很难单独分离，实测其直径约 $4\sim9\mu m$，长度为 $1\sim150mm$，比水略重；固体颗粒物粒径通过滤网目数进行分级分析，主要分布在 $40\sim100$ 目，占比 84.2%，基本可以描述为泥沙。

试验表明：高炉冲渣水通过换热器发生的堵塞分别为泥沙淤积堵塞和纤维钩挂堵塞。

（1）泥沙淤积堵塞

泥沙在换热元件内的淤积是一个复杂的过程，与介质流速、雷诺数、泥沙直径均有关系，同时也与传热元件内的流道几何形状、尺寸、流型也密切相关。鉴于板式换热器传热效率高、结构简单，设计人员首先会考虑采用板式换热器进行高炉冲渣水余热回收。实验发现，人字形波纹板式换热器对于高炉冲渣水水质大约二十个小时就会淤积堵塞，而一种新型换热器则不易淤积堵塞。介质流速越高、雷诺数越大、泥沙直径越小，越不易沉降淤积，反之泥沙易在重力作用下沉降，不断淤积从而堵塞通道。然而，由于阻力与流速的平方成正比，流速越高，换热器阻力越大，势必导致系统实施更加复杂，同时会加大换热器、管路、管件磨损。

（2）纤维钩挂堵塞

冲渣过程中产生大量的矿棉纤维，直径很细，为 $4\sim9\mu m$，长度为 $1\sim150mm$，流动中完全悬浮在冲渣水中，进入换热器后，在换热元件端头搭桥钩挂、不断积聚，从而堵塞。

为此，高炉冲渣水在换热器内流经一个"无触点的单通道换热流程"，这样就可以很好的解决高炉冲渣水特殊水质造成对换热器的泥沙淤积堵塞、纤维钩挂堵塞问题。

2. 抗磨损

冲渣水含有大量颗粒物，对管道、阀门造成很大的磨损，大型高炉冲渣水系统管道大多采用离心浇铸稀土合金管，壁厚 20mm 以上，阀门采用耐磨半球阀，而只有 $1\sim2mm$ 厚的换热器传热元件如何抗磨损是必须要解决的难题。

磨损是一个很复杂的现象，一般认为它由撞击磨损、刮痕磨损、擦动或滚动磨损三种情况，这几种情况并不能明确区分，往往是几种情况的有机组合，也可由一种形式的磨损引起其他形式的磨损。

影响磨损的因素是很多的，如流速、温度、含固量、冲刷角、粒子大小、形状、重度、硬度、破碎性、被冲刷面的性质等，对于冲渣水换热器来说，只需从流速、冲刷角、冲刷面性质三个方面来考虑。

此外，冲渣水硬度较高，Cl^-、NO_3^-、SO_4^{2-} 等离子含量也很高，温度甚至可高达 95℃，也具有一定的腐蚀性。

抗磨损还和换热器材质硬度有关，不同材料的硬度见表 8-4。

不同材质硬度表
表 8-4

材质	碳钢	钛	304 不锈钢	2205 双相不锈钢
硬度（HB）	156	155	201	293

本实施例磨损解决方案采用如下三种方法：

（1）对于磨损进行理论计算，适当控制合理流速；

（2）换热器结构设计考虑，设置保护防磨；

（3）传热板片材质采用 2205 双相不锈钢。

2205 双相不锈钢提高抗磨损性能的同时，具有良好的抗腐蚀性能。2205 双相不锈钢金属相组织为 50％铁素体和 50％奥氏体，奥氏体的存在降低了高铬铁素体钢的脆性，提高了铁素体钢的韧性和可焊性，铁素体的存在，提高了材料屈服强度，使钢具有抗应力腐蚀及焊接热裂纹倾向小的优点。与奥氏体不锈钢相比，耐 Cl^- 应力腐蚀能力得到大幅提高，而耐均匀腐蚀、点腐蚀、缝隙腐蚀也得到了相应提高。

综上，在本项目中，换热器材质最终选定太钢集团研究生产的 2205 双相不锈钢，在换热器结构设计、制造上设置必要的防磨保护套。

四、余热回收工艺流程新技术的应用

在太钢 5 号高炉冲渣水余热回收实施之前，国内外大型高炉上冲渣水余热利用几乎没有成功的案例，除上述换热器对高炉冲渣水的适应性问题，还存在余热回收系统与高炉运行不匹配、与外部供热系统有机衔接方面没有做好等问题。本实施例以"不影响高炉运行、全部冲渣水量通过换热器、最大限度回收余热"为原则，具体的技术方法如下。

1. 直接换热技术

本项目历经四年研究、试验，彻底解决了冲渣水换热器堵塞问题，为直接换热技术奠定了坚实的基础，不设置沉淀池或过滤设施，冲渣水直接进入换热器与采暖回水换热。实现了全部冲渣水量余热回收，回收热量大、流程简单、易于操作；与高炉冲渣系统无缝对接，适用于各种水冲渣工艺；一个采暖季连续不停车运转，无人值守；占地小，易于实施；只取热量，无次生污染。

2. 切换取热技术

大型高炉拥有两套水渣系统，并交替冲渣，在一个冲渣过程中，冲渣水温度自50℃左右逐步升至最高80~95℃，两个冲渣过程之间存在冲渣水维持低温，但是两套水渣系统是交替工作，见图8-2。切换取热技术即利用一套采暖水系统，通过切换进入不同冲渣水换热系统，实现连续加热采暖回水、连续热回收的过程，为采暖系统稳定运行奠定坚实基础。

3. 冲渣水提取技术

冲渣水提取技术针对不同冲渣工艺需要有针对性的冲渣水提取方式。对于因巴（转鼓过滤法）等带冷却塔的冲渣工艺系统，利用原系统粒化水回水泵（本项目称为冲渣水循环泵），冲渣水经换热器取热降温后直接送入凉水池，流经换热器阻力折算的米水柱高度小于等于提升至冷却塔的高差，这样，冲渣水循环泵4不需要消耗额外动力。

对于热因巴等不带冷却塔冲渣工艺系统，利用原系统冲渣水循环泵提取冲渣水进入换热器，冷却后继续去冲渣。

对于底滤、平流沉淀等冲渣工艺系统，控制换热器阻力低于0.05MPa，利用原系统冲渣水循环泵提取冲渣水进入换热器，冷却后继续去冲渣。

在冲渣水换热器可靠性和传热性能得以保证的前提下，直接利用原系统的热水泵或冲渣泵提取冲渣水进行余热回收，不另外设置冲渣水泵，不仅能耗低，而且操作简单、维护量少、占地面积小。

4. 最大供暖面积与调峰补热技术

采暖季的初寒期和末寒期单位采暖面积热负荷小，而高寒期单位面积热负荷大，如按照高寒期面积热指标和冲渣水余热量配置供暖面积，对于大型高炉的因巴法等冲渣工艺，在初、末寒期不仅冲渣水余热不能被完全利用，而且冲渣水不能被冷却到工艺要求的温度，去冲渣的冲渣水温度须低于55~60℃，否则会造成"泡沫渣"影响高炉正常生产。

为此，高炉冲渣水余热回收系统，须按初、末寒期采暖面积热指标和冲渣水余热量来配置供热面积，以便整个供暖期能最大限度回收冲渣水余热。在严寒时间段，采用蒸汽或其他热源进行补热，在保证高炉正常生产的同时，冲渣水余热被全部回收利用。

五、工程具体实施情况

1. 工艺设备选型

工艺设备选型条件：

高炉冲渣水系统设计压力为 0.40MPa；高炉冲渣设计水量为 2600m³/h；设计按实际操作温度为 90/55℃；系统流动阻力为 156kPa。

采暖水设计水量为 3125m³/h；设计温度为 85/50℃；设计压力为 0.40MPa；系统流动阻力为 15.3m。

（1）冲渣水换热器

根据上述条件设计采用全焊接板壳式高炉冲渣水换热器，换热器换热板片采用耐腐蚀性优良的 2205 双相不锈钢，为稳定、全部回收热量，系统在两个出渣系统各配置渣水换热器 6 台，共计 12 台。单台换热面积为 850m²；单台热负荷为 14.1MW（制造商提供值）[设计取值为 8.66 MW]；每一套冲渣水系统换热器的总换热面积为 5100m²；总热负荷为 84.6MW（制造商提供值）[设计取值为 52MW]。考虑实际运行的复杂性，对换热器在不同工况下的运行进行了校核，结果参见表 8-5。

换热器各种运行工况的校核计算　　　　　　表 8-5

序号		1	2	3	4
设备名称		冲渣水换热器			
设备位号		E101			
工况		设计工况	校核工况 1	校核工况 2	校核工况 3
设备台数		6	6	6	6
介质名称	热侧	冲渣水	冲渣水	冲渣水	冲渣水
	冷侧	采暖水	采暖水	采暖水	采暖水
流量(kg/h)	热侧	2500000	2500000	2500000	2500000
	冷侧	3125000	3125000	3125000	3125000
操作温度(℃)	热侧	85/55	90/56	95/57	85/47
	冷侧	50/74	50/77	50/80.4	40/70.4
操作压力(MPa)	热侧	0.32	0.32	0.32	0.32
	冷侧	0.38	0.38	0.38	0.38
压力降(kPa)	热侧	156	158	159	155
	冷侧	153	154	154.5	152.2
污垢系数	热侧	0.00005	0.00005	0.00005	0.00005
m²·h·℃/kcal	冷侧	0.00005	0.00005	0.00005	0.00005
热负荷(MW)		84.60	95.20	107.37	107.03
单台换热面积(m²)		850	850	850	850
总换热面积(m²)		5100	5100	5100	5100

设计选取较低换热量是考虑到以下几方面：①换热器局部堵塞或部分换热器检修时还能满足运行条件；②实际运行中，冲渣水温度较大幅度波动影响换热效果；③由于是余热利用项目，随着生产节奏变化，余热利用系统出力必须能够达到的最低要求；④当高炉出渣达到最大量时，也能够完全回收其热量；⑤渣水换热器实际换热能力受炼铁主工艺运行情况影响较大。本节前述内容也对高炉渣热量进行计算说明，对比前后得出的结论就是换热器配置能力大，与实际可回收热量是不矛盾的。

因此，设计取值是按制造商提供值设计铭牌换热量 84.60MW 的 61% 左右选取，经济效益计算采用上述换热器设计能够达到的回收热量的最小值进行取值。

（2）高炉冲渣水泵

由于原有冲渣水系统粒化回水需要上凉水塔，扬程为 38m 比较。因此，本设计考虑利用原有冲渣水粒化回水泵作为冲渣水循环水泵，不再新建。

（3）供热系统循环泵

为满足外供采暖水循环需要，新增二次网循环泵 4 台（三用一备），单台循环供水量为 $1000m^3/h$；型号为 350RS106；流量为 $1000~m^3/h$；扬程为 $80\sim106m$；功率为 400kW；效率为 84%；电机型号为 Y400-4；必需汽蚀余量为 4.9m；泵重为 3000kg。

（4）蒸汽热网加热器（调峰补热）

该热网加热器采用低压蒸汽再次加热由高炉冲渣水加热后的热网回水到 80℃，最大蒸汽消耗量为 $60\sim75t/h$。设计考虑新建 3 台管壳式汽水换热器，单台加热量为 30MW。该加热器主要用于严寒期调峰。此外，当冬季供暖期间高炉休风（高炉休风是高炉生产中经常需要的，有的时候是设备需要检修，有的是炼铁工艺需要，这是高炉生产中不可避免的环节）时，对供暖系统进行加热。

（5）采暖水系统补水定压

新增采暖水系统补水变频定压泵 2 台（一用一备），型号为 IS100-80-160；流量为 $100m^3/h$；扬程为 32m；功率为 15kW；效率为 78%；电机型号为 Y160M2-2；必需汽蚀余量为 4.0m。

（6）软化水装置

为满足供热系统补水定压要求，新建软化水装置一套，软化水能力为 $60m^3/h$；配套软水箱、凝结水箱各一个。

（7）采暖水供、回水切换阀门

采暖水供、回水切换电动阀门（这两个阀门需要每个小时频繁切换）共计 4 个，口径 DN800。

（8）凝结水回收

为回收蒸汽调峰热网加热器加热过程中产生的凝结水，需要建设凝结水回收系统，将凝结水回收至凝结水箱。所回收凝结水既可以作为采暖水补水，又可以送回总凝结水管网到发电厂重复利用。

2. 控制系统

本着先进性与实用性相结合的原则进行自动化仪表及控制系统设计，设计内容为高炉渣水换热站、热网首站的过程检测和控制。

（1）装备水平

采用计算机控制系统实现集散型的控制方式。计算机系统为三电一体化的自动控制系统，控制系统具有数据采集、控制、画面显示、报警、生产报表、打印记录等功能。

过程监视及调节操作在操作员站上进行，操作方式有自动、集中手动方式和机旁手动控制。

仪表选型本着经济、实用、可靠的原则，选用国内先进企业产品，部分重要的检测仪表选用国外公司或合资公司的产品。流量测量采用电磁流量计，温度检测选用热电阻，压力检测选用压力变送器等。

（2）生产过程的主要控制和检测内容

1）高炉渣水换热站

高炉渣水换热站监控仪表设置如下：

① 渣水出水管设温度检测，实现就地和控制室显示；

② 采暖水出水管设温度检测，实现就地和控制室显示；

③ 采暖水出水管设电动调节阀；

④ 排污管设电动阀实现自动排污；

⑤ 采暖水进水总管设温度、压力检测，实现就地和控制室显示；

⑥ 采暖水出水总管设温度、压力、流量检测，实时显示供热热量；

⑦ 渣水进水总管设温度检测、压力检测，实现就地和控制室显示；

⑧ 渣水出水总管设温度检测、压力检测，实现就地和控制室显示；

⑨ 除污器前后设压力检测，从而判断除污器是否堵塞。

高炉渣水换热站控制和检测设置见图 8-4。

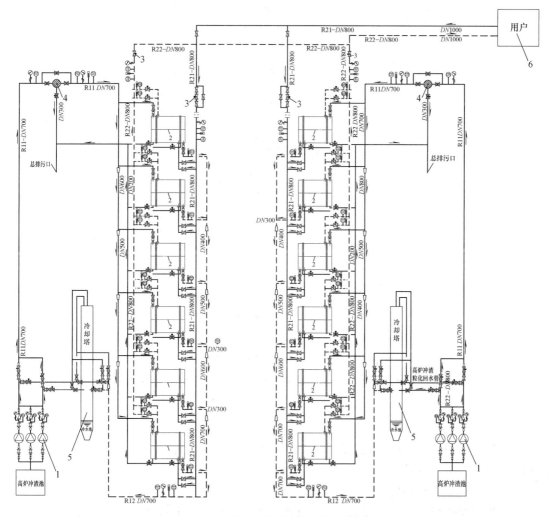

图 8-4 高炉渣水换热站控制和检测设置

1—冲渣水循环泵；2—冲渣水换热器；3—采暖水电动调节阀；
4—渣水脱气装置；5—冲渣水冷却塔（冷水池）；6—采暖用户

2) 蒸汽热网加热站

蒸汽热网加热站监控仪表设置如下：

① 采暖水循环泵出口设压力检测；

② 蒸汽加热器，蒸汽侧设蒸汽温度、流量、压力检测；热水侧设采暖水温度、流量、压力检测；

热网循环泵采用变速泵，根据室外温度和不利点压差，对热网的流量及供热温度进行调节以达到合理供热目的。

蒸汽热网加热站控制和检测设置见图 8-5。

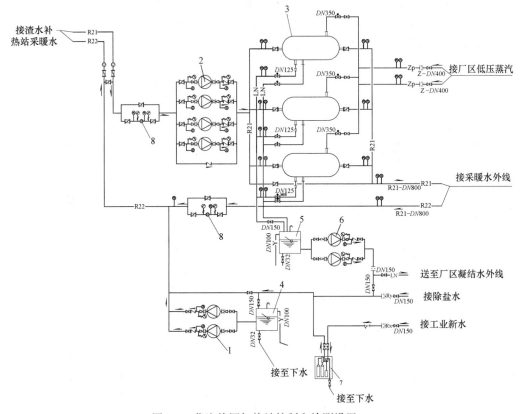

图 8-5 蒸汽热网加热站控制和检测设置

1—补水定压泵；2—采暖水系统循环泵；3—热网汽水加热器；4—除盐水、软水箱；5—凝结水箱；

6—凝结水泵；7—软化水装置；8—过滤装置

3) 厂界计量

钢铁公司与热力公司交接点设在钢铁厂出口，双方商定此处设计量点，主要计量供回水温度、流量、热量。

（3）计算机监控系统

本控制系统采用集散型控制系统，即集中监视管理、分散操作、控制。考虑工艺工序的合理性，在高炉渣水换热站、热网首站分别设计算机控制系统，通过工业以太网实现通信。

计算机控制系统主要包括：PLC 控制站、操作员站、交换机、网络设备等。用以完成现场数据的采集和处理、设备运行状态监视、工艺参数控制和顺序控制、HMI 手动操作、报警记录和报表打印等。

（4）控制室和电源

控制系统设备置于控制室内。所需电源为 220V、50Hz、40A，为进一步提高控制系统可靠性，对自动化控制系统、监测仪表等重要回路提供 UPS 电源，以保证两路电源同时停电时，自动化控制系统能继续运转。UPS 持续供电时间为 30min。

六、本工程能源效率

该余热回收项目投产前，高炉产生高温冲渣水（85/55℃）2600m³/h，其热量通过冷却塔放散，同时冷却塔风机运转还需要额外消耗电能。项目采用渣水换热器对该部分热量进行回收利用，严寒期通过汽水换热器增补热量 27.16 万 GJ，每年可外供热量 95.01 万 GJ；系统供热半径约 5km。项目当年建设、当年运营。主要能耗指标表见表 8-6。

主要能耗指标表　　　　　　　　　　　　　　　　　　表 8-6

序号	项目名称	指标、数据
1	额定回收热负荷	84.6MW
2	设计计算回收热负荷	52MW
3	年作业时间	3624h
4	循环泵装机容量	1215kW
5	年回收热量	$(67.84\sim110.37)\times10^4$GJ
6	年消耗电量	4.4×10^6kWh
7	年消耗最大补热量	27.16×10^4GJ
8	年软水（除盐水）消耗量	21.74×10^4t
总供热量		
9	年可外供热量	95.01×10^4GJ
供热面积配置		
10	≈98 万 m²	采暖热指标按 53W/(m²·℃)
11	≈186 万 m²	采暖热指标按 28W/(m²·℃)

注：上表中厂用电主要为循环泵耗电，渣水泵不变，没有额外增加耗电。

蒸汽调峰补热对余热回收效率的影响详见表 8-7。

高炉配置供暖面积与余热回收率　　　　　　　　　　　　表 8-7

项目	不补热	蒸汽补热	增加量
配置供暖面积(m²)	980000	1860000	880000
冲渣水回收热量(GJ)	432553.0	678400	245847
补热蒸汽热量(GJ)	0.0	271600	271600
冲渣水未回收热量(GJ)	245847	0.0	−245847
冲渣水余热回收率(%)	63.76	100.00	36.23
渣热量回收率(%)	38.66	60.63	21.97

由表 8-7 可见，通过少量的调峰补热，最大化回收冲渣水余热资源，最大可能造福城市，同时兼顾工业余热利用与工业生产，保证既不影响生产工艺，又能安全供热，服务民生。

总之，余热回收系统应该按照最大余热量进行供热系统设计，整个供暖季按照最大余热量进行供热。当供热面积按照初末寒期确定且不变时，供热系统应具备补热调峰能力。补热调峰也作为冶炼生产系统冬季短时间"休风"时的应急热源。当供热面积可通过分区调整时，供热面积随室外气温的降低逐渐减小。

七、经济性分析

1. 工程投资与主要经济指标

项目对高炉冲渣水回收系统的换热站进行财务分析，按有无对比法计算项目投入和产出、费用和效益，并遵循计算口径一致的原则。计算中所用单价均为现行不含税价。

项目工程投资见表 8-8，项目主要经济指标见表 8-9。

工程投资总表 表 8-8

序号	费用名称	价值（万元）	占投资比例（%）	备注
1	建筑工程费用	677.10	8.68	
2	设备费用	3712.23	47.58	
3	安装工程费用	2487.88	31.88	
4	其他费用	925.67	11.86	
5	建设投资合计	7802.88	100.00	
6	建设期利息			自筹

注：表 8-8 中工程投资包含了钢铁厂内部分供热管网投资，在项目经济性评价过程中会剔除此部分投资，使类似余热回收项目具有可比性。

主要经济指标一览表 表 8-9

序号	名 称	单位	指标	备 注
1	项目总投资	万元	4293	自筹
	建设投资	万元	4265	
	建设期利息	万元		
	铺底流动资金	万元	28	
2	外供热量	万 GJ	67.84	
3	年销售收入	万元	1533	含增值税
	年销售额	万元	1357	不含增值税
4	总成本	万元	811	平均年
5	增值税/销售税金及附加	万元	257	正常年
6	利润总额	万元	519	平均年
7	所得税	万元	78	平均年
8	投资利润率	%	12.1	
9	财务内部收益率	%	13.3	税后
10	投资回收期	年	7.5	

序号	名　　称	单位	指标	备　注
11	单位热量投资	元/GJ	62.86	建设投资
12	单位热量成本	元/GJ	11.96	总成本
13	单位热量利润	元/GJ	7.65	平均年

注：1）项目计算期：根据项目主体设备及其配套装备经济、技术寿命，确定项目计算期为11年，其中建设期1年，运营期为10年。

2）产品销售价格根据企业提供的当地市场价格计算。销售税金及附加按照国家规定计取，增值税率为17%、城建税、教育费附加和价格调控基金分别按增值税的7%、3%和1.5%计算。

3）产品原料、辅料、能源燃料动力消耗按专业设计指标选取，价格按现行价格计算。

项目生产人员需6人，年工资福利费水平按6万元/人计算。

固定资产折旧，采用平均直线法计算，其中，换热器设备折旧年限为5年，其余设备平均折旧年限为10年，残值率为3%，建构（筑）物折旧年限为20年，残值率为5%。

2. 项目敏感性分析

考虑到项目实施过程中的不利因素，分别对建设投资以及供热热量单价变化对项目效益的敏感性做了分析，见表8-10。

项目敏感性分析表　　　　　　　　　　　　表 8-10

		项　目			
基本方案	变化率	数值	内部收益率	财务净现值	投资回收期
建设投资 （万元）	−15%	3625	17.6%	1608	6.9
	−10%	3838	16.0%	1421	7.1
	−5%	4052	14.6%	1234	7.3
	0%	4265	13.3%	1032	7.5
	5%	4478	12.2%	860	7.7
	10%	4691	11.2%	672	8.0
	15%	4905	10.2%	485	8.2
热量单价 （元/GJ）	0%	20.0	13.3%	1032	7.5
	10%	22.0	16.4%	1667	6.9
	20%	24.0	19.4%	2286	6.4
	30%	26.0	22.3%	2906	6.0
	37.5%	27.5	24.8%	3399	5.7
	50%	30.0	28.0%	4146	5.3

从表8-10可以看出，在设定的不利因素影响下，项目收益依次对单价、投资变化敏感。

3. 财务评价

本测算显示项目全部投资内部收益率高于行业基准，投资回收期低于行业基准回收期，从敏感性分析看，项目有较好的抗风险能力，项目从财务角度分析是可行的。

第三节　中小型高炉冲渣水余热供热工程案例

河北迁西县近年来大规模的城镇扩张，与供热热源短缺的现状构成了迁西县集中供热的突出矛盾。本项目建设前，迁西县拥有的三大主要热源均为燃煤锅炉房（包括老年公寓热源厂、丰顺热源厂、开明街热源厂），总供热能力为 231MW 采用热力站间接供热方式。全县有采暖热力站 49 座，供应县城合计 297 万 m^2 的供暖面积。迁西县的热源现状及供暖方式存在如下问题：

（1）锅炉装机容量较小，热源点多，热效率低，造成能源浪费；使用和管理水平低，年维修费用高。

（2）由于锅炉容量小，三废治理手段不完善，环境污染严重。

迁西县城西北方向十余公里处有津西、万通两大钢厂。现场测试及理论计算表明钢铁厂余热资源丰富，津西钢厂 9 座高炉，万通钢厂 3 座高炉，高炉冲渣水回收余热供热能力为 135MW，再配合钢铁厂内低压余热蒸汽，完全可以解决迁西县的供热需求问题。此外，在市区各热力站内安装吸收式热泵，降低一次网回水温度，拉大供回水温差，可以显著降低输配能耗，增加钢厂低品位余热资源回收率，从而显著提高工业余热供热系统的总体效率。

一、热源企业概述

河北津西钢铁集团始建于 2009 年，是集烧结、炼铁、炼钢、轧钢、发电为一体的特大型股份制钢铁联合企业。其中，津西钢厂有炼铁高炉 9 座，炼钢转炉 6 座，年产铁量为 600 余万 t，年产钢量为 650 万 t。产品以 H 型钢为主，H 型钢产量为 400 万 t，带钢产量为 250 万 t。万通钢厂有炼铁高炉 3 座，炼钢转炉 2 座，年产铁量为 200 余万 t，年产钢量为 200 万 t，产品以螺纹钢为主。

二、工业余热现状

津西、万通两座钢铁厂在生产过程中有大量工业余热未被利用即被排放，这些余热主要是较高品位的高炉冲渣水余热。

1. 万通钢厂有炼铁高炉 3 座，年产铁量 200 余万吨

1 号高炉（450m^3）和 2 号高炉（450m^3）的西出渣口共用一个冲渣沟，渣水分离方法为沉渣溢流法，铁渣余热没有回收利用。

3 号高炉（550m^3）和 2 号高炉（450m^3）的东出渣口共用一个冲渣沟，渣水分离方法为底滤法，冲渣水余热已部分回收利用。现已建成一个换热站，供暖面积约为 7.2 万 m^2。万通钢厂高炉基本情况见表 8-11，万通钢厂高炉冲渣水系统基本情况见表 8-12。

2. 津西钢厂有炼铁高炉 9 座，年产铁量 600 余万吨

1 号高炉（450m^3）和 2 号高炉（450m^3）共用一个冲渣沟系统，渣水分离方法为沉渣溢流法。现状为：1 号、2 号高炉的冲渣水系统共建一个换热站回收部分余热，站内有螺旋板式换热器三台，并配有采暖循环泵三台。

万通钢厂高炉基本情况表　　表 8-11

高炉	1号高炉	2号高炉	3号高炉
炉容(m³)	450	450	550
高炉利用系数	3.70	3.70	3.40
高炉铁产量(t/d)	1665	1665	1870
渣/铁(t/t)	0.44	0.44	0.44
渣量(t/h)	30.5	30.5	34.3
炉渣热负荷(MW)	15.4	15.4	17.3
可用余热负荷(MW)	9.7	9.7	10.9

万通钢厂高炉冲渣水系统基本情况表　　表 8-12

万通钢厂	渣水换热系统	
渣水换热系统划分	1号渣水换热系统	2号渣水换热系统
对应高炉编号	1号高炉+2号高炉	2号高炉+3号高炉
冲渣泵流量(m³/h)	740	1260
冲渣泵扬程(m)	58	44
冲渣泵工作制度	3用2备	2用1备
冲渣水量(m³/h)	2220	2520

3号高炉（450m³）和4号高炉（450m³）共用一个冲渣沟系统，渣水分离方法为沉渣溢流法。现状为：3号、4号高炉的冲渣水系统共建一个换热站回收部分余热，站内有螺旋板式换热器三台，并配有采暖循环泵三台。

5号高炉（450m³）和6号高炉（450m³）分别设有独立的冲渣系统，冲渣水余热没有回收利用。

7号高炉（808m³）和8号高炉（808m³）分别设有独立的冲渣系统，现状为：共建一个换热站回收部分余热，站内有螺旋板式换热器三台，并配有采暖循环泵三台。

9号高炉（808m³）的冲渣系统配有冷却塔，冲渣水余热没有回收利用。

上述津西钢厂在此次改造之前所建高炉冲渣水换热站，由于其高炉冲渣水余热回收方法不妥，采用设备存在不适应等因素，建成2年几乎报废弃用，本次改造中一并重新考虑。津西钢厂高炉基本情况见表8-13，津西钢厂高炉冲渣水系统基本情况见表8-14。

津西钢厂高炉基本情况表　　表 8-13

高炉	1号高炉	2号高炉	3号高炉	4号高炉	5号高炉	6号高炉	7号高炉	8号高炉	9号高炉
炉容(m³)	450	450	450	450	450	450	808	808	808
高炉利用系数	3.70	3.70	3.70	3.70	3.70	3.70	3.30	3.30	3.30
高炉铁产量(t/d)	1665	1665	1665	1665	1665	1665	2666	2666	2666
渣/铁(t/t)	0.44	0.44	0.44	0.44	0.44	0.44	0.44	0.44	0.44
渣量(t/h)	30.5	30.5	30.5	30.5	30.5	30.5	48.9	48.9	48.9

津西钢厂	1、2号高炉	3、4号高炉	5号高炉	6号高炉	7号高炉	8号高炉	9号高炉
可用余热负荷（MW）	19.4	19.4	9.7	9.7	15.5	15.5	15.5
冲渣泵流量（m³/h）	780	780	684	684	2000	2000	2000
冲渣泵扬程（m）	68	68	68	68	47	47	47
冲渣泵工作制度	3用1备	3用1备	2用1备	2用1备	1用1备	1用1备	1用1备
冲渣水量（m³/h）	2340	2340	1368	1368	2000	2000	2000

表8-14 （津西钢厂高炉冲渣水系统基本情况表）

通过上述可知：万通钢厂高炉冲渣水可回收余热为30.3 MW；津西钢厂高炉冲渣水可回收余热为104.7MW，合计高炉冲渣水回收余热为135MW。

三、渣水换热系统划分及余热回收工艺流程

1. 万通钢厂渣水换热系统划分及工艺流程

万通钢厂渣水换热系统根据高炉冲渣水的配置情况，配置两个渣水换热系统，其中，1号高炉和2号高炉的西出渣口的冲渣水系统配置一个渣水换热系统，3号高炉和2号高炉的东出渣口的冲渣水系统配置一个渣水换热系统。

高炉冲渣水从现有冲渣泵出水管直接引出，经换热器取热后再回到原有管道去冲渣，工艺流程见图8-6和图8-7。通过阀门可与原有系统进行灵活切换，在采暖季结束后，可以方便的将取热系统切出，恢复原有系统。

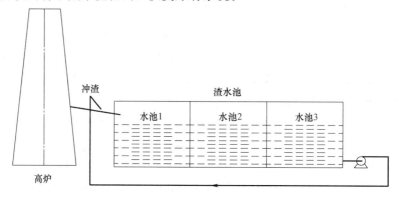

图8-6　改造前冲渣水系统示意图

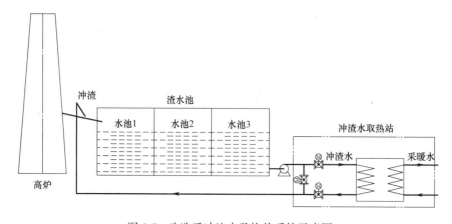

图8-7　改造后冲渣水及换热系统示意图

2. 万通钢厂渣水换热系统参数及换热器等主要设备选型

（1）渣水换热器选型见表 8-15。

渣水换热器选型表　　　　　　表 8-15

万通钢厂渣水换热系统			
渣水换热系统划分	1 号渣水换热系统	2 号渣水换热系统	备注
对应高炉编号	1 号高炉＋2 号高炉 1/2	2 号高炉 1/2＋3 号高炉	
可用余热负荷（MW）	14.55	15.75	
冲渣泵流量（m³/h）	740	1260	
冲渣泵扬程（m）	58	44	
冲渣泵工作制度	3 用 2 备	2 用 1 备	
冲渣水量（m³/h）	2220	2520	
渣水的比热 kJ/(kg·℃)	4.18	4.18	
换热器出口渣水温度（℃）	62	62	
渣水进、出口温差（℃）	6	6	
换热器进口渣水温度（℃）	68	68	
供热水出水温度（℃）	65	65	
供热水回水温度(1)（℃）	45	45	
供热水流量(1)（m³/h）	624	675	
供热水回水温度(2)（℃）	50	50	
供热水流量(2)（m³/h）	832	900	
换热器渣水侧阻力（mH₂O）	6	6	
换热器供热水侧阻力（mH₂O）	16	16	
渣水换热器数量（台）	2	2	

（2）蒸汽热网调峰加热器选型

该热网加热器采用万通钢厂低压蒸汽管网蒸汽对二次网供水加热，加热器进水温度按 65℃，最大补热量按 11MW 计算，最大蒸汽消耗量为 16t/h。该加热器功能之一：冬季 12 月到第二年 1 月使用，是整个供暖外供系统的调峰热源。其他月份可以考虑通过旁通管道直接外供，前提是控制二次网回水温度≤45℃。该加热器功能之二：当冬季供暖期间遇到一座高炉"休风"时，蒸汽调峰加热器联合其他正常运行的高炉，能够保证供暖系统平稳运行。新建 1 台管壳式汽水换热器，单台加热量 11MW。

（3）冲渣水系统循环泵

利用原有冲渣水泵作为冲渣水系统循环泵。

（4）供热水系统循环泵

新增采暖水循环泵 3 台（两用一备），采暖水总水量为 1300m³/h(65/45℃)，单台循环泵供水量为 715m³/h，扬程 40m，单台泵功率为 150 kW，站内总装机容量约为 500kW，电压等级为 380V。

（5）辅助配套设施

1）冲渣水供水脱气装置

该冲渣水供水脱气装置加在冲渣水换热器一次水供水总管一侧，以防冲渣水中所含空气影响换热器换热效果，共计 1 台。

2）采暖水补水定压泵

新增采暖水补水变频定压泵 2 台，补水量按 2％计，1300×2％＝26m³/h，扬程为

20m，两用一备。

3）软水器及软水箱

软水器能力为 30 m^3/h，软水箱的容积为 $15m^3$。

4）凝结水回收装置

为回收蒸汽热网加热器加热过程中产生的凝结水，需要新建增加凝结水回收装置 1 套，凝结水回收量按单台 16t/h 设计。所回收凝结水既可以作为二次网补水，又可以汇往凝结水管网回到厂区内重复利用。

5）其他必要的阀门

主要用于换热器进出口、过滤器、除污器前后等作为切断使用，数量若干。

3. 津西钢厂渣水换热系统划分及工艺流程

根据津西钢厂现有冲渣水系统的配置情况，设置 7 个渣水换热站。其中，1 号、2 号高炉的冲渣水系统配置为 1 号渣水换热站；3 号、4 号高炉的冲渣水系统配置为 2 号渣水换热站；5 号高炉的冲渣水系统配置为 3 号渣水换热站；6 号高炉的冲渣水系统配置为 4 号渣水换热站；7 号高炉的冲渣水系统配置为 5 号渣水换热站；8 号高炉的冲渣水系统配置为 6 号渣水换热站；9 号高炉的冲渣水系统配置为 7 号渣水换热站。

高炉冲渣水从现有冲渣泵出水管直接引出，经换热器取热后再回到原有管道去冲渣，工艺流程同图 8-7。通过阀门可与原有系统进行灵活切换，在采暖季结束后，可以方便的将取热系统切出，恢复原有系统。

津西钢厂 5 号高炉配套建设的 3 号渣水换热站照片见图 8-8。

图 8-8　3 号渣水换热站照片

4. 津西钢厂渣水换热系统参数及换热器等主要设备选型

（1）渣水换热器选型见表 8-16

（2）蒸汽热网调峰加热器选型

　　　　表 8-16

渣水换热系统划分	津西钢厂渣水换热系统							备注
	1号渣水系统	2号渣水系统	3号渣水系统	4号渣水系统	5号渣水系统	6号渣水系统	7号渣水系统	
对应高炉编号	1号、2号高炉	3号、4号号高炉	5号高炉	6号高炉	7号高炉	8号高炉	9号高炉	
可用余热负荷(MW)	19.4	19.4	9.7	9.7	15.5	15.5	15.5	
冲渣泵流量(m³/h)	780	780	684	684	2000	2000	2000	
冲渣泵扬程(m)	68	68	68	68	47	47	47	
冲渣泵工作制度	3用1备	3用1备	2用1备	2用1备	1用1备	1用1备	1用1备	
冲渣水量(m³/h)	2340	2340	1368	1368	2000	2000	2000	
渣水的比热 kJ/kg℃	4.18	4.18	4.18	4.18	4.18	4.18	4.18	
换热器出口渣水温度(℃)	62	62	62	62	62	62	62	
进、出口温差(℃)	7	7	6	6	7	7	7	
换热器进口渣水温度(℃)	69	69	68	68	69	69	69	
供热水出水温度(℃)	65	65	65	65	65	65	65	
供热水回水温度(℃)	45	45	45	45	45	45	45	
供热水流量(m³/h)	832	832	416	416	665	665	665	
热水回水温度(℃)	50	50	50	50	50	50	50	
供热水流量(m³/h)	1200	1200	600	600	1000	1000	1000	
换热器渣水侧阻力(mH₂O)	6	6	6	6	6	6	6	
换热器采暖水侧阻力(mH₂O)	16	16	16	16	16	16	16	
渣水换热器(台)	2	2	1	1	1	1	1	

同万通钢厂一样，该热网加热器采用津西钢厂低压蒸汽管网蒸汽对采暖水供水加热，加热器进水温度按 65℃，最大补热量按余热回收量的约 1/3 考虑，即 35MW 计算，最大蒸汽消耗量为 50t/h，新建 2 台管壳式汽水换热器，单台加热量为 17MW。

（3）冲渣系统水循环泵

利用原有冲渣水泵作为冲渣水系统循环泵。

（4）采暖水循环泵

供热系统总循环水量为 4500m³/h，新增采暖水循环泵 4 台（三用一备），单台循环供水量为 1500 m³/h，扬程为 70m，单台泵功率为 450kW，站内总装机容量约为 2000kW，电压等级为 10kv、380V。

（5）辅助配套设施

1）冲渣水供水脱气装置

该冲渣水供水脱气装置加在冲渣水换热器一次水供水总管一侧，以防冲渣水中所含空气影响换热器换热效果，共计 1 台。

2）采暖水补水定压泵

新增采暖水补水变频定压泵 2 台（一用一备），补水量按 2% 计，$4500 \times 2\% = 90m³/h$，扬程为 24m。

3）软水器及软水箱

软水器能力为 2 台 45 m³/h，软水箱的容积为 45m³。

4）凝结水回收装置

为回收蒸汽热网加热器加热过程中产生的凝结水，需要新建凝结水回收装置 2 套，凝结水回收量按单台 25t/h 设计。所回收凝结水既可以作为二次网补水，又可以汇往凝结水管网回到厂区内重复利用。

5）其他必要的阀门

主要是用于换热器进出口、过滤器、除污器前后等作为切断使用，数量若干。

5. 余热回收工艺系统设备布置

（1）万通钢厂余热回收系统设备布置

通过对万通钢厂 3 座高炉冲渣水系统实地调研，确定 1 号渣水换热站布置在 1 号高炉和 2 号高炉的西出渣口冲渣池的南侧附近，负责提取 1 号高炉和 2 号高炉的西出渣口渣水的热量。2 号渣水换热站布置在万通钢厂现有换热站北侧，调峰补热及二次网泵站与 2 号渣水换热站布置在一起。万通钢厂余热回收系统设备布置图见图 8-9。

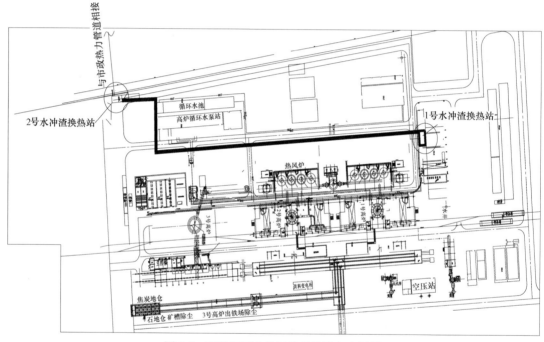

图 8-9　万通钢厂余热回收系统设备布置图

（2）津西钢厂余热回收系统设备布置

通过对津西钢厂 9 座高炉冲渣水系统实地调研，确定新建 1 号渣水换热站布置在现有 1 号、2 号高炉的换热站附近，负责提取 1 号、2 号高炉渣的热量；新建 2 号渣水换热站布置在现有 3 号、4 号高炉的换热站附近，负责提取 3 号、4 号高炉渣的热量；新建 3 号渣水换热站布置在现有 5 号高炉冲渣水系统配电室附近的空地，负责提取 5 号高炉渣的热量；新建 4 号渣水换热站布置在现有 6 号高炉西北侧的空地，负责提取 6 号高炉渣的热量；新建 5 号、6 号渣水换热站布置在现有 7 号、8 号高炉的换热站附近，分别负责提取 7 号、8 号高炉渣的热量；新建 7 号渣水换热站布置在现有 9 号高炉冷却塔及渣水池的附近，负责提取 9 号高炉渣的热量。调峰补热布置在污水厂东北侧的空地。津西钢厂余热回收系统设备布置图见图 8-10。

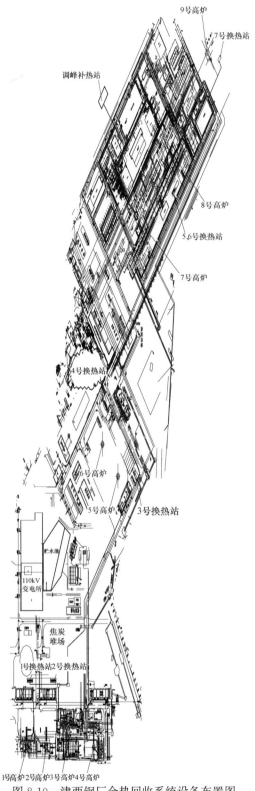

图 8-10 津西钢厂余热回收系统设备布置图

结合迁西县整体供热现状,把万通钢厂、津西钢厂余热回收系统各自采暖水循环泵站与中继泵站统一集中布置,既对钢厂生产干扰最小,又便于供热公司统一调度、控制。

四、外部供热管网水力状况

1. 管路概况

津西钢铁厂、万通钢铁厂位于县城西北侧,根据余热回收供热方案,两个钢铁厂供热热水的总循环流量为 $5500\text{m}^3/\text{h}$。为了实现工业余热供热,需要新敷设供热管线,管线敷设方式绝大部分为直埋无补偿敷设。新增管线位置如图 8-11 所示,其管径按照比摩阻 $30\sim50\text{Pa/m}$ 选取。从津西厂区到万通厂区,沿冶金工业路铺设 $DN900$ 管道,全长 4.2km;从万通厂区出口到县城老年公寓主循环泵站,沿三扶公路和西环路铺设

图 8-11 管线路由及主要泵站概况

$DN1000$ 管道，全长 4.1km。从西环路三通到老年公寓循环泵站，铺设 $DN900$ 管道，全长 2.9km；从西环路三通到丰顺循环泵站，铺设 $DN600$ 管道，全长 5.3km。

供热流程大致为：津西、万通并联取热，两股取热水流在万通厂区出口汇合，经中继泵站加压后往县城供热；津西厂区泵、万通厂区泵及中继泵均安装在万通厂区入口泵房内；县城内有老年公寓和丰顺两个循环泵房，各自负责所带区域的供热。

津西厂区最大供热负荷为 140MW（含补热调峰供热负荷 35MW，包括厂内供热负荷 12.8MW），取热流量 $4500\text{m}^3/\text{h}$，根据比摩阻 $30\sim50\text{Pa/m}$ 布置厂内管路。厂区渣水换热总流程见图 8-12。

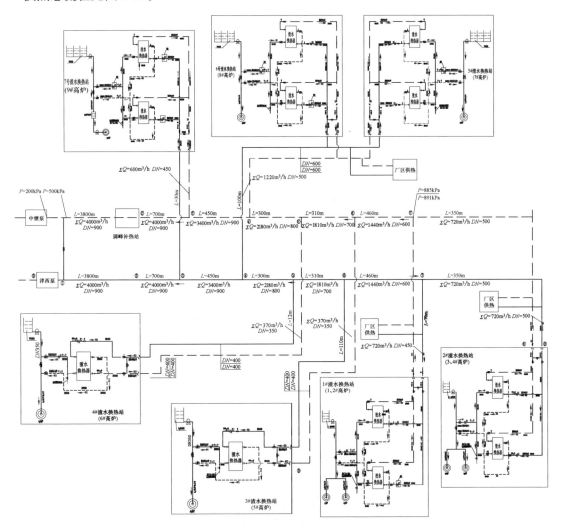

图 8-12 津西厂区渣水换热总流程图

万通厂区最大供热负荷为 41MW（含补热调峰供热负荷 11MW，包括厂内供热负荷 7.2MW），取热流量 $1300\text{m}^3/\text{h}$，根据比摩阻 $30\sim50\text{Pa/m}$ 布置厂内管路。厂区渣水换热总流程见图 8-13。主泵站（中继泵站）流程见图 8-14。

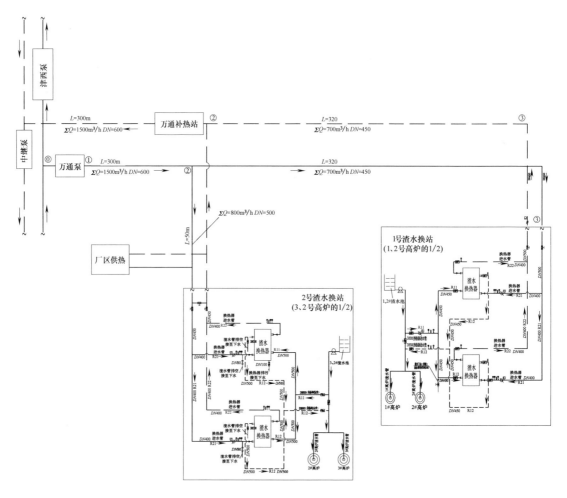

图 8-13　万通厂区渣水换热总流程图

2. 水压图

钢厂余热供热的管路较长，而且存在较大的地势高差，水力计算水压图的目的是保证水力工况可及和管道承压合理。定压点位于万通厂区出口泵房内，中继泵、津西泵、万通泵前，定压点压力为 $25mH_2O$。

供热区域大致分为三个部分：

（1）津西区域，由津西泵克服津西厂内阻力及津西-万通 $DN900$ 管段阻力；

（2）万通区域，由万通泵克服万通厂区内阻力；

（3）县城供热区域，由中继泵、老年公寓循环泵、丰顺站循环泵负责向县城热力站输配。

图 8-15 是布置在万通厂区出口的中继泵站实景照片。

预计总供热负荷为 181MW。供往县城热水总流量为 $5800m^3/h$，其中，津西方向供、回水流量为 $4500m^3/h$，万通方向供、回水流量为 $1300m^3/h$。津西区域水压图如图 8-16 所示，渣水换热器、蒸汽加热器水侧阻力均按 $10mH_2O$ 设计，津西泵需要提供

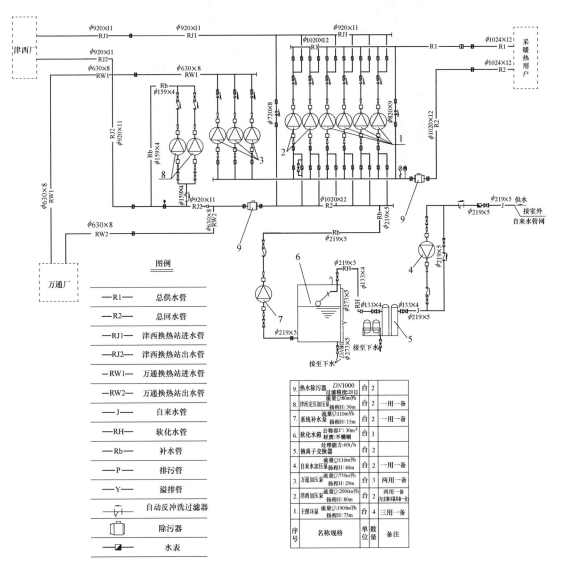

图 8-14　主泵站（中继泵站）流程图

1—主循环泵；2—津西加压泵；3—万通加压泵；4—自来水加压泵；
5—钠离子交换器；6—软化水箱；7—系统补水泵；8—津西定压加压泵；9—热水除污器

70～80m 的扬程。

万通厂区水压图如图 8-17 所示，渣水换热器、蒸汽加热器水侧阻力也均按 10mH₂O 设计，得到万通泵所需扬程为 27.2m。

县城区域，根据县城现有管道可计算得到老年公寓站和丰顺站分别需要提供 52.8m 和 60.6m 的资用压头，以满足各自负责区域的水力工况。在此要求下可设计多种水力工况。

图 8-15　余热供热系统中继泵站

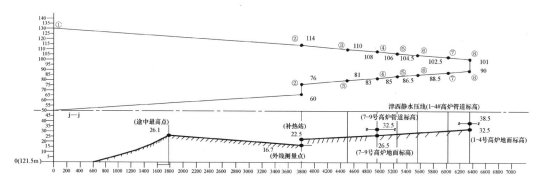

图 8-16　津西厂区水压图

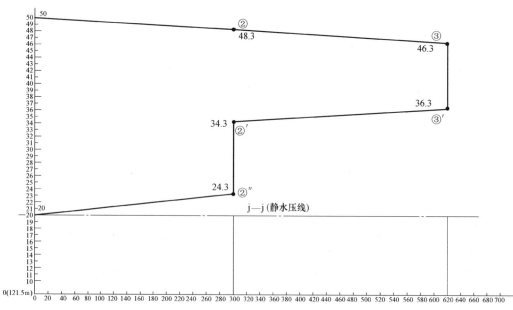

图 8-17　万通厂区水压图

若降低中继泵扬程为 60m，水压图如图 8-18 所示。优点在于整体管段压力较低，且可以利用现有循环泵。老年公寓站现有循环泵可以继续使用，运行在 60m 扬程，3900t/h 工况；丰顺站现有循环泵也可以正常使用，只需在供水管上加装 30m 扬程的循环泵即可。由图 8-18 可见，供水压线和回水压线交叉点到两个循环泵房之间的管段存在回水压力高的情况，如果接出分支，无法自然循环，需要加装增压泵。

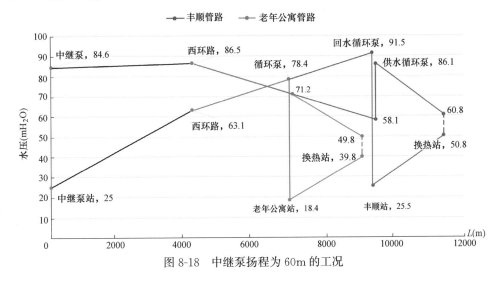

图 8-18　中继泵扬程为 60m 的工况

综合考虑，中继泵选择 60m 扬程，以便利用旧循环泵，降低管道压力。具体水泵的实际参数如表 8-17 所示。

水泵参数　　　　　　　　　　　　　　　　　　　　　　　　　表 8-17

水泵位置	流量(t/h)	扬程(m)
津西	4500	70～80
万通	1300	29
中继泵	5800	75
老年公寓(旧泵)	3900	60
丰顺站(旧泵)	1600	65
丰顺站(新泵)	1600	28

五、热源的调节和控制

迁西县集中供热系统设计于每年 11 月 5 日开始低温供暖运行，自 11 月 15 日起正式供热，次年 3 月 15 日结束供热，供暖期共计 120 天。根据室外气候条件变化，正式供暖期可分为初寒期、严寒期和末寒期三个阶段，为满足不同阶段的供热需求，本项目设计了一套集中供热运行调节方案。

1. 调峰控制和调节方法

本系统采用质调节方式进行部分负荷调节。

冲渣水余热在整个采暖季承担基础负荷，一次网总流量为 6450m^3/h，其中，津西钢厂支线的流量为 4500m³/h，万通钢厂支线的流量为 1300m³/h。6450m³/h 的总流量中，厂内自留 650m³/h，向县城供水 5800m³/h。

初末寒期部分负荷时采用质调节，流量为设计流量，即 6450m³/h，随着外温降低，末端热需求增长，当此负荷不能满足供热需求时，开始利用低压蒸汽进行调峰补热，总流量保持 6450m³/h 不变，回水温度为 45℃，极寒期从钢铁厂流出的最高供水温度为 73℃。供热季总供热量中，74.6% 的热量由工业余热基础负荷提供，剩余的 25.4% 由蒸汽调峰提供，原有县城供热锅炉无须开启。

2. 调峰时间表

为了简化供热控制调节过程，增强供热保证性，根据迁西历史气象数据制定了供热调节运行表，按照时间予以调峰，对于突发性极冷天气，可临时提前开启调峰。供热调节运行如表 8-18 所示。

供热调节运行　　　　　　　　　　　　　　　　　　　表 8-18

负荷率 （%）	供热热源	供热负荷 （MW）	供水温度 （℃）	参考运行时间段	累计 天数
60	部分工业余热	108	53	11 月 15 日～12 月 20 日 2 月 5 日～3 月 14 日	31
70	部分工业余热	127	58	12 月 21 日～12 月 31 日 1 月 27 日～2 月 4 日	24
80	全部工业余热＋ 蒸汽尖峰加热	145	63	1 月 1 日～1 月 6 日 1 月 19 日～1 月 26 日	29
90	全部工业余热＋ 蒸汽尖峰加热	163	68	1 月 7 日～1 月 9 日 1 月 15 日～1 月 18 日	21
100	全部工业余热＋ 蒸汽尖峰加热	181	73	1 月 10 日～1 月 14 日	15

六、经济性分析

迁西县低品位工业余热应用于城镇集中供热项目，本次评价的计算供热规模为 360 万 m²。迁西县城现有约 300 万 m² 的集中供热建筑，由 3 座燃煤锅炉房提供热源。本项目拟通过对县城周边的津西、万通两座钢铁厂部分生产流程进行改造，回收工业余热配合现有的燃煤锅炉房为县城内现有和将来新建建筑集中供热。

1. 投资估算

迁西工业余热利用项目总投资 56253.0 万元，其中，津西钢铁厂改造投资 9845.5 万元，万通钢铁厂改造投资 4065.0 万元，钢铁厂至迁西县城供热管网投资 17420.0 万元，收购现有管网投资 15000 万元，其他费用 8252.5 万元；建设期利息为 770 万元，流动资金为 900 万元。

本工程总投资 56253.0 万元，其中银行贷款 28000 万元，其余部分为企业自有资金。根据迁西县供热规划，资金使用分两期投入，一期投入 48897.2 万元，用于收购现有城市供热管网、钢铁厂一期换热设备改造、钢厂至迁西县城供热管网；二期计划投入 7355.7 万元，用于钢铁厂二期换热设备改造、安装吸收机。

2. 经济效益分析

（1）总成本估算

成本计算按供暖面积达到 360 万 m² 考虑。

1）水费：供热系统补充水量达到设计规模的年用水量为 13.36 万 t，水价按 4 元/t 计算。

2）电费：达到设计规模年用电量为 1065.6 万 kWh，电价按 0.53 元/（kWh）计算。

3）蒸汽：达到设计规模年耗低压蒸汽 73.9 万 GJ，蒸汽价格按照 28 元/GJ 计算。

4）职工工资及福利费：工资及福利为 5 万元/（人·年），职工人数为 300 人。

5）折旧费：残值率为 5%。

（2）收入估算

取暖费标准为居民：23 元/m²；商业、单位：26 元/m²。收费面积按采暖建筑面积计算。

2013～2014 年据原迁西热力公司收费科统计，迁西居民总面积为 1928529.1m²，商业、单位总面积为 815869.2m²。本项目实施后，最终供热规模按 684 万 m² 估算，年供热收入为 16416 万元。

（3）财务赢利能力分析

项目投产后达 100% 处理能力时，每年供热收入为 16416 万元，年平均利润总额为 6115.9 万元，达产期应纳所得税 1817.3 万元。盈余公积金按税后利润的 10% 提取，见表 8-19。

财务赢利能力分析　　　　　　　　　　　　　　　表 8-19

指标名称	单位	数值
财务基准收益率	%	5
项目投资财务内部收益率（所得税前）	%	16.69
项目投资财务净现值（所得税前）	万元	59813.42
投资回收期（含建设期/所得税前）	年	7.2
总投资收益率	%	12
资本金财务内部收益率	%	18.2
资本金净利润率	%	16.2
最大资产负债率	%	56.7
盈亏平衡点	%	41.9
项目总投资	万元	56252.95
流动资金	万元	900
达产期销售或营业收入	万元	16416
达产期营业税金及附加	万元	287.56
达产期总成本	万元	8859.3
达产期经营成本	万元	5618.43
达产期利润总额	万元	7269.13
达产期所得税	万元	1817.28

由计算结果看出，财务内部收益率大于行业基准收益率，说明盈利能力满足了行业最低要求；财务净现值大于零，该项目在财务上是可以考虑接受的；项目的投资利润率和投资利税率均大于行业平均利润率和平均利税率，说明本项目投资对国家积累的贡献达到了本行业的平均水平。

第九章 煤矿废水水源热泵供热工程

本工程为梧桐庄矿水源热泵节能改造工程。项目改造前，全矿生产、供暖、卫生热水用热等由一座集中燃煤锅炉房提供。锅炉房装机功率为 23.8MW，其中，4.2MW 的热水锅炉四台，7MW 的热水锅炉一台。非供暖季用一台 4.2MW 的热水锅炉来满足三班洗浴和工作服烘干房用热，每班工作人员 710～800 名不等；供暖季除洗浴和工作服烘干房用热外，还有办公楼、公寓楼、车间等 51000 多平方米地面建筑的供暖和两个主立井筒及一个副立井筒的通风保温，供暖高峰期，五台锅炉全部投入运行。五台锅炉年平均总耗煤量折合标煤 13230t，每年燃煤直接费用平均为 1430 万元；供暖期耗电量平均为 1214400kWh，非供暖期耗电量平均为 677180kWh，年均电费 95.3356 万元；锅炉年均排放二氧化硫 312t、二氧化碳 33800t、氮氧化物 91t、烟粉尘 1478t、灰渣 4193t、三氧化碳 157t；年缴纳排污费平均约 19 万元。

夏季办公楼、生产车间和矿工公寓供冷由分体空调机组提供，全矿共有分体空调机组 958 台，装机功率为 1200kW 左右，额定制冷量为 3000kW 左右，年平均耗电量为 1728000kWh，年均电费为 124.416 万元。

梧桐庄矿综采工作面距地面平均 800m 左右，井下温度较高，存在较大的热害，正常通风情况下，夏季最高温度可达 35～40℃，改造前地面设专用的冷冻站制冰，运送到井下进行岗位通风降温，缓解热害，为井下作业工人提供较好的热湿环境。但制冰费用高，运输和融冰系统较复杂，系统故障率较高，所以制冰、输冰、融冰和岗位降温系统建成几年来运行一直不正常。

第一节 工程内容及工程特点

一、工程内容

本项目采用水源热泵系统对办公楼、餐厅、职工公寓和任务交代联合楼等矿区全部地面建筑供热、供冷；对矿区洗浴热水和工作服烘干房供热；对矿区主、副井井口冬季通风系统供热等。具体工程内容包括矿井水源热泵系统、冷热源机房和末端监测控制系统、主副井口通风空调系统、地面建筑物的供暖供冷系统、衣服烘干室供热系统以及配套的室内外管网、土建、输配电系统。

二、工程特点

彻底拆除原有锅炉房设备，安装水源热泵机组，从梧桐庄矿采煤矿井排放的最低 29℃的井下废水中提取热量，供水源热泵系统进行制热，降温后废水回灌到地下 1200m 深处（回灌方式由专业公司完成），保证了水的循环利用，实现了由水源热泵机组对办公、公寓、餐厅、联合建筑、工房、车库等 $68250m^2$（含改造后新增建筑面积）地面建筑物的冬季供暖和夏季供冷，对两个通风主井、一个通风副井冬季井口通风进行供热以及全年提供洗浴用卫生热水等。水源热泵机组夏季制冷，优先满足全矿地面建筑物夏季空调用冷要求的同时，其余冷量经主、副井口通风设备输送冷风，有效缓解了井下热害。

经水源热泵机组及末端改造后完全取代了原有全部燃煤锅炉、分体空调，以及原有夏季缓解矿井热害的地面冷冻站制冰、输冰和融冰系统，真正达到废水利用、节能减排及降低运行费用的目的。

第二节　工 程 设 计

机房利用原有锅炉房，机房内共设五套水源热泵系统，分别供矿区地面建筑物空调，主、副矿井通风（夏季供冷、冬季供热）以及全年洗浴卫生用热水等冷热需求使用。

其中，供矿区建筑物空调以及主、副矿井通风用的四台热泵机组均采用 R123，机组冬季制备 45/40℃热水，夏季制备 7/12℃冷水供末端空调系统使用，洗浴卫生用热水由一台制冷剂为 134a 的热泵机组制备，该机组制备 55/50℃的热水经两台容积式换热器换热后送至洗浴点，卫生热水设计供水温度为 40℃。

所有机组源水侧制热工况运行时，均利用矿井废水作为低温热源，矿井废水经旋流除砂器过滤、高效板式换热器换热后，供给热泵机组使用。其中，5 号机组专门制备卫生热水，为常年热负荷，夏季产生 7/12℃的冷水，且可并入 1 号地面建筑用空调系统。当空调系统不运行时，也可经换热器将冷量排入矿井废水；冬季运行时吸收矿井废水热量。矿井废水供回水温度按 29/15℃设计。其他四台热泵机组夏季运行时，由于矿井水源温度高于当地空调室外计算湿球温度 27.3℃，故夏季空调不使用矿井水冷却，而直接用高效低噪声冷却塔排热。

一、负荷计算

1. 设计参数

（1）室内设计参数

根据相关节能标准和《暖通空调·动力》技术措施，室内（含主副井送风温度）设计参数见表 9-1。

室内设计参数表　　　　　　　　　　　　　　　　　　　表 9-1

房间名称	夏季		冬季		噪声标准 dB(A)
	温度(℃)	相对湿度(%)	温度(℃)	相对湿度(%)	
办公室	26	<65	18	—	40
会议室	27	<65	16	—	40
公寓	26	65~50	18	—	50
餐厅	24	65~55	18	>40	50
卫生间	28	—	20	—	—
车库	—	—	5	—	—
工房、仓库	—	—	5	—	—
值班室	26	65~50	18	>40	50
浴室	—	—	25	—	50
主、副井口	—	—	≥2	—	—

（2）室外设计计算参数

夏季空调室外计算（干球）温度为 35℃；夏季通风室外计算温度为 31℃；夏季空调室外计算（湿球）温度为 27.3℃；当地夏季大气压力为 95.58kPa。

冬季空调室外计算温度为 -11℃；冬季通风室外计算温度为 -3℃；冬季采暖室外计算温度为 -8℃；当地冬季大气压力为 101.74kPa；当地历年极端最低气温的平均值为 -15.4℃。

（3）设计负荷

1）地面建（构）筑设计负荷

本项目地面建（构）筑供暖供冷负荷见表9-2。

地面建（构）筑供暖供冷负荷 表 9-2

建(构)筑物名称	建筑面积 (m²)	供冷面积 (m²)	冷指标 (W/m²)	冷负荷 (kW)	供热面积 (m²)	热指标 (W/m²)	热负荷 (kW)
办公	13610	10616	96.1	1020.6	11160	73.2	816.5
公寓	31245	24996	84.4	2108.8	25621	64.0	1640.2
餐厅	5179	4140	223	924.6	4247	128.0	543.8
车库	7295	—	—	—	6566	91.7	602.3
值班室	178	135	147	19.9	153	105.9	16.2
浴室	5593	—	—	—	4754	118.0	561.2
洗衣房	608	456	140	63.8	456	80.1	36.5
矿灯房	947	758	113	85.7	767	64.8	49.7
输配间	3595	—	—	—	3056	108.5	331.6
合计	68250	41101	—	4223.4	56780	—	4598.0

2）矿井通风设计负荷

梧桐庄矿共有两个主井、一个副井。根据矿区通风科提供的资料，总送风量为 $132 \times 10^4 m^3/h$，单个主井送风量为 $24 \times 10^4 m^3/h$，副井送风量为 $84 \times 10^4 m^3/h$，总回风量为 $136 \times 10^4 m^3/h$。矿井通风为直流通风系统。冬季要求井口送风温度不低于 2℃，根据《煤炭工业供热通风与空气调节设计规范》GB/T 50466—2008 中 6.0.2 条，立井防冻空气加热的室外计算温度应取当地历年极端最低气温的平均值，即 -15.4℃。

① 主井通风热负荷：1 号、2 号主井送风量均为 $24 \times 10^4 m^3/h$（4000m³/min），设计送风温度为 5℃；通过空气加热器的空气量为 $14 \times 10^4 m^3/h$，井口诱导混合室外空气量为 $10 \times 10^4 m^3/h$。设计状态下，需要的总加热量为

$$Q = 0.278 c_p \rho_5 V \Delta t$$
$$= 0.278 \times 1.01 \times 1.25 \times 24 \times 10^4 \times (5 + 15.4)/10^3$$
$$\approx 1718 kW$$

式中 c_p——空气比热，kJ/(kg·K)；

ρ_5——5℃时空气密度，kg/m³；

V——总送风量，m³/h；

Δt——空气加热器进出口温差，℃。

根据空气热平衡，经过空气加热器的空气量为 $14 \times 10^4 m^3/h$，应达到的温度为

$$t = Q/(0.278c_p\rho_{20}V_1) - 15.4$$
$$= 1718 \times 10^3/(0.278 \times 1.01 \times 1.20 \times 14 \times 10^4) - 15.4$$
$$\approx 36.4 - 15.4$$
$$\approx 21.0℃$$

式中　ρ_{20}——20℃时空气密度，kg/m^3。

② 副井通风热负荷：副井送风量为 $84 \times 10^4 m^3/h$（$14000m^3/min$），设计送风温度为 8.5℃；通过空气加热器的空气量为 $72 \times 10^4 m^3/h$，井口诱导混合室外空气量为 $12 \times 10^4 m^3/h$。设计状态下，需要的总加热量为

$$Q = 0.278c_p\rho_{8.5}V\Delta t$$
$$= 0.278 \times 1.01 \times 1.23 \times 84 \times 10^4 \times (8.5 + 15.4)/10^3$$
$$\approx 6933kW$$

式中　$\rho_{8.5}$——8.5℃时空气密度，kg/m^3。

根据空气质量和热平衡，经过空气加热器的空气量为 $72 \times 10^4 m^3/h$，应达到的温度为

$$t = Q/(0.278c_p\rho_{13}V_2) - 15.4$$
$$= 6933 \times 10^3/(0.278 \times 1.01 \times 1.21 \times 72 \times 10^4) - 15.4$$
$$\approx 28.4 - 15.4$$
$$\approx 13.0℃$$

式中　$\rho_{8.5}$——13℃时空气密度，kg/m^3。

主副井通风热负荷合计：1718kW+1718kW+6933kW=10369kW。

3）卫生热水热负荷

根据《煤炭工业供热通风与空气调节设计规范》GB/T 50466—2008 中第 5 章要求，矿工浴池水温应为40℃、单管淋浴水温应为40℃；浴池水应 2h 加热，热水储水箱的淋浴水应 3h 加热，每人每日用水 100kg。容积式换热器卫生热水侧进水 10℃，出水 45℃，进入热水储水箱，容积式换热器加热侧进水 55℃，出水 20℃，加热侧进水由热泵机组提供。

① 洗浴热水负荷：每天 3 班，每班按 800 人计，洗浴热水需 240t/d，每班 3h 加热到 45℃，所需热负荷为

$240 \times 1000 \times 4.1868 \times (45-10)/3/3/3600 \times 1.3$（安全系数）=1411kW。

② 浴池保温负荷：池水蒸发和传热损失的热量按通风水表面流速 2m/s，8 个 $25m^2$ 浴池计算，水蒸气分压力差按（5693.8Pa—3825.6Pa）计算；水蒸气焓值为 2418.4kJ/kg；湿交换系数按（0.0174×2m/s+0.0229）计算；考虑 1.3 的安全系数和 20% 的传热损失，计算得浴池保温负荷为 157kW（计算过程略），则洗浴热水总负荷为 1411+157=1568kW。

（4）系统总负荷统计

总热负荷为：4598+10369+1568=16535kW。

总冷负荷约为 4223.4kW（满足夏季建筑制冷）。

二、热泵机组的选择

热泵机组作为本项目的关键设备，其选型应从当地能源条件、能源政策、机组投资

及机组效率等多个方面经技术经济综合比较确定。

1. 能源种类选择

各个地区的能源条件不同，甚至差异很大，其中包括各地的能源政策、能源的价格和能源供应的可靠性等。在确定空调冷、热源时，必须以具体工程的能源背景为基础，进行技术经济比较。

热泵机组可用能源主要有电能、蒸汽、燃油、燃气与高温热水等，以下简单介绍这几种能源的基本特点及其相关要求。

1）电力

目前热泵机组使用的能源绝大部分是电能，往复式、螺杆式、离心式以及风冷热泵型机组一般都由电力驱动。电力驱动型机组在我国空调机组中占70%以上。电力相对于其他能源是一种清洁、高品位能源，机组能效高且易于与自动化系统密切结合。目前在不同地区，由于能源结构的差别，电价政策比较灵活，例如峰谷电价、阶梯电价的政策，一方面使系统的运行费用的降低成为可能，另一方面也可以使冷热源系统形式多样化，以适应当地能源政策，所以，通常情况下可以重点考虑电力驱动。

2）蒸汽

将蒸汽作为能源主要用于蒸汽型溴化锂吸收式冷水机组，且以双效吸收式居多。在我国蒸汽型机组的产品制造相关标准中，规定的水蒸汽特指饱和水蒸汽，由于机组的能量调节主要靠安装于机组蒸汽管路上的蒸汽自动调节阀完成，为满足调节要求，蒸汽调节阀要满足可调比的要求，此时，阀体本身需要较大的压力降，调节阀后的饱和蒸汽压力应该满足机组本身要求的额定蒸汽压力。如果阀前的蒸汽是饱和蒸汽，则蒸汽经调节阀时只减压不降温，成为过热蒸汽，故设计人员应该重视该过热蒸汽的温度是否为机组所能承受，对于利用热网蒸汽的情况，其压力与温度均较高，应进行降温减压，以满足机组的要求。

3）燃油与燃气

燃油与燃气主要用于直燃型溴化锂吸收式机组。燃油一般分轻柴油与重油；燃气分人工煤气与天然气。由于不同生产厂家生产的燃油以及各地燃气的热值是不同的，故在计算机组能耗量时应根据产品样本提供的数据进行修正。

4）热水

热水主要是热网提供的高温热水，供/回水参数有130/70℃、110/70℃等，通常情况下，热水型溴化锂吸收式冷水机组的能量效率比蒸汽型、直燃型的机组要低，目前工程应用较少。

2. 机组能耗

机组能耗是确定空调冷、热源方案时首先要考虑的因素。在空调工程中，冷水机组是主要的能耗设备，对于系统的运行费用有着决定性的影响，因此，空调冷水机组的能耗是设备选型时考虑的一个关键指标。

3. 运行管理和使用寿命

空调冷水机组在整个空调系统初投资中占比较大，应该满足运行管理方便、故障率低且使用寿命长的要求。

4. 环境保护要求

机组使用何种制冷剂对于环境的影响是不同的，例如，溴化锂吸收式制冷机组不采用卤代烃物质作为制冷剂，因此不存在对大气臭氧层的破坏；使用天然气的机组对全球变暖的贡献小于来自于煤电驱动的电动机组。这对改善大气环境的质量是有利的。

风冷型冷（热）水机组必须与室外空气进行良好的换热，故一般放置于室外，应重点考虑其噪声对室内外环境的影响。

5. 设备价格

选择空调冷、热水机组时要考虑性价比，既要考虑设备的先进、优质，又要考虑价格合理，能为业主所接受。

6. 空调冷、热源的确定及选择原则

（1）热源应优先采用城市、区域供热或工厂余热。高度集中的热源能效高，便于管理，也有利于环保，为国家能源政策所鼓励。

（2）在有燃气供应时，尤其是在实行分季计价、价格低廉的地区，可采用燃气锅炉、机组等供冷、供热。利用直燃型溴化锂冷温水机组能调节燃气的季节负荷，均衡电力负荷峰谷，改善环境质量。

（3）当无上述热源和气源时，可采用燃煤、燃油锅炉供热，电动冷水机组供冷或燃油吸收式机组供冷、供热。

（4）具备多种能源的大型建筑，可采用复合能源供冷、供热。在影响能源价格因素较多、很难确定利用某种能源最经济时，配置不同能源的机组通常是最稳妥的方案。

（5）夏热冬冷地区、干旱缺水地区的中、小型建筑，可采用空气源热泵或地下埋管式地源热泵机组供冷、供热。

空气源热泵不需要设置室内机房，安装方便，管理维护简单，故广泛应用于一般舒适性空调系统。但是空气源热泵机组性能系数和水冷型机组相比低很多，单台机组的容量又不大，台数过多很难布置在屋面上，此外，它难以满足冬季同时供冷、供热的需要，故不宜应用在大型建筑中。

浅层地源热泵系统需要有可靠的土壤结构，需要考虑冬夏取热量和夏季吸热量的平衡等，目前我国工程应用较少。

（6）当有天然水资源可利用时，可采用水源热泵供冷、供热。水资源包括地下水、江、河、湖。这些水源需要稳定、清洁并且具有一定的温度。当天然水源温度高出热泵机组要求的温度上限时，需要利用冷却塔排热；当天然水源水温低于热泵机组要求的温度下限时，需由供热设备向系统供热；当系统中供冷机组的排热量等于供热机组的需热量时，系统达到最佳运行状态。水源热泵系统适用于长时间同时供冷、供热的建筑物。水源热泵机组分散布置，可减小空间需求，设计施工简便，机组能耗可单独计量。采用水源热泵机组系统时，应注意水源的利用和排放需获得主管部门的核准，以保护环境。

（7）在峰谷电价差较大的地区，利用低谷电价时段蓄冷（热）有显著经济效益，可采用蓄冷（热）系统供冷（热）。蓄冷（热）系统常用于逐时负荷峰谷差悬殊、采用常规空调会使冷热设计负荷过大、系统又经常处于部分负荷下运行的建筑物。蓄冷（热）系统也用于冷（热）负荷高峰与电网高峰时段重合、电网低谷时段空调负荷较小、有避

峰限电要求或必须设置应急冷热源的场所。

电蓄热系统，需要具备电力充沛，峰、谷电价的供电政策和价格优惠等条件。

(8) 对于大型的商业或公共建筑群，有条件时宜采用热、电、冷联产系统或集中供冷、供热站。热、电、冷联产系统最大的优点是一次能源的利用效率高达80%左右，为其他系统所不及。但它初投资较大，系统设计较复杂，要求有切实的冷、热负荷分析，热电、冷、源之间的平衡分析，尤其是电力利用的可能程度等。集中供冷、供热站的优点是能充分利用各建筑物负荷的参差特性，减小冷、热源设备的容量，管理集中、方便，能提高能源的利用率。

梧桐矿远离市区，没有城市集中供热，没有天然气等可利用能源，而梧桐矿在生产过程中需要排出矿井水，而且排水量较大，排水温度较高（最低29℃），非常适合作为水源热泵的低温热源。综合考虑多种因素后确定选用电动驱动热泵机组。

三、水源热泵的选型

1. 水源热泵的分类

水源热泵的分类见表9-3。

水源热泵的分类　　　　　　　　　　　　　　　　　　　　　表 9-3

分类标准	类别	概况	适用范围
水源类别	地下水型	以地下水为水源	便于利用地下水的场合
	地表水型	以湖泊水、河流水、城市污水为水源	便于利用地表水的场合
	海水型	以海水为水源	便于利用海水的场合
热泵转换	内转换式	制冷、制热由内部四通阀切换	小型热泵机组
	外转换式	制冷、制热由外部水系统阀门切换	中、大型热泵机组
冷凝热	冷凝热回收型	带有冷凝热回收装置	有热水需求
	冷凝热不回收型	不带冷凝热回收装置	无热水需求
制热供水温度	高温机组	供热时热水供水温度在60℃以上	要求末端设备供水温度高
	标准机组	供热时热水供水温度为40~60℃	要求末端设备供水温度适中
压缩机形式	涡旋式机组	采用涡旋式压缩机	小型水源热泵机组
	活塞式机组	采用活塞式压缩机	中、小型或高温型热泵机组
	螺杆式机组	采用螺杆式压缩机	中、小型水源热泵机组
	离心式机组	采用离心式压缩机	大型水源热泵机组

2. 地下水式水源热泵机组的组成

地下水式水源，热泵机组的基本组成包括压缩机、冷凝器、蒸发器、毛细管或膨胀阀、四通换向阀等。

地下水式水源热泵机组的工作原理：制冷工况时，水源水进入机组冷凝器，吸热升温后排出；空调冷水进入机组蒸发器，放热降温后供到空调末端设备。制热工况时，水源水进入机组蒸发器，放热降温后排出；空调热水进入机组冷凝器，吸热升温后供到空调末端设备。

3. 地下水式水源热泵的特点

地下水式水源热泵的特点见表9-4。

地下水式水源热泵的特点　　　　　表 9-4

	特　点	说　明
优点	环保	不向空气排放热量,有助于缓解城市热岛效应,无污染物排放
	多功能	制冷、制热、制取生活热水
	运行费用低	能效比高,耗电量低,运行费用可以很大程度降低
	投资适中	在水源水容易获取、取水构筑物投资不大的情况下,地下水式水源热泵空调系统的初投资比较适中
缺点	水质处理复杂	水源水质差别较大致使水质处理比较复杂
	取水构筑物繁琐	地下水取水构筑物施工比较繁琐
	地下水回灌较难	地下水回灌要针对不同的地质情况采用相应的保证回灌措施

4. 水式水源热泵机组选型

本工程冷热源的设计具有以下特点：①机房承担负荷较大；②地面建筑热负荷、洗浴热水与矿井通风热负荷性质不同,其中洗浴热水为全年热负荷；③矿井通风仅用于最冷季矿井井口防冻,负荷峰值大且运行时间短。根据以上实际情况,本机房水源热泵机组进行分组考虑,共设五台水源热泵主机：一台双机头螺杆式水源热泵机组（主要用于洗浴卫生热水的制备）,四台离心式水源热泵机组（其中一台主要用于地面建筑物冬季采暖和夏季空调使用,一台用于两个主井通风,两台用于一个副井通风,满足主、副井口冬季防冻保温,夏季输送冷风缓解井下热害的需求）。五台主机之间有连通管沟通,这样既可相互独立运行又可互为备用,既提高了供热可靠性也可调节每台机组的运行时间,保证机组的整体使用周期与寿命。

卫生热水用螺杆式水源热泵机组设计供热量为 2607kW,制冷量为 2242kW,电功率为 694.1kW,机组出水温度为 55℃,制冷剂为 R134a。四台离心式水源热泵机组,制冷剂为 R123,单台设计供冷量为 3516kW,电功率为 677.9kW；单台设计供热量为 4088kW,电功率为 592.7kW；机组冬季供回水温度为 45/40℃,机组夏季供回水温度为 7/12℃。

四、换热器

1. 几种常用换热器的形式和基本构造

换热器是实现两种或两种以上温度不同的流体相互换热的设备。按工作原理可分为三类：①间壁式换热器——冷热流体被壁面隔开,如暖风机、燃气加热器、冷凝器、蒸发器,这一类换热器在工程中被大量使用,冷热源系统中常用的管壳式换热器、板式换热器均属于这一类；②混合式换热器——冷热流体直接接触,彼此混合进行换热,在热交换时存在质交换,如空调工程中的喷淋冷却塔、蒸汽喷射泵等；③回热式换热器——换热器由蓄热材料构成,并分成两半,冷热流体轮换通过它的一半通道,从而交替式吸收和放出热量,即热流体流过换热器时,蓄热材料吸收并储蓄热量,温度升高,经过一段时间后切换为冷流体,蓄热材料放出热量加热冷流体,如锅炉中回转式空气预热器、全热回收式空气调节器等。

（1）管壳式换热器

加热流体在壳体管间流动,管间设置折流板。折流板不仅可以支承管束、保持管间距，而且使流体能与管束充分接触，改善流体对管子的冲刷，从而提高壳侧的表面传热系数。被加热流体在管束内流动，管程可以根据使用要求设置。当流体流量较小而需要温差较大时，通常通过增加管程数量来满足。

管壳式换热器结构坚固、承压能力强，热交换能力强，且易于制造，适用场合广泛，尤其针对高温、高压情况，另外，换热表面清洗较其他类型的换热器也更方便，所以在工程中大量使用。其缺点是材料消耗量大，结构不紧凑、占地面积大。

（2）肋片管式换热器

肋片管式换热器是一种强化传热的换热器，肋片管又称翅片管，肋片管式换热器在管子外壁加肋，肋化系数可达 25 在左右，很大程度增加了流体的换热面积，强化了传热。与光管相比，传热系数可提高 1～2 倍。这类换热器结构较紧凑，适用于两侧流体表面传热系数相差较大的场合，例如空气换热器。

肋片管式换热器结构上最值得注意的是肋的形状和结构以及镶嵌在管子上的方式。肋的形状可做成片式、圆盘式、带槽或孔式、皱纹式、钉式以及金属丝式等。肋与传热管的连接方式，包括焊接、整体轧制、张力缠绕式、嵌片式、热套胀接、铸造及机加工等。肋片管的应用虽然强化了传热，但也导致肋片侧的流动阻力较大，不同的肋片管结构形式对流动阻力以及传热系数的影响是不同的。当肋根与管之间接触不紧密时，会形成接触热阻，使传热系数降低。

（3）板式换热器

板式换热器是由若干传热板片及密封垫片堆叠压紧组装而成的，板与板之间由垫片隔开，在两侧形成流道，两板的间隔距离取决于垫片的厚度，故流道横截面狭窄，通常只有 3～4mm。通常冷热流体在相邻的两个流道中逆向流动进行换热。为强化流体在流道中的扰动、提高传热系数，板面都做成波纹形，有平直波纹、人字形波纹、锯齿形及斜纹形等 4 种板型。奇数与偶数流道的垫片不同，以此安排冷热流体的流向。传热板片是板式换热器的关键部件，不同型式的板片直接影响到传热系数、流动阻力和承压能力。板片的材料通常为不锈钢（例如 304、316L），对于腐蚀性强或氯离子含量高的流体（如海水、深井水、矿井水等），可用钛合金甚至纯钛板。板式换热器具有传热系数高、结构紧凑、拆装清洗方便、金属消耗量低、传热面积以及流道均可以灵活变更和组合等优点，目前已广泛应用于供热行业及食品、医药、化工等部门。

（4）板翅式换热器

板翅式换热器结构型式很多，但均由若干层基本换热原件组成，在两块平隔板中夹着一块波纹形状的导热翅片，两端用侧条密封，流体就在这两块平隔板的流道中流过。两层这样的基本换热元件叠加焊接起来，并使两流道成 90°相互交错，构成板翅式换热器的基本换热单元，供冷热流体换热。为扩展传热面，一个换热器可以由许多这样的换热单元组合而成。波纹板可做成多种形式，除平直形翅片外，还有锯齿翅片、翅片带孔、弯曲翅片等，目的是增加流体的扰动，增强传热。板翅式换热器由于两侧都有翅片，作为气-气换热器，传热系数得到大幅度提高，而且结构非常紧凑，承压能力较强，但同样由于两侧均有翅片，容易堵塞，清洗困难，不易检修，适用于清洁和无腐蚀的流体换热。

2. 矿井水质

矿井水质监测数据为：悬浮物 27mg/L、矿化度 5.62×10^3 mg/L、氯离子 577.7mg/L、pH 为 7.70。矿井水氯离子含量达 570mg/L，腐蚀性强。因此，矿井水必须先进入耐腐蚀性强的换热器将热量交换至清水，然后再进入主机。这种系统可以保证热泵机组正常、高效运行。

综上所述，本设计选用耐腐蚀性强的钛板板式大通道可拆卸换热器。大通道板式换热器具有传热系数高、阻力相对较小（相对于高传热系数）、结构紧凑、占地面积小、金属消耗量低、拆装清洗方便、传热面积可以灵活变更和组合等优点。

矿井废水经旋流除砂器以及高效钛板式换热器换热后供空调系统使用，矿井废水供回水温度按 29/15℃ 设计。经板式换热器换热后的矿井水回灌至 1200m 的地下。

五、其他主要设备的选型

1. 循环水泵

由于本工程系统较多，且每套系统运行时间不一致，系统水泵配置时没有选用共用集管共用水泵方式，而是每台主机单独配置两台循环泵（一用一备）。

这种形式的系统，占地面积小、管路系统简单而且控制方便可靠，易于实现。当负荷变化时，改变循环泵流量，使系统变流量运行。但是对水泵进行变频控制时，首先要保证机组对最低循环流量和流量变化率的要求，同时要防止水泵变频器在超流量运行时导致的过载。

由于水源热泵系统供回水温差仅为 5℃，系统水泵流量大，水泵功耗也相对其他系统要大。

2. 矿井通风空气处理机

每个主井选用 2 台 70000m³/h 的空调机组，共四台。每台空调机组的水阻力为 57.6kPa，出风温度为 21℃，电功率为 22kW。

副井选用 6 台 120000m³/h 的空调机组，每台空调机组的水阻力为 76kPa，出风温度为 13℃，电功率为 45kW。

3. 电热锅炉

由于梧桐庄矿无瓦斯抽放系统，工业广场又无天然气管网，完全拆除燃煤锅炉后，只有电能作为应急能源使用，所以本项目选用 ZRD-30W 电真空锅炉一台，功率为 0.35MW。主要用途是：施工期间，拆除最后一台煤锅炉后，临时将水源热泵 45℃ 的热水再加热到 55℃，供容积式换热器制取卫生热水；矿井每年停产检修时，供检修人员卫生热水；双机头螺杆式水源热泵机组维修期或出故障后，二次加热离心机组出水 45℃ 至 55℃，供容积式换热器制取卫生热水。

六、系统设计

1. 制冷工况梧桐庄矿水源热泵系统由于矿井水水温偏高，夏季优先制冷采用冷却塔排热。夏季建筑物空调制冷工况工艺流程图如图 9-1 所示。

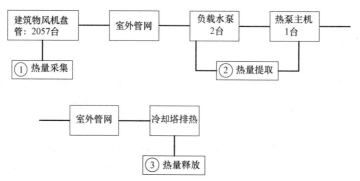

图 9-1　夏季建筑物空调制冷工况工艺流程图

2. 制热工况冬季主要由热量采集、热量提升和热量释放三大部分组成。冬季制热工况工艺流程图见图 9-2 所示。

3. 矿井水源热泵机房平面图见图 9-3 所示

4. 矿井水源热泵水系统流程见图 9-4 所示。

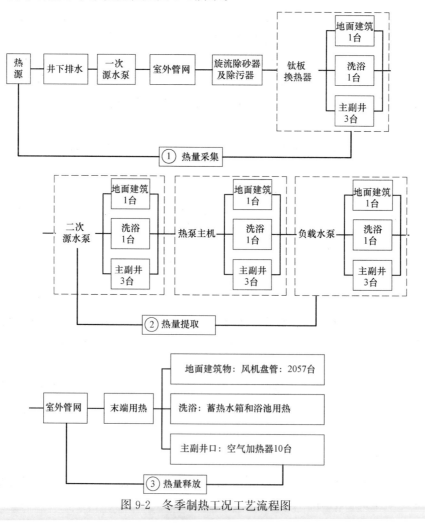

图 9-2　冬季制热工况工艺流程图

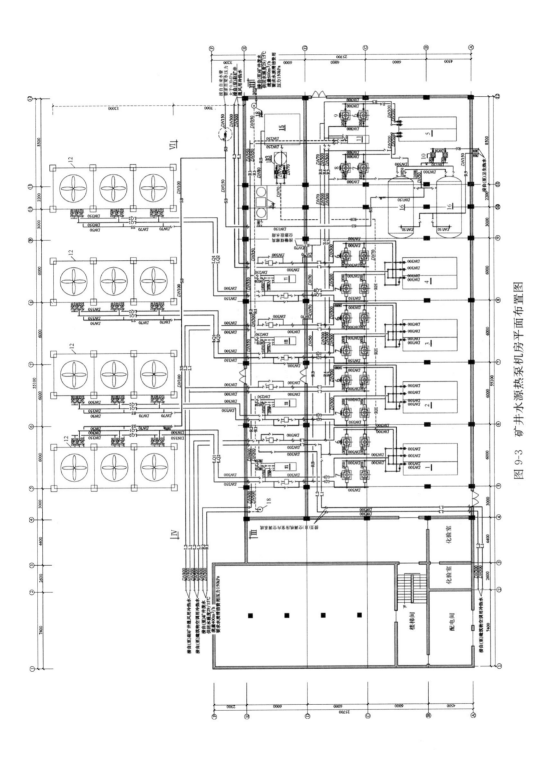

图 9-3 矿井水源热泵机房平面布置图

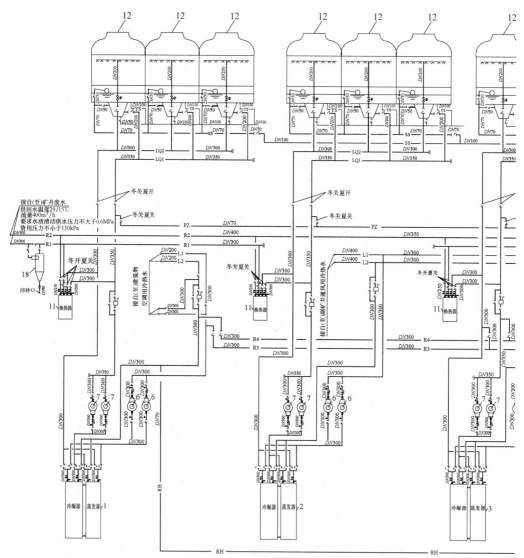

注:夏季制冷:a、b、c、d 阀门打开 e、f、g、h阀门关闭;
　　冬季制热:e、f、g、h阀门打开 a、b、c、d 阀门关闭。

图 9-4　矿井水源热

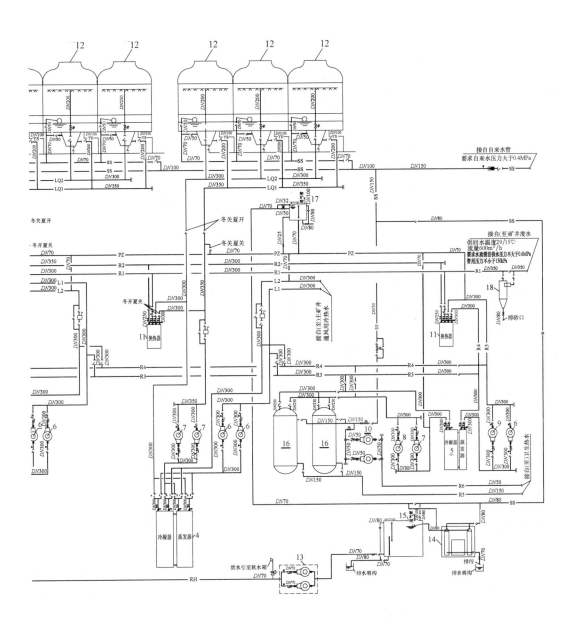

泵水系统流程图

第三节 自动监测和控制系统设计

一、自控设计总要求

（1）自控要求以节能为主要目标，兼顾管理、运行维护方便。

（2）控制系统采用 DCS 系统，确保控制系统运行安全可靠。

（3）设置中控室，信息进行集中显示、记录及打印。

（4）控制系统出现故障时，整个系统可手动正常运行；手动及自动两种情况下，系统启动及停止具备完善的联锁保护。

（5）源水侧和负载侧循环水泵均采用变流量控制，控制算法采用双变量模糊控制算法，以确保对大滞后、非线性系统控制的稳定性。

（6）主、副井通风用热泵系统为两台机组合用，其循环水泵两台同时运行时，应通过合理控制手段同步变频以确保和管路性能匹配，对于加减机情况，则通过判断主机及水泵运行工况进行合理控制，并保证单台泵运行时不出现过载。

（7）建筑及矿井通风用热泵机组冬夏季运行流程不同，确保控制原理在冬夏季不同工况下的合理性，即冬夏季变流量原理应有所区别（夏季确保冷负荷合理调节，冬季则为热负荷），相应传感器安装位置应在冬夏季转换阀门外侧。

（8）卫生热水用热泵机组应确保其安全运行，主要以卫生热水热负荷为主，夏季富裕冷量可提供给其他用冷系统，但其系统调节以确保卫生热水用量为依据。

（9）对于除污器应进行滤网堵塞监视，并以报警的形式提醒操作人员清理。

（10）末端风机盘管和空气处理设备分别控制和计量耗电量。

（11）通过相应流量及温差监控，实时计量各个水系统供冷量及供热量和累计供冷量及供热量。

（12）各系统热泵主机、循环水泵、风机等设备分别设电表进行计量。

二、自控设计总体目标

1. 运行安全可靠

保证系统安全、可靠运行是整个控制系统设计的首要目标，本控制系统从以下几个方面确保系统能够安全可靠运行。

（1）手动/自动转换功能完善

当自控系统发生故障时，能完全实现全手动控制功能，防止转换后进行繁琐的操作，如变频器安装电位器，通过电位器旋钮进行手动模式下的频率设定，而无须使用变频器操作面板进行繁琐的设定。

（2）设备运行安全保证

系统启停具有完善联锁保护，启动时按照源水水泵—负载水泵—热泵机组的顺序，停机时则按照热泵机组—源水水泵—负载水泵的顺序；对于热泵机组停机时提供两种保护，时间停机和温差停机，即必须保证主机蒸发器进出口温差在一定范围内才允许停止水泵，防止冻结。

对循环水泵变频器进行频率上、下限的控制。循环水泵变频器频率过低对水泵及变频器都有一定程度的危害，另外，循环流量不得低于主机的最低允许流量，所以系统运行过程中必须对水泵的最低频率有所限制；同样，对于多台水泵并联情况，当只开启部分水泵时，还必须对频率上限有所限制，防止水泵过载。利用水泵相似率，结合管路性能曲线和水泵性能曲线，频率的上、下限可以通过理论计算，也可以通过设置流量传感器测量循环流量从而控制变频器的频率来保障。水泵在变流量的过程中还应保证流量的变化率在主机的允许范围之内，以确保系统运行安全。

自控系统采用 DCS 系统，设置 16 套现场 DDC，每套 DDC 完成特定的控制功能，能够完全独立运行，并将采集的现场信息上传至中控室的工控机，防止控制系统出现局部故障时影响全局控制；正常操作可由中控机完成，在中控机出故障时，可由现场 DDC 配置的人机界面完成操控，当触摸屏出现故障时，则通过控制柜的操作按钮完成。

（3）完善的报警机制

控制系统具有完善的报警机制，所有 DDC 控制柜均可将报警上传至中控机，进行声光报警并显示报警信息，所有报警信息均需操作人员进行确认操作。

（4）管理权限分级机制

为防止操作人员对控制系统参数误操作，关键控制参数的设置均进行了权限划分。

2. 运行节能保证

（1）循环泵变流量控制

所有系统的负载侧循环泵及源水侧循环泵均设置变频器，根据实时负荷调整循环泵流量，降低水泵电耗。

（2）主机优化运行参数节能

通过循环泵变流量，将热泵机组运行工况进行优化，确保机组高效运行，降低能耗。夏季工况运行时，确保充分利用室外空气低焓值，降低冷却水供水温度，保证主机高效运行。

（3）冷却塔运行节能

夏季冷却塔运行时，通过控制冷却塔运行风机台数进行节能控制，同时确保冷却水供水温度在主机允许的范围内尽可能低，以保证主机高效节能。

（4）卫生热水供应系统节能控制

对于 5 号卫生热水供应系统，根据热水使用情况进行节能控制：根据洗浴中心双水箱的液位传感控制自来水电动蝶阀自动通断；根据容积换热器温度控制热泵系统启停。

3. 运行管理方便简洁

全自动智能运行。除了冬夏季运行进行必要的手自动转换阀门外，所有系统运行控制实现全自动，无须操作人员做过多干预，降低操作人员工作强度。

完善的数据存储记录。所有系统运行的相关数据均进行自动的存储管理，为提高管理水平提供完善的基础运行数据。

4. 自控系统节能控制

（1）循环泵变流量运行控制

对负载侧循环泵加装变频器，在热泵机组保障供水温度的基础上，检测负载侧回水温度，将负载侧回水温度设定值与实测值进行比较，在规定的采样周期内，计算出负载侧回水温度实测值与设定值的偏差和偏差变化率，将这些数据送入模糊控制器进行运算，实时调整变频器运行频率，使实测值趋近于设定值。夏季，当检测到负载侧回水（主机蒸发器进水）温度高于设定值（如设定值为 12℃）时，意味着空调冷负荷加大，变频器运行频率升高，加大负载侧供水流量，当满足空调冷负荷需要时，负载侧回水温度将降至设定值；当检测到负载侧回水温度（主机蒸发器进水）低于设定值时，意味着空调负荷减小，变频器运行频率降低，减小负载侧供水流量，当满足空调负荷需要时，负载侧回水温度将上升到设定值。冬季负载侧回水温度的控制过程与夏季负载侧回水温度的控制过程是相同的（设定值自动改变为冬季运行工况下的 40℃，主机冷凝器进水），不再重述。

对源水侧循环泵加装变频器，在保障供水温度的基础上，检测源水侧回水温度，将源水侧回水温度设定值与实测值进行比较，在规定的采样周期内，计算出源水侧回水温度实测值与设定值的偏差和偏差变化率，将这些数据送入模糊控制器进行运算，实时调整变频器运行频率，使实测值趋近于设定值。夏季，当检测到源水侧回水温度（主机冷凝器进水）高于设定值（如设定值为 37℃）时，意味着冷凝器负荷加大，变频器拖动源水水泵运行频率升高，加大源水侧供水流量，满足冷凝器负荷需要时，源水侧回水温度将降至设定值；当检测到源水侧回水温度低于设定值时，意味着冷凝器负荷减小，变频器拖动水泵运行频率降低，减小源水侧供水流量，满足冷凝器负荷需要时，源水侧回水温度将上升到设定值。冬季源水侧回水温度的控制过程与夏季源水侧回水温度的控制过程是相同的（设定值自动改变为冬季运行工况下的 7℃，主机蒸发器出水），不再重述。

梧桐庄矿共有五套热泵系统，1 号～4 号系统有冬夏季转换，夏季热泵机组运行于制冷工况，而冬季则转换为制热工况。只有 5 号系统无论冬夏季均运行于制热工况，提供卫生洗浴热水，但控制原理是一致的。

（2）热泵机组节能运行控制

1）热泵机组节能运行原理

热泵机组在实际运行时，都具有良好的负荷调节能力。制冷工况运行时，主机以保证冷冻水出水温度为目的（例如 7℃），当实际负荷减小时，回水温度会降低（例如低于 12℃），这时主机还没进行调节的时候，出水温度也会降低，低于 7℃时则主机调节输出，降低运行电流，达到减载的目的；制热工况运行时，主机以保证冷凝器出水温度为目的（例如 45℃），当实际负荷减小时，回水温度会升高（例如高于 40℃），这时主机还没进行调节的时候，出水温度也会提高，低于 45℃时，则主机调节输出，降低运行电流，达到减载的目的。

2）热泵机组与循环泵联合节能运行原理

既然主机能进行负荷调节，为何还需要水泵调节循环流量？以夏季工况为例，主机额定参数：负载侧 7℃/12℃，源水侧 37℃/32℃。对于定流量系统，当负荷减小时，由于主机本身的控制，通过减载可以保障其供水温度不变，但回水温度会逐渐降低，导致室内温度低于设定值，这时若控制回水温度，通过降低其循环流量，直至回水温度达到设定值,提高了蒸发器两侧温差,优化了主机运行工况,同时,流量降低促进主机进一步减载,负载循环泵节能的同时又促进了主机的节能,房间温度基本稳定于设定值,提高了舒适度。对于源水侧,同理,通过冷却塔风机的台数控制或变频,控制冷凝器出水温度,再控制源水泵频率从而控制冷凝器回水温度,可以节省冷却塔风机和源水水泵电耗,同时优化冷凝器运行工况。结合负荷变化适当改变设定值,例如,提高蒸发器的出水温度和降低冷凝器的进水温度,都会提高主机的COP。循环泵变流量与定流量运行时节能情况对比见表9-5。

循环泵变流量与定流量运行时节能情况对比   表9-5

设备参数 系统形式	主机供水温度 (℃)	主机回水温度 (℃)	循环泵频率	节能情况
定流量	7	8,9	不变	主机节能,循环泵不节能
变流量	7	12	减小	主机更节能,循环泵大幅节能

（3）冷却塔节能运行控制

冷却塔只在夏季制冷工况下运行,为主机提供冷却水,本工程选择四台冷却塔分别对应1号～4号热泵机组,每台冷却塔共有三台风机（3×11kW）。控制方案的原则是在充分保障主机节能的情况下,对冷却塔风机进行节能控制。冷却塔风机的功率较小,其全速运转以制备较低温度的冷却水,冷却水温度越低,主机COP越高,可以充分利用室外空气的低焓值与冷凝器进行热交换,但在过渡季节由于负荷较小,同时室外空气焓值较低,当冷却水供水温度低于一定数值时,将会导致主机停机,此时,可通过控制系统控制运转风机台数确保冷却水温度不低于允许温度,既能保证主机高效运行,又可使冷却塔风机能耗降低。

第四节 经济性分析

一、改造前采用锅炉加分体空调运行的耗能情况

（1）采暖期需5台锅炉同时运行,非采暖期需1台锅炉运行,耗煤量为13000t。

（2）锅炉及辅机全年耗电量为71.4万kWh。

（3）夏天空调制冷耗电量为207万kWh。

全年耗煤量合计14900t,全年耗电量合计278.4万kWh。

锅炉加分体机空调年运行费用为1764.52万元。

二、改造后采用水源热泵系统运行的能耗情况

（1）采暖期需5台热泵主机运行,耗电量为539.9万kWh。

（2）非采暖期仅洗浴用热,需1台热泵主机运行,耗电量为232.6万kWh。

（3）夏季空调制冷1台热泵主机运行,耗电量为143.1万kWh。

全年耗电量合计约为910.6万kWh。

水源热泵系统全年运行费用为532.66万元。

三、主要污染物的排放

（1）采用锅炉系统制热，每年主要污染物排放为：二氧化硫 357.6m^3 二氧化碳 37250m^3 烟尘排 2980m^3 灰渣 4470t

（2）采用水源热泵供热制冷，上述污染物排放为零。

水源热泵工程充分利用 29℃左右的矿井排水，集中提取矿井水热能进行采暖和制冷，达到节能减排、低碳循环的目的，对传统燃煤锅炉进行完全替代，根除了"烟尘"，实现了零排放，既有巨大的节能潜力，也是减排的有效手段。

第十章　电极锅炉蓄热供热工程

第一节　电极锅炉技术简介

一、电极锅炉简介

电极锅炉是利用水的高热阻特性，直接将电能转换为热能的一种装置。电极锅炉一般内设两块电极板，电极板浸没在水中，通电后，由于水的导电性（在常规介质-除盐水中加入一定量的特殊的电解质溶液，使介质具备导电性），产生电阻，把水加热成高温水，通过锅炉外置换热装置可储存，也可直供热用户。相同的锅炉，加热电压不一样，其功率也是不一样的。因加热功率与电压的平方成正比关系（$P=U^2/R$）。所以，对于大功率的电极锅炉来说，其加热电压越高越好，否则其尺寸会非常大，因此，在实际工程中的电极锅炉常为高压电极锅炉。高压电极锅炉适用于电能替代、风电消纳、煤改电、火电灵活性改造、工业用蒸汽、电网负荷平衡等多方面热能应用，在风电丰富和空气污染严重地区尤为适用。不仅可用于大规模区域集中供暖，还可用于工业生产，极大降低了二氧化碳和各种污染物的排放。图 10-1 为某电极锅炉厂生产的电极锅炉设备外形图。

图 10-1　电极锅炉设备外形图

二、电极锅炉的特点

在国内电能替代项目建设中，各种电供热设备都得到了推广应用，例如，空气源热泵、水源热泵、电阻式电锅炉、电热膜等。应用中也凸显了一些问题，如热泵设备和电热膜等无法很好利用峰谷电价节省运行费用；使用低压电的电阻式电锅炉和电热膜等变配电损耗大；空气源热泵在寒冷天气能效比迅速下降；地源热泵的埋地管道一旦破损就会造成污染等。同时，大功率电极锅炉蓄热供暖系统具有如下特点。

1. 高效节能

（1）直接用高压电，减少了变压器损耗；

（2）直接对水做功加热，减少了间接传热损失；

（3）配合蓄热，可以利用不稳定的风电供热。

2. 环保低碳

加热介质、传热介质以及储热介质均为水，无燃烧，无排放，系统运行仅在设备机房有水泵运转声音。

3. 充分利用峰谷电价差异，节省运行费用

谷电时段蓄热，峰电时段放热，随时快速启停，最大限度节省运行费用。

4. 安全可靠

(1) 锅炉无电热元件，系统最高温度是水温。

(2) 锅炉缺水时原理性断电。

(3) 锅炉运行时不发生水电解，不会发生氢气聚集危险。

(4) 设有多种安全保护措施，严防重大安全事故。

5. 超长寿命

电极发热，稳定可靠，没有易损耗部件，世界上最长寿命电极锅炉已使用 80 年。

6. 结构紧凑

电极锅炉相对于同规模普通燃煤燃气锅炉，占地面积和空间体积缩小 50% 以上。

7. 维修方便

电极锅炉极难损坏，需要维修的部件主要为配套辅助水泵及其他辅机，非常容易检修和维护。

8. 智能控制

(1) 采用工业级 PLC 控制系统，全中文彩色触摸屏，实时显示运行数据，界面友好、直观，操作简便。

(2) 智能控制机组启停、压缩机能量调节、温度调节、全功能故障报警及故障自动诊断，实现无人值守。

(3) 可以通过手机实现远程检测和锅炉运行控制。

第二节 电极锅炉工程案例

一、热负荷的确定

本案例为某大学东山校区集中供热工程，总建筑面积为 81.2332 万 m²。采用电极式热水锅炉作为集中供热热源。

1. 相关气象条件

根据《民用建筑供暖通风与空气调节设计规范》GB 50736—2012 中相关资料，室外空气主要计算参数如下：

供暖室外计算温度   −10.1℃

采暖期天数   141d

采暖期室外平均温度   −1.7 ℃

极端最低气温   −22.7℃

2. 热负荷计算及能源站分布

根据某大学东山校区的建筑物类别及各建筑面积规划情况，按照《城镇供热管网设计规范》CJJ 34—2010 中的采暖热指标推荐值确定热指标。各采暖建筑物的面积及热指标详见表 10-1。

建筑名称面积、热指标一览表   表 10-1

建筑物类别	面积（m²）	热指标（W/m²）
宿舍及公寓楼	271901	45
教学楼	300365	60
体育场馆	69110	100
办公与科研楼	85632	60
设备机房	7100	50
地下室	78224	10
合计	812332	

  将整个校区分为 3 个热区，拟建设三座能源站（包含热能的生产和热能向用户输出的中心站），即 1 号能源站、2 号能源站以及 3 号能源站。各能源站分布情况详见图 10-2。

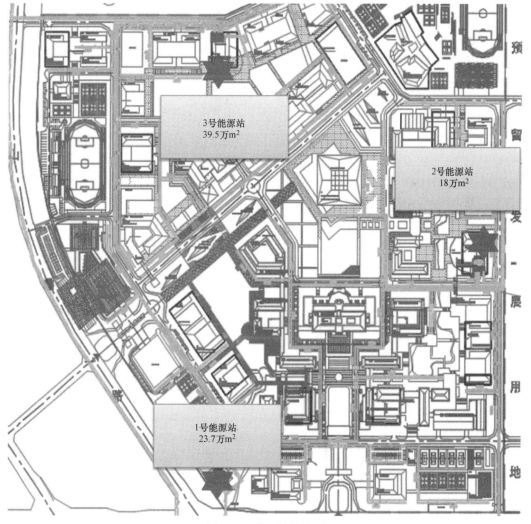

图 10-2   能源站分布图

各能源站设计热负荷、平均热负荷、平均热负荷系数、平均热指标等详见表 10-2。

能源站热负荷分配表 表 10-2

能源站及建筑物	供热面积(m²)	加权热指标(W/m²)	总热负荷(kW)
1号能源站:一期一阶段,教学与实验用房	236896	60	14214
2号能源站:一期一阶段,学生公寓及配套	180242	45	8111
3号能源站:一期二阶段 场馆及地下室	395194	55	21736
合计	812332		44060

3. 设计日热负荷分配

根据冬季设计日室外气温变化状况和建筑物类型和用途、用热时段等来确定各建筑物所需要的热量比例,并对各能源站建筑物的用热量进行分配,详见表 10-3。

设计日热负荷分配表 表 10-3

时刻	时刻计算温度(℃)	1号能源站:一期一阶段 教学与实验用房 日热负荷率	2号能源站:一期一阶段 学生公寓及配套 日热负荷率	3号能源站:一期二阶段 场馆及地下室 日热负荷率
0	−12.4	10%	70%	35%
1	−13.2	10%	70%	35%
2	−13.7	10%	70%	35%
3	−14.1	10%	70%	35%
4	−14.6	10%	70%	35%
5	−14.8	10%	70%	35%
6	−15.1	10%	70%	35%
7	−15.5	100%	70%	35%
8	−15.4	100%	70%	35%
9	−13.4	94%	94%	94%
10	−10.8	86%	86%	86%
11	−8.7	81%	81%	81%
12	−6.9	75%	75%	75%
13	−5.5	71%	71%	71%
14	−4.6	68%	68%	68%
15	−3.9	66%	66%	66%
16	−4	67%	67%	67%
17	−5	70%	70%	70%
18	−6.8	75%	75%	75%
19	−8.3	79%	79%	79%
20	−9.1	82%	82%	82%
21	−9.9	84%	84%	84%
22	−10.8	10%	70%	35%
23	−11.5	10%	70%	35%
平均	−10.33	53.67%	73.67%	57.63%

根据表 10-3 中的设计日热负荷率平均值乘以设计热负荷得出各能源站的实际热负荷。实际热负荷乘以平均热负荷系数得到实际平均热负荷，详见表 10-4。其中平均热负荷系数为 0.701。

能源站实际热负荷表 表 10-4

能源站	设计热负荷(kW)	实际热负荷(kW)	实际平均热负荷(kW)
1 号能源站	14214	7628	5347
2 号能源站	8111	5975	4188
3 号能源站	21736	12526	8780
合计	44060	26128	18316

二、电极锅炉的选定

1. 蓄热模式选择分析

考虑设备初投资和配电容量等综合因素，一般宜采用分量蓄热模式；如当地难以保证白天的供热用电，应采用全量蓄热模式。

在实际运行中，全量蓄热各设备容量大，初投资大，但可以很好的利用夜间的低谷电，使其占整个采暖期用电负荷的 98% 以上；分量蓄热各设备容量较小，初投资较全量蓄热低很多，但利用夜间的低谷电较少，仅占整个采暖期用电负荷的 33.3%。该项目拟采用全量蓄热的方式，尽可能多的利用低谷电，以降低运行成本。

本项目谷电时长为 10h，谷电时间段为 21：00～7：00；峰电时长为 6h，峰电时间段为：8：00～11：00，18：00～21：00；其他时段为平段，详见表 10-5。

2. 设计日逐时热负荷计算表

根据日采暖负荷分布，设计日逐时负荷见表 10-5

设计日逐时负荷表 表 10-5

时段	峰、谷、平	供热策略	总热负荷(kW)	1 号能源站(kW)	2 号能源站(kW)	3 号能源站(kW)
00：00～01：00	谷	蓄热	23254	6789	5318	11147
01：00～02：00	谷	蓄热	23516	6866	5378	11272
02：00～03：00	谷	蓄热	23516	6866	5378	11272
03：00～04：00	谷	蓄热	23776	6941	5437	11398
04：00～05：00	谷	蓄热	24038	7018	5497	11523
05：00～06：00	谷	蓄热	23776	6941	5437	11398
06：00～07：00	谷	蓄热	24821	7246	5676	11899
07：00～08：00	平	放热	25606	7476	5856	12274
08：00～09：00	峰	放热	26128	7628	5975	12525
09：00～10：00	峰	放热	24561	7171	5617	11773
10：00～11：00	峰	放热	22731	6636	5198	10897

续表

时段	峰、谷、平	供热策略	总热负荷（kW）	1号能源站（kW）	2号能源站（kW）	3号能源站（kW）
11:00～12:00	平	放热	21686	6331	4959	10396
12:00～13:00	平	放热	21164	6179	4840	10145
13:00～14:00	平	放热	21426	6256	4900	10270
14:00～15:00	平	放热	20902	6102	4780	10020
15:00～16:00	平	放热	21686	6331	4959	10396
16:00～17:00	平	放热	21948	6408	5019	10521
17:00～18:00	平	放热	22902	6686	5237	10979
18:00～19:00	峰	放热	23436	6842	5359	11235
19:00～20:00	峰	放热	23827	6956	5449	11422
20:00～21:00	峰	放热	24054	7023	5501	11530
21:00～22:00	谷	蓄热	24328	7102	5563	11663
22:00～23:00	谷	蓄热	24540	7165	5612	11763
23:00～24:00	谷	蓄热	23516	6866	5378	11272

3. 电极锅炉选型

主要计算公式：

锅炉功率（kW）＝夜间直供功率（kW）＋蓄热功率（kW）；

夜间直供功率（kW）≥夜间热负荷（kW）；

总蓄热量（kWh）＝白天峰段总热需求（kWh）＋白天平段总热需求（kWh）；

蓄热功率（kW）＝总蓄热量（kWh）/夜间谷段蓄热时长（h，本案为10h）；

锅炉总功率（kW）＝锅炉功率（kW）×系统热损失系数（一般取1.05～1.1）/锅炉效率（电极锅炉99%）；

最终三座能源站电极锅炉容量选定为：1号能源站建设9MW电极锅炉2台；2号能源站建设7MW电极锅炉2台；3号能源站建设14MW电极锅炉2台。

蓄热时间10h，承压蓄热罐最高储热温度计算为120℃，锅炉进出水温度为130/105℃。1号能源站电极锅炉选型表详见表10-6；2号能源站电极锅炉选型表见表10-7；3号能源站电极锅炉选型表见表10-8。

1号能源站电极锅炉选型表　　　　　　　　　　　　表10-6

序号	名称	符号	单位	计算公式	数值	备注
1	锅炉回水温度	T_1	℃		105	一次网回
2	锅炉出水温度	T_2	℃		130	一次网供
3	锅炉供回水温差	ΔT_1	℃	$\Delta T_1 = T_2 - T_1$	25	
4	夜间负荷	$q_{夜}$	kW	查日总负荷表	7246	
5	夜间直供功率	$P_{直供}$	kW	$P_{直供} = q_{夜}$	7246	
6	白天峰段总负荷	$Q_{峰}$	kWh	查日总负荷表	42256	

续表

序号	名称	符号	单位	计算公式	数值	备注
7	白天平段总负荷	$Q_平$	kWh	查日总负荷表	51769	
8	白天总蓄热量	$Q_{蓄总}$	kWh	$Q_{蓄总}=Q_峰+Q_平$	94025	
9	谷段蓄热时间	$H_蓄$	h	一般谷段时间为10h	10	
10	蓄热功率	$P_蓄$	kW	$P_蓄=Q_{蓄总}/H_蓄$	10447	
11	锅炉有效功率	$P_{有效}$	kW	$P_{有效}=P_{直供}+P_蓄$	17693	
12	锅炉效率	η_1	%	电极锅炉99.5%，电阻式锅炉98%	99.50%	
13	管道热损失系数	$\eta_损$		一般取1.05~1.1	1.03	
14	锅炉总功率	$P_总$	kW	$P_总=\eta_损\times P_{有效}/\eta_1$	18315	

锅炉选型

锅炉型号	单台锅炉功率 $P_单$(MW)	数量(台)	$P_锅$总功率(MW)	备注
ZHPI-09	9	2	18	

2号能源站电极锅炉选型表　　　　表 10-7

序号	名称	符号	单位	计算公式	数值	备注
1	锅炉回水温度	T_1	℃		105	一次网回
2	锅炉出水温度	T_2	℃		130	一次网供
3	锅炉供回水温差	ΔT_1	℃	$\Delta T_1=T_2-T_1$	25	
4	夜间负荷	$q_夜$	kW	查日总负荷表	5676	
5	夜间直供功率	$P_{直供}$	kW	$P_{直供}=q_夜$	5676	
6	白天峰段总负荷	$Q_峰$	kWh	查日总负荷表	33099	
7	白天平段总负荷	$Q_平$	kWh	查日总负荷表	40550	
8	白天总蓄热量	$Q_{蓄总}$	kWh	$Q_{蓄总}=Q_峰+Q_平$	73649	
9	谷段蓄热时间	$H_蓄$	h	一般谷段时间为10h	10	
10	蓄热功率	$P_蓄$	kW	$P_蓄=Q_{蓄总}/H_蓄$	7364	
11	锅炉有效功率	$P_{有效}$	kW	$P_{有效}=P_{直供}+P_蓄$	13040	
12	锅炉效率	η_1	%	电极锅炉99.5%，电阻式锅炉98%	99.50	
13	管道热损失系数	$\eta_损$		一般取1.05~1.1	1.03	
14	锅炉总功率	$P_总$	kW	$P_总=\eta_损\times P_{有效}/\eta_1$	13499	

锅炉选型

锅炉型号	单台锅炉功率 $P_单$(MW)	数量(台)	$P_锅$总功率(MW)	备注
ZHPI-07	7	2	14	

3号能源站电极锅炉选型表　　　　　　　表 10-8

序号	名称	符号	单位	计算公式	数值	备注
1	锅炉回水温度	T_1	℃		105	一次网回
2	锅炉出水温度	T_2	℃		130	一次网供
3	锅炉供回水温差	ΔT_1	℃	$\Delta T_1 = T_2 - T_1$	25	
4	夜间负荷	$q_夜$	kW	查日总负荷表	11899	
5	夜间直供功率	$P_{直供}$	kW	$P_{直供} = q_夜$	11899	
6	白天峰段总负荷	$Q_峰$	kWh	查日总负荷表	69382	
7	白天平段总负荷	$Q_平$	kWh	查日总负荷表	85001	
8	白天总蓄热量	$Q_{蓄总}$	kWh	$Q_{蓄总} = Q_峰 + Q_平$	154383	
9	谷段蓄热时间	$H_蓄$	h	一般谷时间为10h	10	
10	蓄热功率	$P_蓄$	kW	$P_蓄 = Q_{蓄总} / H_蓄$	15438	
11	锅炉有效功率	$P_{有效}$	kW	$P_{有效} = P_{直供} + P_蓄$	27337	
12	锅炉效率	η_1	%	电极锅炉99.5%，电阻式锅炉98%	99.50	
13	管道热损失系数	$\eta_损$		一般取1.05~1.1	1.03	
14	锅炉总功率	$P_总$	kW	$P_总 = \eta_损 \times P_{有效} / \eta_1$	28299	

锅炉选型

锅炉型号	单台锅炉功率 $P_单$(MW)	数量(台)	$P_锅$总功率(MW)	备注
ZHPI-14	14	2	28	

三座能源站电极锅炉容量选定为：1号能源站建设 9MW 电极锅炉 2 台；2 号能源站建设 7MW 电极锅炉 2 台；3 号能源站建设 14MW 电极锅炉 2 台。

4. 蓄热装置有效容积的计算

计算公式：

$$V = 0.86 Q_{蓄总} \Delta T_2$$

式中　V——蓄热水容积，m^3，；

$Q_{蓄总}$——白天峰段和平段总热需求量，kWh。

蓄热罐蓄热温度为 60~120℃，1 号能源站蓄热罐选型表见表 10-9；2 号能源站蓄热罐选型表见表 10-10；3 号能源站蓄热罐选型表见表 10-11。

1号能源站蓄热罐选型表　　　　　　　表 10-9

序号	名称	符号	单位	计算公式	数值
1	放热温度	T_3	℃		60
2	蓄热温度	T_4	℃		120
3	蓄热温差	ΔT_2	℃	$\Delta T_2 = T_4 - T_3$	60

续表

序号	名称	符号	单位	计算公式	数值
4	白天总蓄热量	$Q_{蓄总}$	kWh	$Q_{蓄总}=Q_{峰}+Q_{平}$	94025
5	系统热损失系数	$\eta_{损}$		一般取 1.05~1.1	1.05
6	蓄热罐有效容积	$V_{有效}$	m³	$V_{有效}=\eta_{损}\,0.86$ $Q_{蓄总}/\Delta T_2$	1415
7	有效容积系数	η_2		一般取 0.9	0.85
8	蓄热罐总容积	$V_{总}$	m³	$V_{总}=V_{有效}/\eta_2$	1666

蓄热罐容积选择

单台容积(m³)	数量(台)	总容积(m³)
833	2	1666

2 号能源站蓄热罐选型表　　表 10-10

序号	名称	符号	单位	计算公式	数值
1	放热温度	T_3	℃		60
2	蓄热温度	T_4	℃		120
3	蓄热温差	ΔT_2	℃	$\Delta T_2=T_4-T_3$	60
4	白天总蓄热量	$Q_{蓄总}$	kWh	$Q_{蓄总}=Q_{峰}+Q_{平}$	73649
5	系统热损失系数	$\eta_{损}$		一般取 1.05~1.1	1.05
6	蓄热罐有效容积	$V_{有效}$	m³	$V_{有效}=\eta_{损}\times860\times$ $Q_{蓄总}/1000/\Delta T_2$	1108
7	有效容积系数	η_2		一般取 0.9	0.85
8	蓄热罐总容积	$V_{总}$	m³	$V_{总}=V_{有效}/\eta_2$	1304

蓄热罐容积选择

单台容积(m³)	数量(台)	总容积(m³)
652	2	1304

3 号能源站蓄热罐选型表　　表 10-11

序号	名称	符号	单位	计算公式	数值
1	放热温度	T_3	℃		60
2	蓄热温度	T_4	℃		120
3	蓄热温差	ΔT_2	℃	$\Delta T_2=T_4-T_3$	60
4	白天总蓄热量	$Q_{蓄总}$	kWh	$Q_{蓄总}=Q_{峰}+Q_{平}$	154387
5	系统热损失系数	$\eta_{损}$		一般取 1.05~1.1	1.05
6	蓄热罐有效容积	$V_{有效}$	m³	$V_{有效}=\eta_{损}\times860\times$ $Q_{蓄总}/1000/\Delta T_2$	2324

续表

序号	名称	符号	单位	计算公式	数值
7	有效容积系数	η_2		一般取 0.9	0.85
8	蓄热罐总容积	$V_总$	m^3	$V_总 = V_{有效}/\eta_2$	2734

蓄热罐容积选择

单台容积(m^3)	数量(台)	总容积(m^3)
1367	2	2734

5. 能源站供热系统工艺流程

（1）本工程拟采用电能蓄热系统。在电力低谷期间，利用低谷电作为能源来加热蓄热介质，并将热能储藏在蓄热装置中；在峰电时段将蓄热装置中的热能释放出来满足供热需要。其优点是：平衡电网峰谷负荷差；充分利用廉价的低谷电，降低运行费用；系统运行的自动化程度高，无噪声，无污染，无明火。

（2）本工程电能蓄热系统的蓄热介质为常温水。将水加热到一定的温度，使热能以显热的形式储存在水中，当需要用热时，将其释放出来提供供暖用热。其优点是：方式简单，清洁，运行费用低。

（3）蓄热系统热源由电极热水锅炉、高温蓄热水箱组成；辅机系统由板式换热器、水泵、软水系统、稳压定压系统等组成。

承压蓄热罐最高储热温度为 120℃，锅炉进出水温度为 130/105℃，蓄热温度为 120～60℃，供给用户的热水进出水温度为 70/50℃。

各能源站包含热能的生产和热能的传递两项功能。首先通过电极锅炉将电能转化成热能，其次是将热能传递给介质。电极锅炉通电后，不断地产生热量，并加热一次网循环水。一次网循环水在循环泵 3 推动下进入锅炉升温后，通过一次网进入板式换热器 2，在板式换热器内一次网传热给二次网，如此周而复始的循环流动。一次网氮气定压装置 4 为一次网系统定压。进入二次网的循环水在板式换热器 2 内不断地吸收一次网的热量升温，进入蓄热罐 12 和换热器 16。二次网补水定压泵 14 为二次网系统定压。在非谷电时段，电极锅炉不工作，二次网系统循环水由蓄热罐的高温热水通过换热器 16 将热量传递给用户网系统；在谷电时段，电极锅炉工作，二次网系统循环水一部分由蓄热罐的高温热水通过换热器 16 将热量传递给用户网系统，另一部分为蓄热罐的低温出水通过电极锅炉加热变为高温水回到蓄热罐中。二次网蓄热泵 13a 和放热泵 13b 依次按照谷电时段和非谷电时段运行。用户网系统的回水通过用户网循环泵 15 送至换热器 16，热交换升温后变成用户网供水送至用户散热器散热。用户网补水定压泵 17 为用户网系统定压。循环水泵 15 在整个供暖期一直不间断的运行。能源站工艺流程见图 10-3。

6. 节能减排分析

日渐成熟的电极式热水锅炉技术可利用自然资源和余热资源，从而有效地减少供热所需的一次能源，而电极式热水锅炉用于冬季供热时，相对于其他的供热方式具有较高的供热效率，即消耗清洁的电能便可获取热量，不但节约了电能，而且减少了污染物的排放，控制了污染源的产生。

采用电极式热水锅炉集中供热，避免了燃煤锅炉或燃气锅炉供热带来的污染物排放问题，使得居住环境更加舒适、怡人。

7. 减振降噪

电极锅炉无噪声，只有水流循环有噪声，会在安装管道保温后，设备在正常运行时，锅炉房周围居民环境噪声值≤45dB（A）。

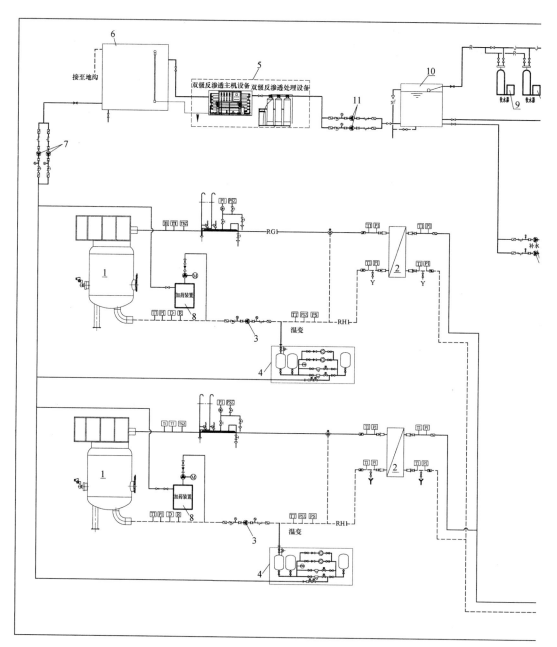

图 10-3　能源站

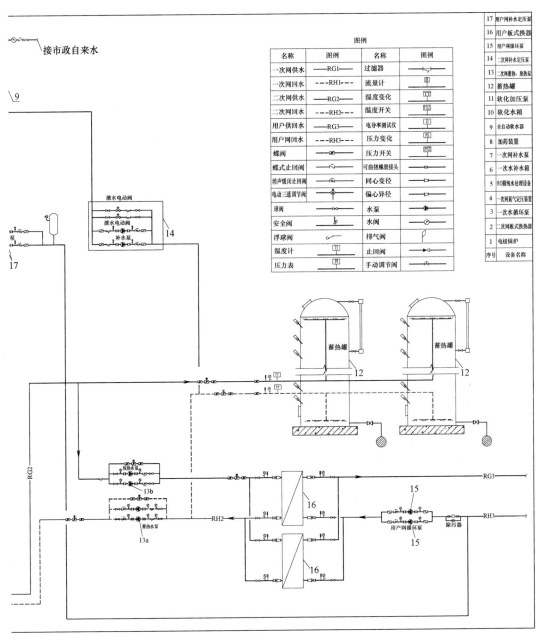

接市政自来水

图例

名称	图例	名称	图例
一次网供水	—RG1—	过滤器	
一次网回水	---RH1---	流量计	
二次网供水	—RG2—	温度变化	
二次网回水	---RH2---	温度开关	
用户供回水	—RG3—	电导率测试仪	
用户网回水	---RH3---	压力变化	
蝶阀		压力开关	
蝶式止回阀		可曲挠橡胶接头	
消声缓闭止回阀		同心变径	
电动三通调节阀		偏心异径	
球阀		水泵	
安全阀		水阀	
浮球阀		排气阀	
温度计		止回阀	
压力表		手动调节阀	

序号	设备名称
17	用户网补水定压泵
16	用户板式换热器
15	用户网循环泵
14	二次网补水定压泵
13	二次网蓄热、放热泵
12	蓄热罐
11	软化加压泵
10	软化水箱
9	全自动软水器
8	加药装置
7	一次网补水泵
6	一次水补水箱
5	RO膜减水处理设备
4	一次网氮气定压装置
3	一次水循环泵
2	二次网板式换热器
1	电极锅炉

工艺流程图

197

第二篇

长距离输送集中供热工程

第十一章 工程概况及典型特征

截至 2013 年底，太原市供热建筑面积为 1.52 亿 m²，热电联产集中供热面积仅为 7133 万 m²，热电厂供热能力远远不能满足需求。为全面推进清洁能源供热全覆盖，改善采暖季空气质量，解决集中供热热源不足的问题，2013 年，太原市政府制订了《太原市清洁能源供热方案（2013～2020）》。该方案的实施模式是以"远郊常规热电联产＋工业余热供热"为主，其他清洁能源供热为补充，大型调峰热源厂为备用热源，实现太原市多源一网的格局。图 11-1 为太原市集中供热规划图。目前，规划图中的一电厂（贾兆新址）和阳曲热电厂还未实施，其余电厂已按照规划的要求进行了扩建和供热改造。

作为规划中的供热能力最大的古交电厂，即本章介绍的热源点，目前已全部建设完毕，并已向太原市、古交市及周边矿区供热三年。

古交电厂至太原市长距离供热主管线工程（太古供热工程）预可行性研究报告于 2013 年 11 月由山西省发展和改革委员会批复，2014 年开工建设，2016 年 11 月正式投运。

太古供热工程管线主要建设内容：敷设 4 支 DN1400 管线，里程 37.8km，由一个热源（古交电厂）、三个中继泵站（1 号、2 号、3 号泵站）、一个事故补水站、一个中继能源站组成。管线路由包括三段隧道（隧道全长 15.17km，其中最长隧道长 11km）以及 2.6km 的钢桁架。

太古供热工程创造了供热行业多个"之最"，主要体现在以下几方面。

投资规模大：管网投资达 48 亿元，电厂热源投资 6 亿元；

供热能力强：单热源供热 7600 万 m²；

供回水温差大：电厂出口供回水温度为 130/30℃，温差高达 100℃；

管线路由复杂：沿河直埋、沿河地沟、沿河谷架空、修筑道路直埋敷设，多次穿越汾河、铁路、高速、尖山铁矿高压管线、引黄管线主管线等；

管线长：从电厂至中继能站的距离为 37.8km；

供热隧道长：三个隧道总长 16km，最长单洞 11.4km；

管道规模大：敷设 4×DN1400 的供热管道，局部 6 根管道同时敷设；

供热系统复杂：沿途共设置 3 座加压泵站，8 组泵；

地形高差大：以中继能源站（中继能源站）为界地形高差 180m。

中继能源站规模大：设置了 90 台大型板式换热器，板式换热器温差大，端差小。

余热利用率高：电厂余热利用率利用高达 73%。

中继能源站大型板式换热器高温侧设计供回水温度为 125/30℃，市区一级网侧设计

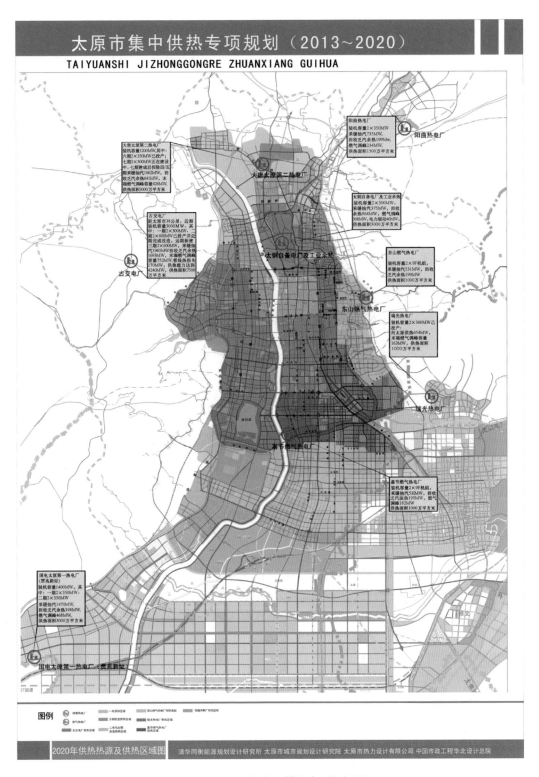

图 11-1 太原市集中供热专项规划图

供回水温度为 120/25℃，可实现供热面积 7600 万 m²，达到太原市远期总供热面积的三分之一，可基本满足太原市河西地区的集中供热需求。

第一节　热源概况

一、电厂的地理位置

古交发电厂是煤电联营、大型坑口火力发电厂，发电厂位于山西省太原市西部山区的古交市木瓜会村以南。北依山丘，南临屯兰河，东为古交矿区的屯兰矿，距古交市区约 6km，相对地理位置关系见图 11-2。

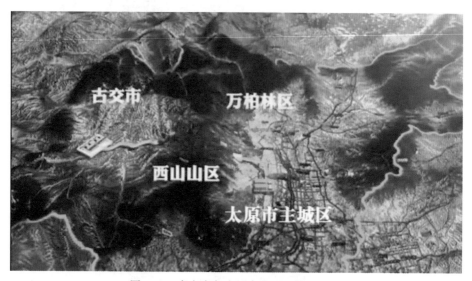

图 11-2　古交市与太原市的地理位置关系

二、古交电厂机组简介

电厂分三期建成：

电厂一期（1 号、2 号机）为 2 台 300MW 亚临界直接空冷纯凝式汽轮机组，2005年 9 月建成投产发电，原有设计未考虑对外供热；

电厂二期（3 号、4 号机）为 2 台 600MW 超临界直接空冷纯凝式汽轮机组，原有设计也不进行对外供热，于 2011 年全部投产；

电厂三期（5 号、6 号机）为 2 台 660MW 超超临界直接空冷抽凝式汽轮机组，建设时按对外供热考虑，于 2018 年投产。

三、电厂供热技术方案

1. 纯凝机组能源利用

火力发电厂最大的热损失为汽轮机排汽的冷源损失，这些热量散失到大气中，冷源损失在纯凝发电机组中的比例占到了火力发电厂能耗的 50％左右。纯凝机组运行模式为单发电不供热，冷源损失最大。纯凝机组能源利用率仅为 30％～40％。纯凝发电机组能流图见图 11-3。

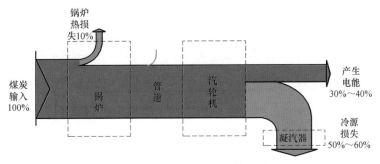

图 11-3　纯凝发电机组能流图

2. 抽凝供热机组能源利用

抽凝供热机组是指做了一部分功的中低品质的蒸汽从汽轮机某段被抽出对外进行供热，这部分蒸汽既用于发电又用于供热，这样就减少了进入凝汽器的蒸汽量，降低了冷源损失，从而使抽凝供热机组的能源利用率提高到 60%～70%。由于汽轮机低压缸最小进汽量的限制，冷源损失无法消除。抽凝发电机组能流图见图 11-4。

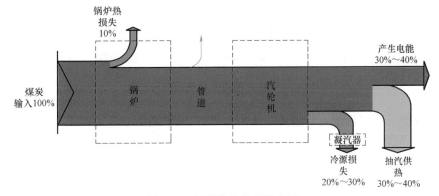

图 11-4　抽凝发电机组能流图

3. 机组乏汽利用

机组乏汽供热方案是通过适当提高汽轮机排汽压力（压力为 20～70kPa.a），使全部乏汽可以用来加热循环水。此种供热方式可以完全或最大量地消除冷源损失，经济性最佳。高背压乏汽机组能流图如图 11-5 所示。

4. 古交电厂供热方案

有别于传统的抽汽供热方式，古交电厂供热的最大特点是充分利用了电厂的乏汽余热，将乏汽余热利用做到了极致。乏汽利用方式采用了常规"背压乏汽凝汽器＋高背压乏汽凝汽器＋超高背压乏汽凝汽器"逐级串联加热的余热梯级利用方案。加热流程为：向太原供热的热网循环水回水（30℃）依次经过 6 号、5 号机组的常规背压乏汽凝汽器（10.5kPa.a）、4 号机的常规背压乏汽凝汽器（15kPa.a）、3 号机的高背压乏汽凝汽器（35kPa.a）、2 号机的超高背压乏汽凝汽器（54kPa.a）加热到 81℃，1 号机的超高背压乏汽凝汽器（70kPa.a）加热到 89℃，最后进入尖峰加热器加热到 130℃后向太原市供

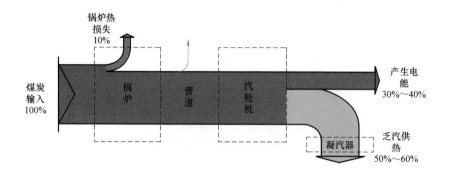

图 11-5　高背压乏汽机组能流图

热。参见图 11-6。

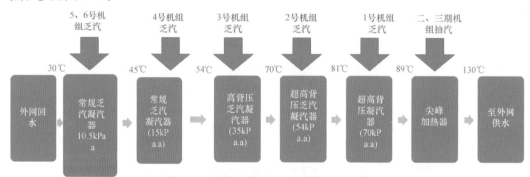

图 11-6　热网循环水梯级加热示意图

太古供热采暖供回水设计温度为 130/30℃。回水温度 30℃是电厂乏汽余热能充分利用的首要条件。实现这一条件的措施是在城市小区换热站采用溴化锂吸收式热泵，将二次网回水温度降低到 25℃。

采暖回水温度降低是电厂余热充分利用的重要的条件，在可能的情况下，采暖回水温度尽可能降低。

5. 供热能力

电厂供热改造后，机组供热额定工况下，电厂总供热能力为 3900MW。

电厂供热范围除太原市外，还包括向古交市、马兰矿区、屯兰矿区供热。太原市是其最大的热负荷区域，向太原市的供热能力为 3484MW，参见图 11-7 古交—太原，供热系统供热能力及热量平衡图。

向太原市年总供热量约为 3579 万 GJ，其中乏汽供热量为 2610 万 GJ，占 73%，参见图 11-7。

6. 换热设备及首站系统

厂内换热设备主要是乏汽凝汽器与尖峰加热器。所有的乏汽凝汽器（20 台）均放置于室外，尖峰加热器布置在两个供热首站内，即一、二期供热首站和三期供热首站。

太原市供热管网分为完全独立的两个系统，每个系统均为两根 DN1400 的管道（即复线敷设），循环水量为 15000m³/h，系统循环水泵 4 台，不设备用。每台循环水泵

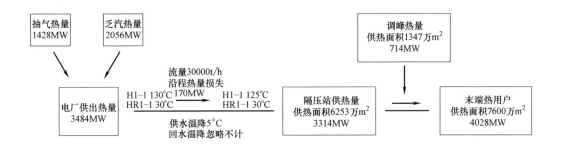

图 11-7 古交—太原供热系统供热能力及热量平衡图

流量为 4300m³/h,扬程为 110m。凝汽器、尖峰加热器也各自独立。

7. 汽轮机改造方案

由于电厂一、二期 4 台机组建设时未考虑供热,所以在电厂实施供热时,根据余热梯级利用的原则,对 4 台机组分别进行了供热改造。

对于 1 号机组,全部利用高背压下的乏汽余热,不提供采暖抽汽。本工程 1 号机组采用双转子方案,即采暖季采用 2×4 级高背压转子,而非采暖季采用原 2×5 级转子。

对于 2 号机组,只提供高背压下的乏汽余热,不提供采暖抽汽。综合考虑冬、夏季机组的运行工况,本工程 2 号机组采用了单转子方案,即新制作了一根适合于机组采暖季和非采暖季都能运行的转子。

对于 3 号机组,不但提供高背压下的乏汽余热,还提供一部分采暖抽汽。综合考虑冬、夏季机组的运行工况,本工程 3 号机组的低压缸不进行改造。3 号机组的采暖抽汽取自机组的中低压联通管,在中低压联通管上设电动调节阀,在调节阀前接出采暖抽汽管道。考虑到机组的安全性,对中压缸的末两级叶片进行了更换。

对于 4 号机组,提供常规背压下的乏汽余热和一部分采暖抽汽。4 号机组的采暖抽汽与 3 号机组的采暖抽汽改造方案一致,都是取自机组的中低压联通管,机组本体的改造方案也与 3 号机一致。

8. 机组抽汽参数

3 号、4 号机组供热抽汽出口压力为 1.0MPa,温度为 364.7℃。机组额定背压为

15kPa.a 时，每台机组的额定供热抽汽量为 600t/h，最大抽汽量为 640t/h。机组背压为 35kPa.a 时，每台机的额定供热抽汽量为 400t/h，最大抽汽量为 440t/h。

5 号、6 号机组供热抽汽出口压力为 0.4MPa，温度为 229.5℃。机组额定背压为 10.5kPa.a 时，每台机组的额定供热抽汽量为 800t/h，最大抽汽量为 900t/h。

四、抽汽改造后的安全措施

1. 汽轮机进水的影响因素及采取的措施

为了防止接自汽轮机的供热抽汽管道沿途散热形成的凝结水进入汽轮机，在改造后的抽汽管道的低点设置了疏水器，该疏水单独接至比疏水点压力低的疏水集管上，以保证疏水的畅通，防止凝结水进入汽轮机，从而保证机组运行的安全。

2. 汽轮机超速的影响因素及采取的措施

改造后，增加了接自汽轮机的供热抽汽管道。由于供热蒸汽管道较长，当供热设备事故时，大量的供热蒸汽容易倒流回汽轮机，增加了汽轮机超速的危险性。因此，在供热抽汽管道上分别增加了止回阀和快速关断阀，以防止供热抽汽倒流。

3. 汽轮机内部叶片的影响因素及采取的措施

汽轮机的叶片强度及本体强度都由原汽轮机生产厂家进行核算，汽轮机改造由原制造厂完成，保证了机组的安全运行。

4. 系统的安全措施

太古工程是一个庞大的系统，管道距离长，地势高差大，水泵串接多。在设计初期，各设计单位都对水锤进行了分析，总的结论是水锤的危害在可控的范围内。电厂地处高点，水锤的危害相对减弱一些。但为了电厂运行安全和供热设备的可靠性，在电厂内部系统设计时考虑了一些安全措施，比如防水锤设备、稳压灌、安全阀、水泵旁路等。在进凝汽器的乏汽管道上安装了切断阀，以便在凝汽器出故障时乏汽的及时切换，保证机组的安全运行。

第二节　长输管线工程概况

管线自西至东，由兴能电厂途经古交市、屯兰河、古交市区汾河、古交市滨河北路及边山公路、汾河河谷段、西山山区至太原市区中继能源站。由图 11-8 可以看出地面高程的相对关系。古交兴能电厂位于古交市木瓜会村南，地面标高为 1020m，中继能源站位于太原市西部，地面标高为 840m，两者相距约 38km，高差为 180m。通过中继能源站大型板式换热器隔压后进入太原市环网供热，结合太原市区的各供热管网及换热站实现向太原市的供热。

一、管线路由及地面高程分析

从古交兴能电厂将热量引至太原市西部的中继能源站，经隔压换热后为太原市区供热。电厂至中继能源站，需穿越古交市区和古交市与太原市之间的西山。管道路由见图 11-9，管道路由主要分为以下几个部分（不包括厂站内管道长度）。

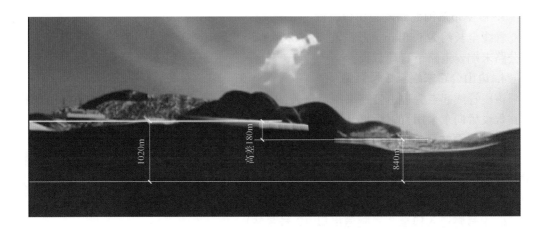

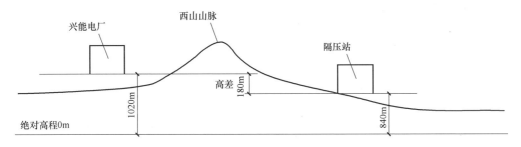

图 11-8　地形高差示意图

图 11-9　长输管道路由图

1. 屯兰河段

屯兰河段管线起点在古交兴能热电厂三期预留分支处，管线沿屯兰河河床下直埋敷设至屯兰河与汾河交汇口处，改道河岸下，敷设方式为道路下直埋敷设，管线全长约为 5km。

2. 古交市区汾河段

汾河段管线起点接屯兰河末端，终点至汾河北岸古交市火车站门口，管线全长约为 2.1km。汾河段主要在二级堤防内直埋敷设，过汾河为地沟方式敷设。

3. 古交市滨河北路及边山公路段

管线全长约为 9.8km，管线起点为汾河地沟北侧，终点为古交市高速匝道桥下边山公路末端，道路下直埋敷设。

4. 边山公路末端至 2 号泵站

该段管线起点为边山公路末端，全长约 0.6 km，直埋敷设方式下穿高速，沿现状道路敷设后向东采用打钢板桩开挖方式直埋穿越汾河进入 2 号泵站。

5. 2 号泵站至 1 号隧道西口

此段全长约为 2.6km，出 2 号泵站后，沿汾河南岸直埋敷设约 0.6km，采用小隧道过堡山岩后，采用钢桁架沿汾河河道架空敷设至 1 号隧道西口，四次跨越汾河，一次架空穿越高速，一次直埋穿越铁路。

6. 1 号隧道入口至 3 号隧道出口（3 号泵站）

供热隧道毗邻现状太古高速，总长为 15.6km，断面尺寸为 10.86m（宽）×8.63m（高）。其中，1 号隧道长 1.4km，2 号隧道长 2.4km，3 号隧道长 11.8km。

7. 3 号泵站至中继能源站段

该段全长约为 1.6km，由 3 号泵站敷设至中继能源站，采用"敞沟＋覆土"相结合的电预热方式直埋敷设，其中，穿越太古高速采用顶管敷设方式。

第三节　节能效益和社会效益

一、节能效益

1. 节能措施

（1）电厂余热回收

采用乏汽凝汽器回收释放到空冷岛的乏汽热量，将这部分余热用于加热采暖循环水，增大了电厂供热量，提高了电厂热效率，合理利用了能源。

（2）大温差供热技术

在城市换热站全部供热面积范围内采用安装吸收式换热机组后，大幅度降低一次网回水温度至 25℃。长输管线热源起点设计供回水温度为 130/30℃，一次网供回水温差增大至 100℃；长输管线终点能源站入口设计供回水温度为 125/30℃。与常规 60℃供回水温差方案相比，可以减少水泵耗电约 40%，同样的管径可提高输送能力 67%。

（3）管道散热损失

为减少管道散热损失，热力管道均采用优质保温材料，并加强管道部件及支架的保温，降低管道排入大气的热量损失。

（4）中继能源站热损失

为减少中继能源站换热损失，换热间的板式换热器外加保温装置。

（5）循环水泵变频

系统循环水泵采用变频措施，保证了水力工况发生变化时水泵的节能运行。

2. 节能效益

（1）节煤

古交电厂充分利用了汽轮机乏汽，极大地降低了冷凝热的损失，结合抽汽供热热电联产模式，当向太原市供热7600万m^2时，年采暖季总供热量为3579万GJ（其中乏汽利用率高达73%），年节煤量可达93万t。

（2）节电

和常规供热温差60℃相比，达产后100℃的供回水温差，循环水泵每年可节电约5700万kWh，相当于10万人一年的家庭生活用电量。

二、社会效益

1. 项目环境效益

项目实施后，大量的替代了太原市、古交市的采暖燃煤锅炉，年节煤量93万t，可减少粉尘排放2100t，SO_2排放3800t，NO_x排放1050t，明显地改善了两地区的环境状况，符合清洁供暖的发展之路。

2. 供热品质提高

热电联产供热，系统运行稳定，供热不间断，保证了供热品质。居民可以享受到全天候的温暖，改善了居民生活、工作环境，提高了城市整体的公共服务实施水平，具有良好的社会效益。

第十二章 长输管线水力计算与水压图分析

第一节 水力计算及水压图

一、水力计算

1. 水力计算原则：

《城镇供热管网设计规范》CJJ 34—2010 规定水力计算遵循以下原则：

（1）管道任意一点的压力不低于热水在该处的汽化压力，并留有 30～50kPa 的富裕压力。

（2）供热管道供、回水管道的计算压力均应取用循环水泵最高出口压力加上循环水泵与管道最低点地形高差产生的静水压力。

（3）回水管任意一点压力不低于 50kPa。

（4）管道循环泵与中继泵吸入侧的压力不应低于吸入口可能达到的最高水温下的饱和蒸汽压力加 50kPa 安全余量。

2. 计算参数

本工程确定电厂首站出口供水温度为 130℃，经过近 37.8km 的输送，供水管温度降为 5℃。回水不考虑温度降，所以电厂出口供回水温度为 130/30℃，中继能源站入口供回水温度为 125/30℃。中继能源站经过换热后进入太原市区热网的参数为 120/25℃。具体参数如下。

（1）高温侧管网设计供回水温度为（130～125)/30℃，温差为 100℃。

（2）中继能源站热负荷 3314MW。

（3）定压高度：

热源供水温度为 130℃，汽化压力为 170kPa，设计安全余量取为 30～50kPa。综合考虑汽水换热站内的设备布置，定压值取 490kPa，定压点设置于电厂循环泵入口。

（4）局部阻力和沿程阻力：

根据路由方案和厂站设备布置计算管道沿程阻力和局部阻力，局部阻力系数如表 12-1 所示：

局部阻力系数表 表 12-1

形　式	局部阻力系数
波形补偿器有内套	0.2

形　　式	局部阻力系数
热压弯头 $R=1.5D\sim2D$	0.5
煨弯弯头 $R=4D$	0.3
除污器	8
方形补偿器热压弯头 $R=1.5d\sim2d$	2.5
蝶阀	0.5
小折角弯管(小于 1°～15°)	0.05
小折角弯管(小于 15°～30°)	0.1

局部阻力计算公式：

$$\Delta P_{d}=\frac{\omega^{2}\rho}{2}\sum\zeta \tag{12-1}$$

$$\Delta P_{m}=6.25\times10^{-2}\frac{\lambda\times G^{2}}{D_{m}^{5}\times\rho}L \tag{12-2}$$

式中　ΔP_{m}——直管的沿程阻力压降，Pa；

ΔP_{d}——管道附件的局部阻力压降，Pa；

ω——管道内介质流速，m/s；

ρ——介质比重，kg/m³；

λ——摩擦阻力系数；

$\sum\zeta$——管件局部阻力系数之和。

（5）管道内壁当量粗糙度取 0.5mm。

（6）电厂各组凝汽器、尖峰加热器及管段管件总阻力合计为 490kPa。

（7）中继能源站阻力：端差按 5℃对数平均温差进行计算，通过设备选型（参见第十三章第七节），确定选用板式换热器。为保证换热效果，换热器采用三级串联的连接形式。单台式换热器压力降为 98kPa，换热器部分总压降为 294kPa。其他部分管段和管件阻力按相应阻力公式计算。

（8）管网设计供回水流量按下式计算：

$$G_{1}=3.6\frac{Q_{1}}{c(t_{g1}-t_{hl})}\times10^{3} \tag{12-3}$$

式中　G_{1}—— 长输管网设计供回水流量，t/h；

C——水的比热，4.186kJ/kg·℃；

t_{g1}——长输管网设计供水温度，125℃；

t_{hl}——长输管网设计回水温度，30℃；

Q_{1}——供热设计热负荷，MW。

管道全程阻力曲线图见图 12-1。

3. 计算结果

按照电厂出口供热负荷及温差和能源站入口热负荷及温差分别计算系统流量，并取

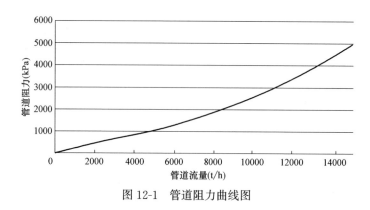

图 12-1　管道阻力曲线图

其流量较大值 15000t/h 作为管径选择依据，采用复线敷设，DN1400 的供热管道 2 根。管道设计压力等级取 2.5MPa。设计工况管道全程阻力计算结果见表 12-2。

管道全程阻力计算结果　　　　　　　　　　　　　　　　　　表 12-2

分段	管线长度（m）	沿程阻力（kPa）	局部阻力（kPa）	总阻力（kPa）	局部阻力系数（折算）
电厂内首站	—	—	—	490.00	—
屯兰河段（供水）	4993	215.23	51.37	266.60	1.21
屯兰河段（回水）	4993	215.23	51.37	266.60	1.21
滨河北路、边山公路段（供水）	11800	482.00	81.00	563.00	1.17
滨河北路、边山公路段（回水）	11800	482.00	81.00	563.00	1.17
2 号泵站至 1 号隧道西口（供水）	2792	120.00	37.17	157.00	1.28
2 号泵站至 1 号隧道西口（回水）	2792	120.00	37.17	157.00	1.28
1 号隧道西口至 3 号隧道东口（供＋回）	15780	1400.10	160.60	1560.70	1.10
3 号隧道东口至 3 号泵站（供＋回）	350	31.40	1.60	33.00	1.05
3 号泵站至中继能源站阻力（供＋回）	1300	116.70	21.60	138.30	1.19
1 号泵站阻力（供水）	50.5	2.20	14.60	16.80	—
1 号泵站阻力（回水）	305	8.50	96.00	104.5	—
2 号泵站阻力（供水）	223	9.08	81.00	91.00	—
2 号泵站阻力（回水）	223	9.80	81.00	91.00	—
3 号泵站阻力	—	—	—	67.40	—
中继能源站阻力	—	—	—	392.00	—
合计	—	—	—	4957.90	—

二、静态水压图

本工程采用多级循环泵串联的工艺方案，管道系统流程图及水压图见图 12-2、图 12-3。

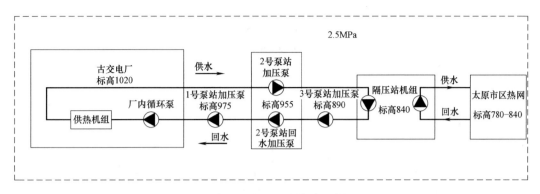

图 12-2　古交至太原长输管道系统流程图

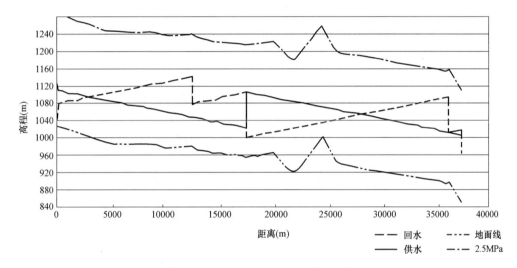

图 12-3　古交至太原长输管道水压图

图 12-3 中，单点画线为 2.5MPa 压力等级线，实线为供水压力线，虚线为回水压力线，双点画线为地面高程线。

从图 12-3 中可以看到地面有一处驼峰，如果削平此驼峰，需要延长一年工期，所以不得不采用了一级供水加压泵。各级加压泵站的位置是需要结合水力工况和加压泵站厂址的合理性选择相结合确定的。

第二节　动态水压图分析

根据《城镇供热管网设计规范》7.2.8 规定：①长距离输送干线；②供热范围内地形高差大；③系统工作压力高；④系统工作温度高；⑤系统可靠性要求高等情况下应进行动态水力分析。所谓动态水力工况就是在假定事故工况下，进行整个系统以及系统危险点的流量状况和压力状况的分析，确保各种事故下供热系统是安全的。图 12-4 为动态水力分析系统模型图。

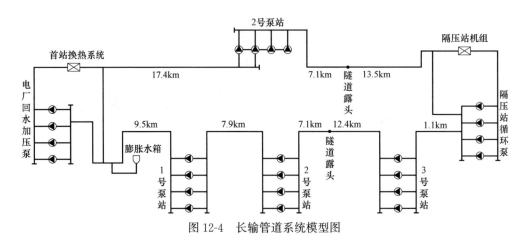

图 12-4　长输管道系统模型图

必须指出，本工程各组循环水泵均采用专线供电的双路电源，每组 4 台循环泵，其中两台水泵共用一路电源，另外两台水泵使用另外一路电源。

1. 单台水泵故障

单台水泵故障属于一般故障。由于泵站或中继能源站内水泵前后管段上的管件（垫片，软接头、阀门等）或水泵本身的易损部件故障，导致单台水泵停运，此类事故发生概率较高。以 2 号泵站某台供水泵突然停电为例进行模拟，分析系统流量、压力的变化。

若水泵从 0s 变频启动，启动时长为 150s，在 250s 左右水泵运行进入稳定状态。在400s 时突然关闭 2 号泵站的一台水泵的电源，此时整个系统流量变化见图 12-5。从图12-5 中可以看出，2 号泵站某台供水泵突然停电，系统流量有所减小。

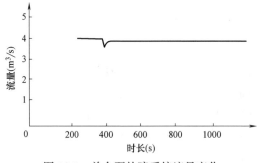

图 12-5　单台泵故障系统流量变化

与此同时，2 号泵站供水泵故障，会导致从隧道开始的供水管道和整个回水管道水压下降。隧道口露头处地势较高，可能会出现汽化的危险，危险点压强变化如图 12-6所示，整个管路系统压力的变化见图 12-7。

从图 12-7 中可以看出，2 号泵站某台供水泵突然停电后整个系统不会发生超压和汽化。

采用同样方法，分别对各类泵站进行单台水泵突然停电的故障模拟，分析系统流量、系统压力以及各关键点压力是否安全，不再赘述。

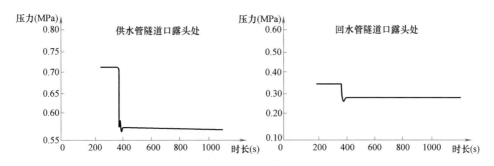

图 12-6 2 号泵站供水泵故障系统驼峰处供回水压力变化

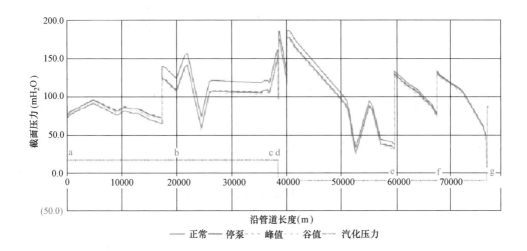

a—电厂出口；b—2 号泵站供水加压泵入口；c—中继能源站回水加压泵入口；d—3 号泵站回水加
压泵入口；e—2 号泵站回水加压泵入口；f—1 号泵站回水加压泵入口；g—电厂入口

图 12-7 2 号泵站单台水泵停泵系统压力变化图

2. 泵站单路断电事故

电厂供热首站、泵站及中继能源站均由两路独立电源供电。每路电源分别承担复线系统各 50% 的负荷，即单路电源为复线敷设管道系统中的每两台泵供电。当泵站发生单路电源停电的时，复线系统中的 4 台水泵中各有 2 台停止运行。泵站单路专线电源停电事故、单台主变压器故障、阀门误操作及管道发生泄漏等事故均属于单路突然断电事故。单路突然断电事故发生概率很低，属于罕见事故。

泵站单路断电事故动态模拟方法同上，以 2 号泵站单路电源突然断电为例，模拟分析系统驼峰处（最高点）和系统能源站（最低点）的压力变化以及系统流量的变化。假定某路供电水泵机组从 0s 变频启动，时长为 150s，在 250s 左右流量达到最大，稳定运行。在 400s 时，2 号泵站的供、回水加压泵组中的两台水泵突然同时断电，系统的流量变化参见图 12-8；系统驼峰处供回水压力的变化参见图 12-9；中继能源站回水加压泵出口压力变化见图 12-10；系统压力变化参见图 12-11。

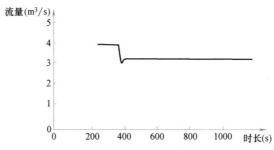

图 12-8　单路电源停电系统流量变化

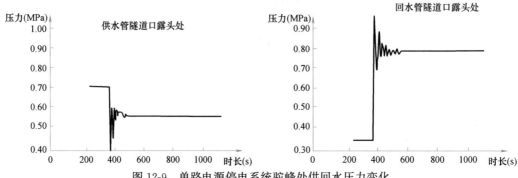

图 12-9　单路电源停电系统驼峰处供回水压力变化

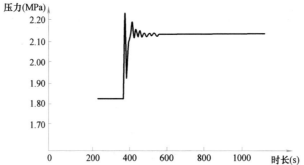

图 12-10　单路电源停电中继能源站回水加压泵出口压力变化

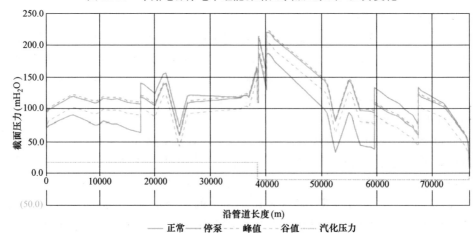

图 12-11　2 号泵站单路电源停电系统压力变化

由图 12-8 可见，事故发生后系统循环流量降至 12500t/h；由图 12-9 可见，供水管道在隧道高点露头处压力出现较大范围波动，压力降至 0.40MPa，但仍高于汽化压力。而回水管道在隧道露头处压力升至 0.82MPa；由图 12-10 可见，中继能源站回水加压泵出口压力升至 2.18 MPa。由图 12-11 可见，单路电源断电事故时，3 号泵站出口压力升至 2.23 MPa，但系统内既不会发生超压也不会汽化现象，系统是安全的。

3. 电厂及泵站双路电源断电事故

当电厂供热首站或加压泵站亦或中继能源站等任何一座泵站双路电源同时突然停电时，供热系统发生了极罕见的事故。双路电源停电会导致系统中单级泵组四台水泵同时断电。以中继能源站突然停电为例，分析系统流量、压力的变化。

假定系统从 0s 变频启动，时长为 150s，在 250s 左右水泵流量达到最大，进入稳态运行。在 400s 时，突然关闭某级泵组四台水泵的电源，模拟双路电源断电。

双路电源断电后，通过水泵的流量变化参见图 12-12；进入旁通管内的流量变化参见图 12-13；进入板式换热器内的流量变化参见图 12-14；系统危险点处压力变化参见图 12-15；系统压力的变化参见图 12-16。

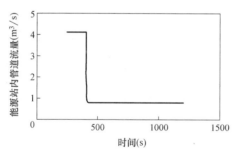

图 12-12　双路电源停电水泵流量变化

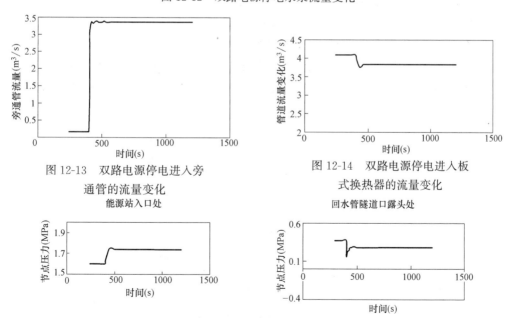

图 12-13　双路电源停电进入旁
通管的流量变化

图 12-14　双路电源停电进入板
式换热器的流量变化

图 12-15　双路电源停电系统危险点处压力变化

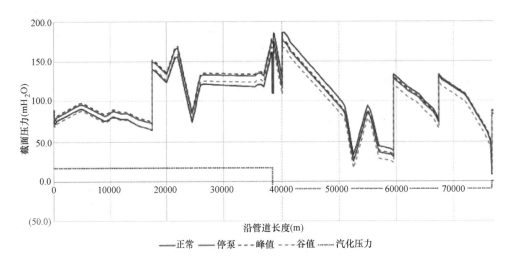

图 12-16　双路电源停电系统压力变化

由图 12-12～图 12-16 可见，当中继能源站双路电源突然停电时，中继能源站内旁通管打开，循环水通过旁通管进入回水管，单管循环流量下降至 13800t/h。当中继能源站双路电源突然停电时，中继能源站入口运行压力瞬时升至 1.75MPa，但不会发生超压；在隧道露头处回水管道运行压力降至 0.18MPa，管道内也不会发生汽化。综上所述，发生双路电源断电事故时均不发生超压和汽化现象，系统仍是安全的。

4. 阀门误操作事故

阀门误操作事故有两种情况：一是手动阀门被误关，二是站内电动阀门误关。

以中继能源站入口阀门为例，进行模拟分析。假定系统在 250s 左右管道流量达到最大，在 400s 时，中继能源站入口阀门开始关闭，假定关闭时长为 600s，阀门开度曲线采用蝶阀曲线；当检测到由于关闭形成的阀前、阀后压差信号，在信号稳定形成后，水泵降频，停泵时间为 180s，事故流量变化见图 12-17；中继能源站入口阀门各时间节点压力变化参见图 12-18。

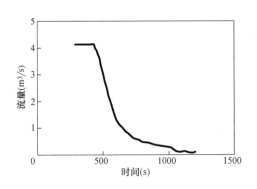

图 12-17　误关阀门时系统流量变化

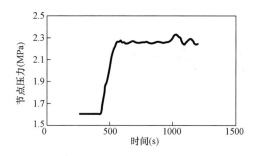

图 12-18 误关阀门时中继能源
站各时间节点压强变化

　　模拟结果显示，由于阀门设定的关闭时间较长，所以在这段时间内水泵安全停泵，阀前压力不会超压。因此，由于误关管道阀门造成的水击影响不大，系统安全停止运行。

第十三章 泵 站

泵站包括电厂内首站循环泵，1号回水加压泵站，2号供水、回水加压泵站，3号回水加压泵站，隔压站（高温测役回水加压泵）。泵站中每套系统每级加压泵均设置4台水泵，不设备用泵。

六级泵站串联，各级泵站水泵扬程是关键参数。各级泵站水泵扬程的确定是一个反复调整的过程，按照水力计算、静态水压图初选，然后按照动态水力分析进行调整，保证既定水压图。六级加压水泵扬程见表13-1。

水泵扬程配置表   表 13-1

站名	标高（m）	热源距离（km）	循环泵扬程（m）	备注
古交兴能电厂	1020	0	90	主循环泵
1号中继泵站(古交市区泵站)	975	9.5	70	回水加压泵
2号中继泵站(古交侧隧道口)	955	17.4	90	供水加压泵
			100	回水加压泵
3号中继泵站(太原侧隧道口)	895	36.5	70	回水加压泵
中继能源站	840	37.8	90	回水加压泵

单支 $DN1400$ 管道设计流量为15000t/h（本工程 $DN1400$ 管道为复线敷设），为避免单台水泵发生故障对系统影响过大，每级加压泵组选用4台水泵。每台泵流量为3750t/h，4台泵并联运行时，可满足管道15000t/h的流量需求，再考虑1.15的余量系数，初步确定，单台泵流量为4300t/h。

绘制水泵并联性能曲线与管道系统阻力特性曲线确定水泵运行工作点，见图13-1。

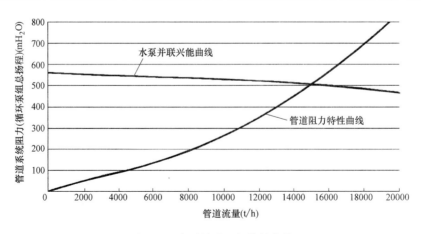

图 13-1 水泵并联运行特性曲线

由图13-1水泵工况点可见，4台泵并联后系统总流量为15400t/h，六级泵站串联的总扬程为510m，与设计工况非常接近，可满足运行要求。

第一节 1号中继泵站

1号中继泵站为回水加压泵站，总占地面积为21222.28m²，工程用地为长方形，厂区南侧为古交市的滨河北路，东、西、北三面靠山。厂区位于现状寨上村，现状厂区范围内为民用住宅，需拆迁。

厂区设两个出入口，出入口紧邻规划路。生产区的布置满足绿化，人流、物流等要求。运输便捷，主次道路明确，工艺流程顺畅，功能分区明确，平面布局合理。厂区内设泵房、35kV配电站、生产办公楼、辅助楼、污水处理设备、消防泵房、消防水池和传达室。图13-2为1号泵站总平面图。

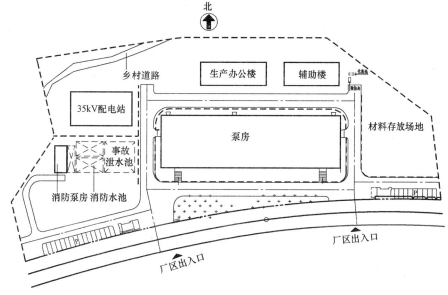

图13-2 1号泵站总平面图

一、工艺流程

1号泵站为回水加压泵站。供水管设计温度为130℃，回水管设计温度为25℃，设计压力为2.5MPa。

四根管道（两供两回）在泵站的场地内设置了连通管，可以实现两套系统的相互备用。

两根回水管道来自太原市区方向，在厂区的南侧进入泵房经回水加压泵加压，从西南方向接至外网，送回电厂。

在泵房设置两套回水加压泵系统，每套系统由四台水泵并联，在每台回水加压泵前设置一台旋流除污器。回水加压泵进出母管之间设置旁通管，以防止水击的发生，进水母管上设置电磁阀、水击泄放阀，以防止超压。各管道在泵站区域（泵房外）全做地沟，便于检修操作。参见图 13-3。

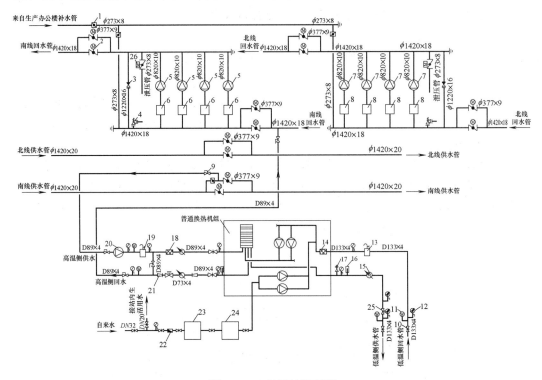

图 13-3 1 号泵站流程图

1—焊接式蝶阀；2—电动蝶阀；3—止回阀；4—弹簧式安全阀；5—南线回水加压泵；6—南线旋流除污器；
7—北线回水加压泵；8—北线旋流除污器；9—焊接球阀；10—闸阀；11—双金属温度计；12—压力表；
13—低温侧除污器；14—低温侧过滤器；15—热量表；16—温度计；17—安全阀；18—高温侧过滤器；
19—高温侧除污器；20—高温侧供水加压泵；21—异径管；22—水表；23—软水器；24—软水箱；
25—平衡阀；26—电磁阀

二、系统主要设备

1 号泵站热力系统的主要设备有八台回水加压泵、八台除污器及附属设备。主要设备选型如下。

(1) 回水加压泵：泵站内设南北两个区，单条供热管道设计流量为 15000t/h，计算扬程为 60m。考虑水泵并联效率下降的因素，按 1.15 倍流量选择水泵。确定设置四台水泵，不设备用水泵，每台水泵流量为 4300t/h，扬程为 60m，功率为 1250kW。泵站内总共设置 8 台水泵，分两组布置。

(2) 除污器：每台循环泵吸入口设一台旋流除污器。

(3) 其他附属设备：除污器除污管道上所设阀门为手动蝶阀，其余所有阀门均采用电动蝶阀，包括除污器进出口、水泵进出口及南北区主管联通，水泵进出口处电动蝶阀采用法兰式，其余电动蝶阀都采用焊接式。水泵前后需设置泵连管及压力表，泵出口段设置蝶式止回阀。

(4) 保温：表面温度超过 50℃的管道与设备（供热水管、除污器、热交换器及阀门等）、排污管、放气管及安全阀排空管等在人员能触及的地方均应进行保温。管道保温采用超细玻璃棉管壳，大管径管道可采用超细玻璃棉板，管件、阀门等保温可采用复合硅酸盐涂料，保温外保护层采用白色彩钢薄钢板，$DN350$（含）以下管道采用 0.5mm 厚白色彩钢薄钢板，$DN400$（含）以上管道采用 0.7mm 厚白色彩钢薄钢板。

第二节　2号中继泵站

2号中继泵站位于太古高速收费站东侧，古交市第二污水处理厂西侧，占地 3.75hm^2。厂区分成两大功能区，北侧为生产区，南侧为辅助生产办公区。

生产区包含加压泵房主体建筑以及蓄水池。

辅助生产办公区布置辅助用房，包括车库、机修车间、消防泵房、消防水池、仓库、变电站等。

在厂区北侧设出入口，方便物流进出，保证生产高效条理性。在厂区北侧的西面设人流出入口，方便厂区办公，保持厂区对外形象美观。图 13-4 为 2 号泵站总平面图。

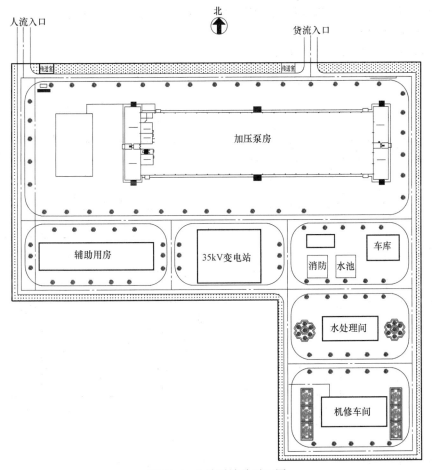

图 13-4　2号泵站总平面图

一、工艺流程

2 号中继泵站为供、回水加压泵站。供水管设计温度为 130℃，回水管设计温度为 25℃，设计压力为 2.5MPa。

四根供回水管道（两套系统）在厂区内分别设置了连通管，两套系统互为备用。

两根供水母管来自古交电厂方向，从厂区西侧进入泵房后，经供水加压泵加压后，从厂区北侧接至外网。

两根回水母管来自太原市区方向，从厂区北侧进入泵房后，经回水加压泵加压后，从厂区西侧接至外网。

两根 DN1400 供水母管位于泵房南侧，泵房内设置两套供水加压泵系统，每套系统设四台水泵，并联运行。每套供水加压泵系统的进水母管上设置两台旋流除污器，进出水母管之间设置旁通管以及缓闭式蝶式止回阀，以防水击现象的发生。在进水母管上装设水击泄放阀以及电磁阀，以防超压。

两根 DN1400 回水母管位于泵房北侧，泵房内设置两套回水加压泵系统，每套系统设四台水泵，并联运行。每套回水加压泵系统的进水母管上设置两台旋流除污器，进出水母管之间设置旁通管以及缓闭式蝶式止回阀，以防水击现象的发生。在进水母管上装设水击泄放阀以及电磁阀，以防超压。

管道在泵站区域敷设方式为地沟。

2 号中继泵站工艺流程参见图 13-5。

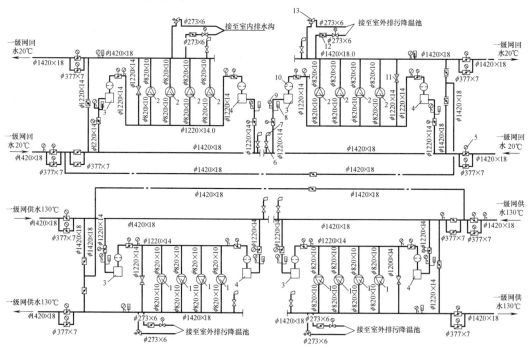

图 13-5 2 号泵站流程图

1—供水加压泵；2—回水加压泵；3—旋流除污器（顺时针旋转）；4—旋流除污器（逆时针旋转）；5—电动碟阀；
6—球阀；7—排大气；8—温度计（远传）；9—压力表（远传）；10—机械过滤器；11—止回阀；12—碟阀；13—安全阀

二、系统主要设备

2 号泵站热力系统主要设备有八台回水加压泵、八台供水加压泵、八台除污器及附属设备。主要设备选型如下。

（1）供水加压泵：泵站内供水管道设南北两个区，单条供热管道设计流量为 15000t/h，计算扬程为 100m。考虑水泵并联效率下降的因素，按 1.15 倍流量选择水泵。确定设置四台水泵，互为备用，每台水泵流量为 4300t/h，扬程为 100m，电机功率为 1800kW。站内分两组，总共设置 8 台供水加压水泵。

（2）回水加压泵：泵站内回水管道设南北两个区，单条供热管道设计流量为 15000t/h，计算扬程为 80m。每组四台水泵，互为备用，每台水泵流量为 4300t/h，扬程为 80m，电机功率为 1400kW。两组共 8 台回水加压水泵。

（3）除污器：每套系统进入母管设置两台除污器，除污器采用 DN1200 旋流除污器，共计 8 台。

（4）其他附属设备：泵房内除污器除污管道上所设阀门为手动闸阀，其余所有阀门均采用电动蝶阀，包括除污器进出口、水泵进出口处、两套系统主管的联通，以及水泵进出口管道联通处，电动蝶阀采用焊接式。水泵前后需设置泵用波纹管减震补偿器及压力表，泵出口段设置蝶式止回阀。

（5）保温：表面温度超过 50℃ 的管道与设备（供热水管、除污器、热交换器及阀门等）以及排污管、放气管及安全阀排空管等在人员能触及的地方也应进行保温。管道保温采用超细玻璃棉管壳，大管径管道可采用超细玻璃棉板，管件、阀门等保温可采用复合硅酸盐涂料，保温外保护层采用白色彩钢薄钢板，DN350（含）以下采用 0.5mm 厚白色彩钢薄钢板，DN400（含）以上管道采用 0.7mm 厚白色彩钢薄钢板。

第三节　3 号中继泵站

3 号中继泵站位于太原市郊区，王家庄以北靠近太古高速入口，太原环城铁路东南方向。3 号泵站距离古交兴能电厂 36.5km，距离 2 号中继泵站 19.5km，距离中继能源站约 1.3km。场地西高东低，最高点与最低点高差约为 11m。见图 13-6。

设置 5 座单体建筑，分别包括泵房及变配电间、35kV 变配电站、事故储水池、附属用房及车库、传达室等。泵房布置在中继泵站场地西南侧，事故储水池位于西北侧，35kV 变电站和附属用房及车库分别布置在场地东北、东南方向。

隧道监控录像设置在 3 号泵站的附属用房内。

一、工艺流程

中继泵站利用循环水泵对太原—古交段热力管道回水进行加压。两根回水管道水流方向来自太原市区方向，回水管道由东南侧进入泵房，经回水加压泵加压，从西北方向离开泵站，通过 3 号隧道送至 2 号中继泵站。

泵房内同样设置两套回水加压泵系统，每套系统由四台水泵并联，水泵变频调速。每套回水加压泵系统的进水母管在中继泵站场地上分为两路支管，进入泵房后，分别通

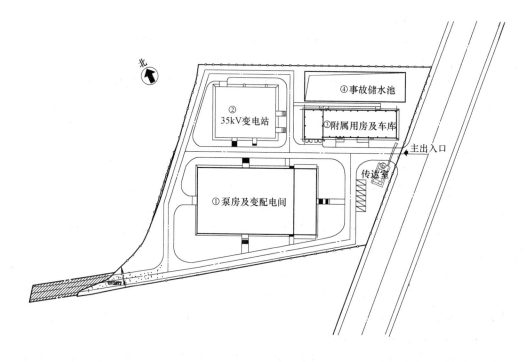

图 13-6　3 号泵站总平面图

过一台旋流除污器进入水泵入口。回水加压泵进出母管之间设置旁通管，安装止回阀，以防止突然停泵造成水击的发生。水泵进水母管上设置水击泄放阀，以防止超压。水泵出口管道上设置蝶式止回阀。泵站泄水点位于中继泵站厂区，做双井泄水井。

泵房内两套回水系统的出水母管设置连通管，连通管上设双向密封蝶阀，蝶阀采用焊接连接。泵站场地上两套供水母管（图中略）、两套回水母管设置连通管。连通管上安装双向密封蝶阀，蝶阀采用焊接连接。以上措施均为事故状态下的保障措施。

工艺流程图见图 13-7。

站内设置事故储水池一座，水池容积为 $6000m^3$，长 35m，宽 28m，深 6m。用于隧道内管道发生泄露或者爆管时有组织的容纳管道泄水，事故状态下最大泄水量约 $5000m^3$。

事故储水池为加盖的开式水池，水池顶盖四角设人孔，水池上部设 $DN700$ 送水管，水池底部 4 角设 $\phi 600 \times 600$ 集水坑各 1 个。水池中间横纵每 5m 设一列柱子。

当事故发生时，最高 100℃ 的热水通过泄水送水管道进入水池，自然冷却以后，通过潜水泵从四角人孔将水排出。排水可直接送入市政排水管道或雨水管道。

二、系统主要设备

（1）两套回水加压系统，每套系统 4 台泵，共 8 台。水泵流量为 4300t/h，扬程为 60m，功率为 1250kW。根据泵站设备布置，水泵进出水方向为自电机方向看左进右出和右进左出。每套系统 4 台水泵同时运行，不设置备用泵。水泵采用变频调速。

（2）设置 4 台旋流除污器，每套系统 2 台。除污器规格为 $DN1200$，运行压力为

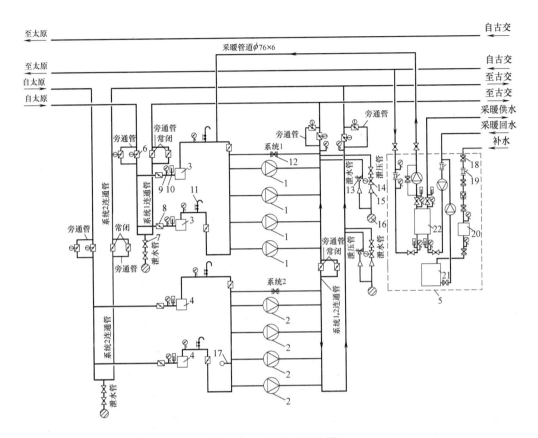

图 13-7　3 号泵站流程图

1—系统一加压泵；2—系统二加压泵；3—系统一旋流除污器；4—系统二旋流除污器；5—换热机组；
6—电动蝶阀；7—焊接球阀；8—焊接蝶阀；9—压力表；10—温度计；11—放气管；12—蝶式止回阀；
13—安全阀；14—电动球阀；15—同心异径管；16—排水井；17—压力变送器；18—截止阀；
19—除污器；20—软水器；21—水箱；22—板式换热器

2.5MPa，0.3mm 以下固体颗粒物的除污效率不低于 97%。

（3）保温：同 1 号、2 号中继泵站。

第四节　事故补水站

事故补水站位于 2 号隧道和 3 号隧道之间，海拔高度为 989m，是热水管道次高点。经静动态水力工况分析，此处虽然不会因为某个泵站事故而发生汽化，但相对整个系统来说是薄弱点，为保证系统的安全，设置事故补水泵站，当系统压力降低到设定值时，自动向系统补水。

事故补水站设置一座 300m³ 室内蓄水池，蓄水池平面尺寸为 19m×5.1m，水池净深为 4m。储水池为加盖水池，设置 1 个进水孔、两个出水孔、两个排水孔和两个溢流孔。

一、工艺流程

事故补水泵站流程见图 13-8。

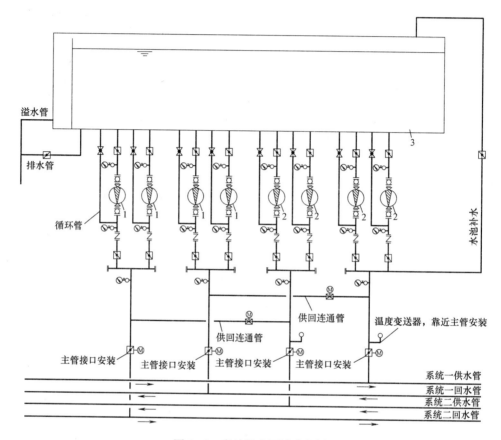

图 13-8 事故补水泵站流程图
1—回水管补水泵；2—供水管补水泵；3—构筑物-储水池

站内设置 8 台事故补水泵，每两台一组分别对应 1 根供（或回）水管道，每组水泵一用一备。热网充水时，利用热网水将水池灌满，作为事故状态下的补水水源，事故状态下补水泵开启，满足 0.5h 的补水量。

二、设计参数

按照动态水力模拟的结果的要求，补水泵开启压力为

回水管道压力低于 0.4MPa 时，补水泵开启；供水管道压力低于 0.7MPa 时，补水泵开启。

事故补水泵采用变频调速。每组水泵出口母管处安装安全阀，管道压力大于 1.6MPa 时，安全阀开启。

三、系统主要设备选择

1. 供水管事故补水泵

水泵采用立式离心水泵，水泵流量为 250t/h，扬程为 70m，功率为 90kW。共设 4

台，每两台一组对应一根 $DN1400$ 供水管道，1 用 1 备，变频调速。

2. 回水管事故补水泵

水泵采用立式离心水泵，水泵流量为 250t/h，扬程为 40m，功率为 55kW。共设 4 台，每两台一组对应一根 $DN1400$ 回水管道，1 用 1 备，变频调速。

3. 电动单轨吊车

起吊重量为 2t，起吊高度为 6m，运行功率为 1.5kW。设置吊车 1 台，供事故补水泵检修时使用。

四、事故补水站工艺布置

8 台水泵均布置在泵池内，泵池尺寸为 17m×5.5m，泵池底部标高为−1.200m，泵池内设水沟和集水坑，设置钢爬梯方便检修人员从地面向下进入泵池。水泵布置在补水泵站的南侧，水泵上方设置 2t 电动单轨吊车。补水泵站北侧为储水池。详见图 13-9。

水泵进出水母管管径均为 $DN300$，管道材质与热力管道保持一致，选用 L290。阀门选用铸钢闸阀，阀门压力等级为 2.5MPa。

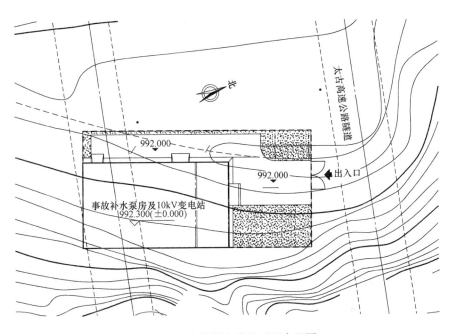

图 13-9　事故补水站总平面布置图

第五节　中继能源站

中继能源站位于太原市市福利院西侧，场址北起 50m 城市主干路，南至上庄街，西起王家庄村，东至上庄北路，总用地面积为 8.78hm²。南北长为 500m，东西长为 230m。场地中部东西向为 20m 城市规划支路，南侧规划为 30m 宽北排洪沟支渠，同时两侧原则控制 30m 宽防护绿带。

中继能源站总平面图见图 13-10。

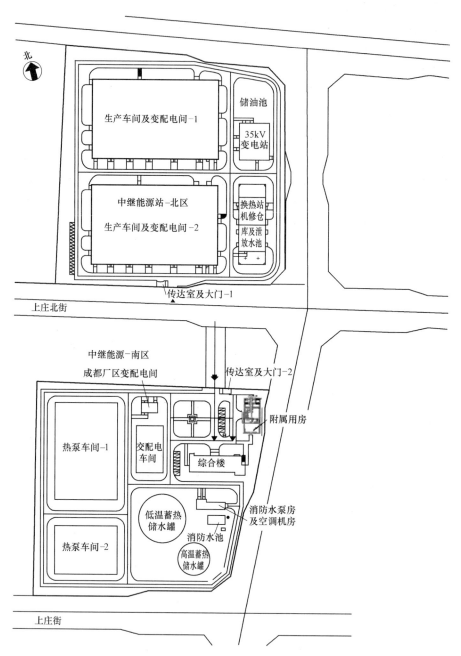

图 13-10　中继能源站总平面图

一、中继能源站工艺设计

1. 中继能源站设计压力及温度

根据水压图分析，太古供热管线全程设计压力为 2.5MPa，而太原市热网全网设计压力为 1.6MPa，因此必须设置一座隔压换热站。中继能源站内设置换热器阵列，连接高压侧的长输供热管道与低压侧的太原市区供热管网。

古交兴能电厂设计供水温度为130℃，由于管线输送距离较长，考虑5℃温度损失，到达中继能源站时，供水温度为125℃；太原市区热力站内设置吸收式换热机组，一级网回水温度为25℃。为最大程度的减少能量损失，中继能源站换热器设计换热端差为5℃。因此，中继能源站高压侧设计温度为125/30℃，低温侧设计温度为120/25℃。

2. 中继能源站回水加压泵流量及扬程确定

根据长输供热管道整体水力计算结果，中继能源站回水加压泵设计扬程确定为90m。

3. 中继能源站工艺流程

中继能源站系统分为热力系统一和热力系统二，中继能源站原理图见图13-11，中继能源站流程图见图13-12。

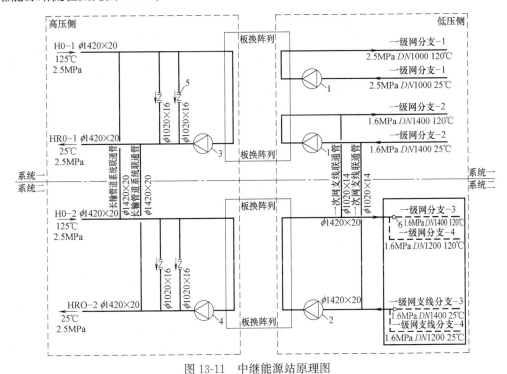

图 13-11　中继能源站原理图

1—系统一低压侧循环泵；2—系统二低压侧循环泵；3—系统一高压侧循环泵；
4—系统二高压侧循环泵；5—止回阀；6—变径管

在中继能源站中，热力系统一对应西山山区DN1000分支（一级网分支-1，循环量为3800t/h，设计压力为2.5MPa，为独立项目，与太原市既有管网不联）和市区DN1400分支（一级网分支-2，流量为6893t/h）和；热力系统二对应市区DN1400分支（一级网分支-3，流量为11210t/h）和DN1200分支（一级网分支-4，流量为8133t/h）。为简化系统，这两条分支在进入中继能源站厂区后合并为一条DN1400的管道系统。除西山分支外，其余三路分支回水管之间和供水管之间分别设置联通管，可以互为补充，使得供热范围的调节更加灵活。三条分支低压侧循环水泵扬程均为140m，供回

231

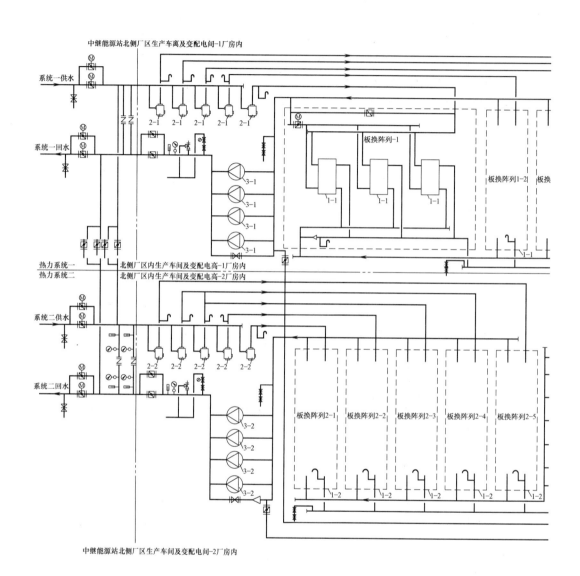

图 13-12　中继能源

1-1～1-5—板式换热器（系统一）；2-1～2-5—板式换热器（系统二）；2-1—高压侧旋流除污器（系统一）；

4-1—低压侧加压泵（系统一）；4-2—低压侧加压泵（系统二）；5-1—旋流除污器（一级网）；

6-3—补水给水泵（西山）；7-1—高压补水泵；7-2—高压补水泵；8—全自动钠离子交换器；9—除氧器；

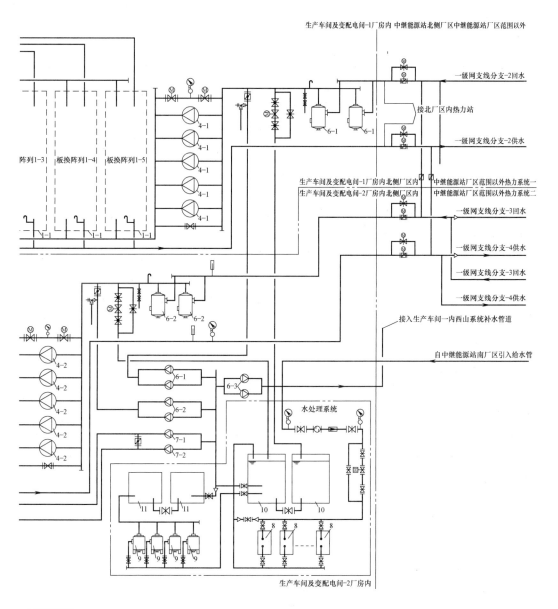

站流程图

2-2—高压侧旋流除污器（系统二）；3-1—高压侧加压泵（系统一）；3-2—高压侧加压泵（系统二）；

5-2—旋流除污器（一级网）；6-1—定压补水泵（分支-1）；6-2—定压补水泵（分支-2，分支-3）；

10—不锈钢组装式软化水箱；11—气囊式除氧水箱

水压差为95m，回水压力约为15m。

四条城市热网支线均采用补水泵变频调速定压，补水系统采取旁通管定压的控制方式，定压高度均为15m。经过水力计算分析，除西山分支外，其余分支设计压力与太原市热网相同，均为1.6MPa。

在中继能源站高压侧两套DN1400系统之间设置DN1400联通管。旁通管阀门需与中继能源站进站阀门和隧道出口阀门联合动作，可实现两套系统之间的循环水切换；在一套系统发生事故时，另一套系统正常运行，提高中继能源站的供热可靠性。

在高压侧加压泵供、回水管道之间设置两路DN1000旁通管及蝶式止回阀，满足事故状态下（中继能源站电源故障）自动开启的要求。

图13-12为中继能源站流程图（不包括西山高海拔区域的流程图）。

换热器分组说明：中继能源站内共设置90台换热器，分两套系统布置。生产车间一内布置热力系统一的45台换热器，生产车间二内布置热力系统二的45台换热器。将一套系统内的45台换热器分为5个板换阵列，每个阵列包含3个换热组。三台不同型号的换热器按设计顺序串联组成一个换热组。

每个换热组需连接四根管道，分别是高压侧供水、回水管，低压侧供水、回水管。换热器两侧为等温等流量换热，因此，高压侧与低压侧角孔口径相同，均为DN350。5个换热单元对应母管管径为DN700，15个换热单元对应的母管管径为DN1400。为最大程度的提高系统水力平衡度，换热器的两级母管均采用同程连接方式。

二、设备选型

1. 板式换热器

（1）板式换热器设计参数（表13-2）

板式换热器设计参数　　　　　　　　　　　　表13-2

分支	高压侧温度	低压侧温度	设计压力	设计负荷
一级网支线-1（东线）	125/30℃	120/25℃	2.5/1.6MPa	1233MW
一级网支线-2（西山）	125/30℃	120/25℃	2.5/2.5MPa	424MW
一级网支线-3（北线）	125/30℃	120/25℃	2.5/1.6MPa	1657MW
一级网支线-4（南线）	125/30℃	120/25℃	2.5/1.6MPa	

（2）换热器参数特点

1）进、出口端热媒温差大，换热端差小

高压侧进、出口温度为125/30℃，低压侧进、出口温度为120/25℃，热媒最大温差达到95℃，换热端差（即对数平均温差）为5℃。由此可以计算出换热器的NTU值，NTU（传热单元数）是表示相对于流体热容量，换热器换热能力的大小，即表示换热器的无量纲传热能力。传热单元数可用以下公式进行计算：

$$NTU = \frac{KA}{(C_p q)_{min}} = \frac{\Delta T_{max}}{T_m} \tag{13-1}$$

式中：K——平均传热系数；

A——传热面积；

C_p——流体等压比热容；

q——流体质量流量；

ΔT——流体进出口温差；

T_m——对数平均温差。

由定义式可知，NTU 越大，需要换热器的传热面积越大、传热系数越高。本工程换热器设计参数的 $NTU=95/5=19$，常规供热工程中所使用的单台换热器设计 NTU 值仅为 $2\sim5$，如此之高的 NTU 值对换热器的技术要求是极高的。

2）换热器阻力大

流体努赛尔数 Nu_f，反映了对流换热强烈程度的一个准数。为了提高换热器整体传热系数，必须提高流体的努赛尔数，Nu_f 准则方程见公式（13-2）。

$$Nu_f = CRe_f^n Pr_f^m \tag{13-2}$$

式中 Nu_f——流体努赛尔数；

Re——流体雷诺数；

Pr——流体普朗克数。

由公式（13-2）可知，必须提高换热流体的流速，以达到较高的雷诺数 Re，以增强换热。

而 Re 与阻力的关系见公式（13-3）。

$$\Delta p = bRe^d m\rho\omega^2 \tag{13-3}$$

式中：Δp——流体压降；

Re——流体雷诺数；

m——流程数；

ρ——流体密度；

ω——流体流速。

由公式（13-3）可知，高流速、高雷诺数的流体流过三组串联的换热器，必然会导致较大的阻力。

3）换热器运行压力高、压差大

换热器的高压侧位于长输供热管线末端，由于地势原因，在长输供热管道系统停运时承受接近 2.0MPa 的压力。在管道系统正常运转之后，因运行流量的不同，该侧换热器将长时间运行在 1.4～1.7MPa 的压力范围内，当发生 2 号或 3 号泵站断电等恶性事故时，该侧换热器承压的峰值将达到 2.2MPa。

换热器低压侧将长时间运行在 1.2～1.6MPa 范围内。

系统启动阶段，在低压侧循环泵尚未启动时，换热器两侧短时间内最大压差可达到 1.46MPa，系统运行稳定后，高低压侧系统压差范围稳定在 0.1～0.4MPa。

（3）换热器选型

1）结构形式

板式换热器结构形式与其设计温度和设计压力有关，详见图 13-13。

由图 13-13 可见本工程选用可拆卸式板式换热器。

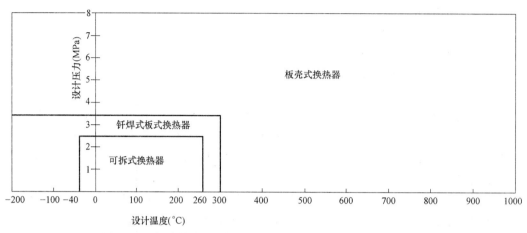

图 13-13　板式换热器结构形式与其设计温度和设计压力的关系

在满足上述设计参数的条件下，本工程换热器需采用三台换热器串联，每台均为大型板式换热器，设计平均 NTU 值不低于 7，板型换热区距离长，且有较高的板间流速，同时总阻力要求小于 $20mH_2O$。

2）板片材质

供热行业的板式换热器多使用 316（0Cr17Ni12Mo2）或 316L（00Cr17Ni14Mo2）等不锈钢板片，两者的区别在于含 C 量的差别，316 含 C 量≤0.08%，316L 含 C 量≤0.03%。不锈钢板片对介质中氯离子含量的适应范围见表 13-3。

板片材料对氯离子含量的适应范围　　　　　表 13-3

氯离子含量	使用温度(℃)			
（mg/L）	60	80	120	130
10	304	304	304	316
25	304	304	316	316
50	304	316	316	TAI
80	316	316	316	TAI
150	316	316	TAI	TAI
300	316	TAI	TAI	TAI
＞300	TAI	TAI	TAI	TAI

由表 13-3 可见，在氯离子含量为 25mg/l，水温为 120～130℃时，采用 316 不锈钢板片就可以满足使用要求。考虑到 316L 不锈钢板片更耐腐蚀且价格略高，以及本工程供热规模较大，出于安全性考虑，本工程确定选用 316L 材质的板片。

3）板片形式

为了检修方便，接管确定为同侧连接，因此只能用单流程的窄而高的板型。根据目前换热器厂家成熟的板片规格，单板面积达到 $2.0m^2$ 的板片的高度将达到 3m 以上，组装后框架尺寸将达到 3.5m。如果单板面积小于 $2.0m^2$，板片高度以及组装高度会降低，但是换热器台数增多，占地面积增大，安装、操作起来比较繁杂。由于太原市位于内陆，设备只能通过公路运输，设备尺寸必须满足公路运输的限高和限宽的规定。综上所述，最终确定选用单板面积为 2.0m² 左右的换热器。

4）板片厚度

GB 16409 规定板片厚度应不小于 0.5mm。板片越薄，传热系数越大，换热效果越好，需要的传热面积越小，制造成本越低，但是板片刚度差。综合考虑各种因素，确定选用 0.7mm 的板片。

5）板片波纹类型

根据波纹夹角的不同，分为软板和硬板，硬板的人字角 $\theta > 90°$，一般为 120°～130°，人字角 θ 越大，换热效率越高，流体阻力越大，软板的 $\theta < 90°$ 时，人字角 θ 越小，换热效率越低，流体阻力也低。

本工程适合选择人字形硬板。

6）波纹深度

波纹深度影响换热器阻力和换热效果，浅密波纹 NTU 值大，阻力大，换热效果好，但容易堵塞，反之，波纹深度大，阻力小，换热效果较差。如果要达到相同的 NTU 值，波纹深度大的板型一定比波纹深度小的板型高。综合考虑各种因素，波纹深度确定在 2.5mm 左右。

7）流程组合

本工程换热器数量较多，结合接管和检修的需要，从配管后整体美观的角度考虑应该将接管均放在同侧，因而确定为单流程组合。

8）密封垫材料

本工程换热器承压高，两侧压差较大，这对换热器的密封形式提出了很高的要求。密封垫材料应根据介质的物理、化学特性来选择，主要考虑耐温性能和耐腐蚀情况。

本工程板片原材料厚度为 0.7mm，根据规范完成压制后，允许有 25% 的减薄量，于是最薄处为 0.525mm。密封垫既要耐温又要耐腐蚀，硬度一般要求在 65～90 的邵氏硬度，压缩永久变形量不大于 10%，抗拉强度≥8MPa，延伸率≥200%。适合该工程的密封垫片应该采用耐高温的三元乙丙垫片。

9）综合考虑运输、检修、密封等因素，换热器外形最大尺寸为：长×宽×高 = 6.59m×1.82m×3.6m。

综上所述，换热器选型结果见表 13-4。

换热器选型结果 表 13-4

换热器选型	高温侧压力 2.8MPa	低温侧压力 1.6MPa
换热负荷（MW）		42/42.5/40.5
单板面积（m²）		2.16/2.16/2.12
片数（片）		839/847/865
换热器组数		30（90 台）
每组换热器串联台数		3
单台换热面积（m²）		1825.2/1864.11/1807.9
对数平均温差（℃）		5
密封形式		可拆卸、三元乙丙密封垫

2. 水泵

(1) 高压侧

中继能源站高压侧回水加压泵的设计流量以及并联台数均应和各级加压泵保持一致，扬程服从总体扬程的要求，选型结果见表 13-5。

高压侧水泵选型结果 表 13-5

流量(t/h)	扬程(m)	功率(kW)	承压(MPa)	台数	备注	
4300	90	1400	2.5	8	四用不备(两套系统)	高压侧

(2) 低压侧

低压侧各个分支的循环总流量由市内供热负荷及其参数确定，设计扬程由最不利环路确定。低压侧循环泵选型结果见表 13-6。

低压侧水泵选型结果 表 13-6

流量(t/h)	扬程(m)	功率(kW)	承压(MPa)	台数	备注	
3500	140	1800	1.6	4	五用不备	一级网支线-2
2500	60	550	2.5	3	两用一备	一级网支线-1(西山)
3500	140	1800	1.6	5	五用不备	一级网支线-3
						一级网支线-4

3. 除污器

每台板式换热器体积庞大，清洗维护困难，因此设置两级除污器。

第一级为旋流除污器，设置在高压侧中继能源站进口处。旋流除污器可过滤体积较大的杂物，滤网孔径为 3mm，达到粗过滤的目的。

第二级除污为 Y 型过滤器，过滤器设置在每台板式换热器高、低压侧进口处。过滤器滤网孔径为 1mm，能够满足换热器用水要求。

4. 安全阀

根据动态水力计算软件模拟，在中继能源站中，高压侧循环泵入口处为薄弱位置，须设置安全装置。在循环泵前设置两级安全阀，在每台水泵入口处设置 $DN100$ 先导式水击泄放阀（弹簧荷载型），在水泵 $DN1400$ 进水母管道上设置 $DN250$ 先导式水击泄放阀（氮气荷载型），两级安全阀开启压力梯级设置，$DN100$ 安全阀开启压力为 2.5MPa，$DN250$ 安全阀开启压力为 2.55MPa。

为避免系统发生超压时安全阀动作不及时，在循环泵进水母管上与安全阀并联安装 $DN300$ 电磁阀，电磁阀开启压力为系统设计压力，即 2.5MPa。

5. 泄放水池

在中继能源站南厂区设置一座泄放水池，水池尺寸为 47m×24m×5m（深），该水池主要实现以下两项功能：

(1) 系统初运行泄放功能

经计算，四条供热管道总水容积为 23 万 m³。在管道注水阶段，水体密度为 1000kg/m³，注水总质量为 23 万 t。按供、回水管水温平均为 90℃、水体平均密度为

$966\mathrm{kg/m^3}$ 计算，在管道系统完成注水至升温至 90℃，这 23 万 t 循环水总体积将达到 23.8 万 $\mathrm{m^3}$，即水体总体积将增加 $8000\mathrm{m^3}$。这 $8000\mathrm{m^3}$ 的水需从管道系统内泻出，以维持管道正常运行压力。

两套管道系统分别接出一支 $DN500$ 泄水管道引至泄放水池，并在泄水管道上设置电磁阀，由压力信号控制阀门启闭。在管道缓慢循环加热过程中，当中继能源站入口管道压力高于 2.1MPa 时电磁阀门开启，自管道向水池泄水，直到入口压力低于 1.8MPa 时阀门关闭。由于两套管道系统同时泄水水量过大，需采取两套管道逐次升温泄水的运行机制。

（2）事故泄水功能

自三号泵站至中继能源站之间管道路由长度约为 1.6km，当该段管道出现事故泄漏或需要放空检修时，循环水可沿中继能源站厂区 $DN500$ 泄水管道引至泄放水池。在中继能源站厂区内设有泄水井，管理人员需手动操作泄水阀门。

三、工艺平面布置

中继能源站的布置应把安全性放在首位。中继能源站高压侧静水压力为 2.0MPa，运行压力为 1.7MPa，因此，站内必须保留足够的安全通道和设备检修空间。板式换热器间距不小于 1.5m。

中继能源站管道管径大，对站房布置影响较大，主管道采用了管沟敷设方式。管沟中管道两侧均保留足够的检修空间，管道沟上架设钢质盖板，便于日常巡检维护。

生产车间分为换热车间和水泵车间。高压侧的加压泵和低压侧的循环泵均设置在水泵车间内，换热器设置于换热车间内。

为方便管道连接，将高压侧和低压侧供水 $DN1400$ 母管设置在换热单元北侧，将高压侧和低压侧回水 $DN1400$ 母管设置在靠近水泵车间的换热器南侧，并分别引管接入换热器。

高压侧和低压侧供水管道运行温度高、管径大，固定支架在站内设置存在不便，因此两条 $DN1400$ 母管采用厂外直埋，引分支管进入车间内地沟的布置方式。

中继能源站平面布置图见图 13-10。

四、补水定压及水处理系统

（1）补水定压系统

1）补水定压系统流程

中继能源站总补水量按低压侧总循环量的 1% 计算，为 300t/h。引自来水管道接入生产车间-2 作为中继能源站系统补水水源。消防水池可作为临时水源向系统内补水。除氧和软化水设备的总阻力达到 40m，自来水压力无法满足，因此需设置系统自来水加压泵以保证系统正常工作。自来水经除氧和软化设备处理后存入除氧水箱。三套系统补水管道自除氧水箱接出，经补水泵加压后分别引入补水点。

一级网支线-1（西山）采用常规补水泵定压系统，系统定压高度为 25m。一级网支线-2 和一级网支线-3、-4 两套系统采用旁通管定压，分别在两套系统循环泵进出口设置 $DN25$ 旁通管，在其上安装两个电动调节阀和压力变送器。补水泵设计扬程为 25m，根据热网运行需要确定定压高度。

2）补水泵选型见表13-7

补水泵选型　　　　　　　　　　　　　表 13-7

编号	水泵选型	单位	数量	备注
1	补水泵 Q＝150T/h，H＝28m 功率＝15kW	台	2	一级网支线-2（东线） 一用一备
2	补水泵 Q＝100T/h，H＝28m 功率＝11kW	台	2	一级网支线-1（西山） 一用一备
3	补水泵 Q＝150T/h，H＝28m 功率＝15kW	台	2	一级网支线-3、-4（南线、北线） 一用一备
4	系统进水泵 Q＝150T/h，H＝40m 功率＝22kW	台	2	两用不备

（2）水处理系统

1）原水水质分析项目见表13-8

原水水质分析项目　　　　　　　　　　表 13-8

项　目	单　位	数　值
悬浮物	mg/L	≤50
总硬度	mol/L	≤6
pH（25℃）		5～12
含铁量	mg/L	≤0.3
含锰量	mg/L	≤0.2

2）热网水水质要求见表13-9

热网水水质要求　　　　　　　　　　　表 13-9

项　目	单　位	数　值
浊度（FTU）		≤5.0
硬度	mol/L	≤0.6
溶解氧	mg/L	≤0.1
pH（25℃）		7～11
油	mg/L	≤2

3）软水设备

软水设备采用全自动钠离子交换器，采用平面密封两相多路阀的先进技术，控制原水、软化水、盐液和废水在系统内的流量和流向，自动完成软化过程周期循环。为满足 300t/h 的水处理需要，选用 4 套 75t/h 离子交换器并配合设置盐仓和盐池。

4）除氧设备

为了除掉补水中的氧气，满足热力管道系统补水品质要求，选用 3 套 100t/h 处理能力的除氧设备。

第六节　水击防范措施

根据动态水力计算，多级水泵串联的一定要防范水击的发生，本工程一方面在各级泵站都设置了先导式水击泄放阀，先导式水击泄放阀的位置和开启压力是根据动态水力计算确定的，另外在中继能源站设置的水击泄放阀增加了电磁信号，因为中继能源站是全系统压力最高点，增加电磁信号是为了双保险，水击泄放阀的反应时间是 0.5s，比常规的安全阀和电磁阀反应快。同时水泵进出口设置旁通管。

第十四章 直埋管道工程

本工程沿道路敷设均采用直埋敷设,敞沟预热和覆土预热相结合,为了降低施工难度和解决施工场地紧张的问题,充分利用回水管不预热的特点,将供回水管排列由"供回供回"改为"供供回回",缩短了施工周期。

一、管道材质和壁厚的选取

集中供热管道通常选用Q235B钢材,本工程管道选用L290管线钢。管线钢作为流体输送管道的专用钢材,相比结构钢Q235B在性能上要有一定优势,同时价格又相差不多。下面就管线钢L290及Q235B钢材的性能进行比较。

1. L290与Q235B管道壁厚计算

(1)选用L290时壁厚计算

根据《火力发电厂汽水管道设计技术规定》(DL/T 5054—2016)3.2

管道壁厚计算公式:
$$S_m = \frac{pD_O}{2[\sigma]^t \eta + 2Yp} + \alpha \tag{14-1}$$

式中 $P = 2.5MPa$,$D_o = 1420mm$。

$[\sigma]^t$ 取 $\frac{\sigma_b^t}{3}$ 和 $\frac{\sigma_s^t}{1.5}$ 的小值。根据《石油天然气工业管线输送系统用钢管》GB/T 9711—2011的数据,L290钢材的 $\sigma_b = 415MPa$,$\sigma_s = 290MPa$,因此计算L290钢材 $[\sigma]^t = 138MPa$。

许用应力修正系数 η 对于螺旋缝钢管,取0.85。

温度修正系数 Y,对于铁素体钢,温度≤482℃,$Y = 0.4$。

腐蚀裕量 $\alpha = 0mm$。

计算得到:$S_m = 14.18mm$。

管道计算壁厚 $S_c = S_m + c$,c 直管壁厚负偏差的附加值,$c = AS_m$。当直管壁厚负偏差为10%时,$A = 0.111$。则 $c = 0.111 \times 14.18 = 1.57mm$。则 $Sc = 14.18 + 1.57 = 15.75mm$。向上圆整则理论计算壁厚为16mm。

根据《工业金属管道设计规范》GB 50316—2000(2008年版)6.2.1直管壁厚的计算

$$t_s = \frac{PD_O}{2([\sigma]^t E_j + PY)} \tag{14-2}$$

$$t_{sd} = t_s + C \tag{14-3}$$

$$C = C_1 + C_2 \tag{14-4}$$

式中 $P = 2.5MPa$,$D_O = 1420mm$。

$[\sigma]^t$ 取 $\dfrac{\sigma_b^t}{3}$ 和 $\dfrac{\sigma_s^t}{1.5}$ 的小值，根据《石油天然气工业管线输送系统用钢管》GB/T 9711—2011 的数据，L290 钢材的 $\sigma_b=415\text{MPa}$，$\sigma_s=290\text{MPa}$，因此计算 L290 钢材 $[\sigma]^t=138\text{MPa}$。

焊接接头系数 E_j，对于螺旋缝自动焊接钢管无损探伤，$E_j=0.85$。

系数 Y，对于铁素体钢，温度 $\leqslant482℃$，$Y=0.4$。

计算 $t_s=14.18\text{mm}$。

C_1 厚度减薄附加量，考虑钢管加工负偏差，$C_1=1.67\text{mm}$。C_2 腐蚀余量，热水管道取 0mm。则 $C=C_1+C_2=2.15+0=1.67\text{mm}$。则 $t_{sd}=t_s+C=14.18+1.67=15.85\text{mm}$，向上圆整则为 16mm。

根据以上两个规范计算结果，直埋管道钢管理论壁厚应取 16mm，但考虑本工程直埋管道敷设路由较复杂，很多路段为出现不规则角度，一方面会产生较大的二次应力，另一方面，会抵消管道预热的效果，造成管道所承受的应力与冷安装敷设方式相近。因此，从保证工程安全角度考虑，对于直埋管道的钢管壁厚，在理论 16mm 钢管壁厚的基础上增加 2mm 的裕量，设计钢管壁厚取 18mm。

（2）选用 Q235B 时壁厚计算

设计压力：2.5MPa；

管外径：1420mm；

设计温度下的许用应力：设计温度按 130℃时，Q235B 许用应力为 118MPa，当壁厚大于 16mm 时，许用应力按 113MPa 计算；

腐蚀、磨损和机械强度要求的附加厚度：由于管道输送的是热网循环水，此部分不附加；

许用应力的修正系数：0.85

温度对计算钢管壁厚公式的修正系数：0.4；

直管壁厚负偏差值：1.5mm；

根据以上数据计算：选用 Q235B 管材时，计算壁厚为 18.74mm，向上圆整为 20mm。

2. L290 与 Q235B 性能比较见表 14-1

L290 与 Q235B 性能比较　　　　　　　　　　　表 14-1

标准		GB/T 700	GB/T 9711—2011
钢级		Q235B	L290
力学性能	屈服（MPa）	$\leqslant235$	$290\sim495$
	抗拉（MPa）	$370\sim500$	$415\sim755$
	延伸率（A/%）	$\geqslant26$	$\geqslant40$
弯曲	厚度	$\leqslant60$	—
	弯心直径	$2a$	$2a$
化学（熔炼分析）	碳	$\leqslant0.22$	$\leqslant0.20$
	硅	$\leqslant0.35$	$\leqslant0.35$
	锰	$\leqslant1.40$	$\leqslant1.30$

标准		GB/T 700	GB/T 9711—2011
化学 (熔炼分析)	磷	≤0.045	≤0.025
	硫	≤0.045	≤0.015
	铌	无要求	≤0.15
	钒	无要求	
	钛	无要求	
	铬	≤0.30	无要求
	镍	≤0.30	无要求
	铜	≤0.30	无要求
	氮	≤0.012	无要求
	钼	无要求	无要求
	硼	无要求	无要求
	铝	无要求	无要求

根据《城镇供热直埋热水管道技术规程》5.3.5-1条对于直埋段的当量应力变化范围进行验算，锚固段的当量应力变化范围应满足下列表达式的要求：

$$\sigma_j = (1-v)\sigma_t - aE(t_2 - t_1) \leqslant 3[\sigma] = 375\text{MPa} \tag{14-5}$$

同时综合考虑大口径管道抵抗局部屈曲的作用，本工程直埋段采用 L290 作为工作管的预制直埋保温管，直埋段供水钢管壁厚为 20mm。直埋管道选用高密度聚乙烯外护管聚氨酯泡沫塑料预制直埋保温管，保温层为聚氨酯泡沫塑料，保护层为聚乙烯外护管。保温管标准执行《高密度聚乙烯外护管硬质聚氨酯泡沫塑料预制直埋保温管及管件》GB/T 29047—2012 的要求。供水管钢管为 $\phi1420 \times 20$mm，保温层厚 100mm，外套管为 $\phi1656 \times 18$mm，回水管钢管为 $\phi1420 \times 18$mm，保温层厚 60mm，外套管为 $\phi1572 \times 16$mm。

二、预热敷设

从管道运行安全、施工难度及工程造价等多角度考虑，采用以敞槽预热无补偿敷设为主，不具备整体预热的条件，则在管道中设置一次性补偿器，补偿器的间距与管顶覆土深度有关，按管顶覆土 1.5m 计算，补偿器间距约为 360m。采用分段预热，每个预热分段约为 0.8～1.0km，预热方式采用电预热。2 根供水管道可形成预热回路，相邻预热段之间用一次性补偿器连接。

回水管设计温度为 50℃（最终运行温度为 30℃），管道采用冷安装敷设。

一次性补偿器结构见图 14-1。

装运杆、凸耳、螺母现场预热前拆除，其余碳钢构建外表面涂 PU150。外管与芯管、芯管与加强筒节现场预热后及时焊接。一次性套筒补偿器工作状态应能承受 1660t 的轴向拉力和压力。

1. 电预热施工方法

电预热技术的原理是通过电缆将电预热设备与工作钢管连接并构成闭合回路，将低

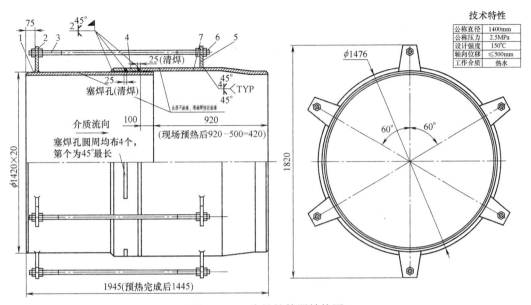

图 14-1　一次性补偿器结构图

电压、高电流的电能作用于预热管段，利用钢管自身电阻发热的原理，将工作钢管的温度加热到设计预热温度，达到预热效果。敞沟预热原理图见图 14-2。

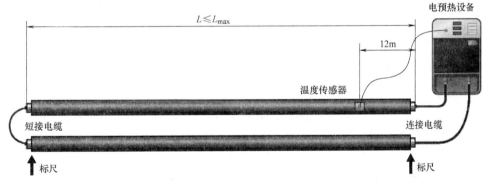

图 14-2　敞沟预热原理图

2. 预热温度及伸长量计算

本节以某预热段为例介绍

本段预热段长度大约为 516m，预热温度为 65℃，钢管的温度暂估为 0～15℃。热伸长量公式见式（14-6）

$$\Delta L = \alpha \times (t_m - t_i) \times L_{pr} \tag{14-6}$$

式中　ΔL——预热管段伸长量，m；

　　　t_m——预热温度，℃；

　　　α——钢材的线膨胀系数，对于 L290 材质取 $11.53 \times 10^{-6}/℃$；

　　　t_i——预热管段初始应力为零时管道温度，即电预热设备开机时钢管的

温度,℃;

L_{pr}——预热管段长度（管沟长度），m。

钢管的起始温度暂估为 0～−15℃,预热结束温度为 65℃的伸长量表见表 14-2。

钢管伸长量表　　　　　　　　　　　　　　表 14-2

钢管温度(℃)	钢管理论伸长量(m)
0	0.38
−1	0.39
−2	0.39
−3	0.40
−4	0.41
−5	0.41
−6	0.42
−7	0.42
−8	0.43
−9	0.44
−10	0.45
−11	0.45
−12	0.45
−13	0.46
−14	0.47
−15	0.47

3. 施工准备

（1）预热前在预热管段与非预热段预留 3m 左右的管段,不进行焊接。预热段补焊的管短节一端打磨成型备用。

（2）非预热段两端弯头段按设计已回填到位。

（3）按照设计要求预热直管段用砂子回填,高度不得超过管道外径的 3/4 处。在预热前,在管端处焊接螺栓（M12 或 M16,长度小于 50mm）,如图 14-3 所示。每个螺栓之间相距不小于 100mm 以便安装电缆,安装位置距管端不小于 30mm。

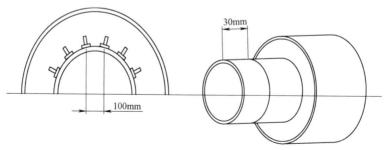

图 14-3　管端螺栓焊接示意图

（4）电预热设备应置于干燥、安全的场地，预热前发电机及设备需要提前调试到位，备好燃油。

（5）在保温管上距离管端（放置预热设备端）向内 12m 处的塑料外壳上开口，以安装传感器，必须将传感器探头紧密贴合并固定在钢管表面。

（6）在预热管段两端分别安装一个长度检查装置，用来测量管道伸长量。

（7）在管道末端安装密封装置。

4. 施工步骤及方法

（1）连接好发电机到设备、设备到直管道、直管道末端等部位的电缆，将管道预热到 65℃。

（2）密切关注管道伸长量，测量伸长量达到要求值时开始回填（电预热机保持在 65℃恒温状态）。

（3）回填完成后断电，将准备好的管节（或者一次性补偿器）精确下料，另一段打磨成型，进行对管焊接。

（4）如果回缩量过大，不能达到焊接要求的，停焊并重新连接电源，升温达到焊接要求后，断电继续施焊，直至焊接完毕。

5. 施工注意事项

（1）由专人负责记录管道初始温度以及伸长量。预热达到标准后，进行现场验收。

（2）为了形成回路，两根参加预热的供水管预热段末端需要联接，其他任何位置不得形成短路。

（3）预热结束关闭机器，在最短的时间内完成小短节（或者一次性补偿器）与管道的焊接。

6. 回填方法

预热段回填划分为东西两个作业段，迅速同时开展回填流水作业，从预热段端口处向中间回填，回填厚度为 1.5m，其中，管顶回填为 30cm 砂子，其余为回填土，每层回填厚度为 300mm，回填层层夯实。管顶回填 60cm 厚后，可采用压路机碾压人工配合，达到设计密实度要求。

三、保温

保温接口均严格进行气密性试验，并采用多层密封措施，接口处采用热缩带和热熔焊两种方式，注料口在注料完毕后采用热缩带再次封堵。对保温接口进行严格的敲击检验及破损抽检，确保保温接口质量。

四、局部构件

1. 折角

采用大曲率半径弯管代替折角，较多采用的是 178°、175°等弯头，曲率半径需要根据线型确定，工程中采用的曲率半径是 80～90DN，这样可以减小折角处应力。同时应该注意到的是，严格计算好每段弯管长度，而不是统一按照一个规格定制，安装时需要根据施工现场放大样，计算好管间距，否则就会出现四根管碰撞的问题。

2. 弯头

90°弯头均采用曲率半径为 3DN 的弯头，弯臂的长度按照需要吸收的位移长度确定。

3. 三通

本工程系统复杂、压力高，从安全角度考虑，在输送至太原的管线上均不预留分支，只有在局部高点需要放气和低点需要泄水时才预留放气和泄水三通，放气管管径为$DN15$，泄水管管径为$DN300$。

五、管道清洗打压

由于直埋段采用预热安装，因此只能先预热后打压。这就要求直埋段管材和施工质量都非常好，管道不允许有沙眼，焊缝百分之百探伤。施工过程中，组织人员分段人工清扫，避免体积较大的残留物留存在管道内。

全线采用分段打压，原则上以3km为界，根据附近水源和阀门的位置进行分段，每段按照最低点的压力进行控制，按照管线位置处最高工作压力为基数，进行严密性和强度试验。

第十五章 架空、隧道及特殊穿越管道工程

第一节 隧道内管道工程

截止到 2016 年，太古供热工程中的供热专用隧道是国内第一条穿越山岭的大规模供热隧道。

供热隧道毗邻现状太古高速，总长与太古高速隧道基本一致，断面尺寸与高速公路两车道断面相同，是整个太古供热工程的重要节点工程，隧道早日贯通可以给安装留出足够的时间。其中，1 号隧道 1.4km，2 号隧道 2.4km，3 号隧道 11.8km，总长为 15.6km，断面尺寸为 10.86m（宽）×8.63m（高）。隧道内供热管线两侧敷设，上供下回；此外，两侧还有 10kV 电缆箱架、照明桥架、弱电桥架等。供热隧道内工程主要包括隧道主体工程、安装工程及配套的电气自控工程。

隧道主体贯通后，留给管道安装施工的时间仅剩下不到半年，工期紧、任务重，为了降低现场施工难度，采用了以下措施：一是将管道保温方案改为了镀锌铁皮外护的预制保温管，并且将管道长度由 12m 调整为 12.5m，和支架间距相吻合（支架间距为 25m），二是将原设计的管件式绝热支座改为定尺预装配式管道绝热支座。通过两项技术措施的应用较原设计减少了 1/3 的管道焊缝，将部分工作由隧道内完成调整到工厂预制，减少了隧道内的安装工作量。

一、隧道工艺布置

1. 供热工艺对供热隧道的要求

（1）隧道为供热管道专用隧道，为保证检修人员的安全及实现管道监控设备的正常运转，需在隧道内增设通风、照明、监控、消防、供配电、排水等设施。

（2）根据供热隧道正常通风散热工况、正常换气工况、故障工况的不同需求，分工况配备通风设备，合理组织气流路径，将隧道内多余的热量及时排出，保证机电设备及检修人员的安全。

（3）根据相关照明规范结合日常检修、监测及紧急疏散需要，确定隧道照明的照明范围、照明亮度、控制方式等。

（4）隧道监控系统根据供热隧道运营检修和运营安全的要求进行设计，做到无人进入时可远程监测隧道内环境温度、湿度及含氧量，并实现洞内火灾自动报警。

（5）隧道消防系统根据预防为主、消防结合的原则进行设计。

（6）隧道供配电系统根据供热隧道运营管理的需要，对隧道内各系统负荷进行供电，保证供热隧道在采暖期与非采暖期各设备的正常供电。

（7）为保证故障时热力管道及时泄水，在隧道底部预埋排水管，确保隧道内排水畅通。

（8）空间要求：供热隧道断面应能布置 4 根 $DN1400$ 供热管道（外径 $\phi 1740$）、管道支架、阀门、补偿器等工艺设备，并满足安装及运行检修空间要求。

（9）高程要求：结合古交电厂至太原供热隔压站的整体水力计算分析，隧道内最大高程点应小于 992m。

（10）隧道内管道支架根部布置在隧道底部、顶部及侧壁，隧道施工时预埋支架根部结构，且应能承受工艺专业所提供的支架受力。

2. 隧道内供热管道布置方案

结合隧道外热力架空管道的布置，隧道内采取同样的布置方式，即隧道两侧各布置 2 根 $DN1400$ 供热管道，每侧均为一供一回，上层为供水管，下层为回水管，考虑到焊接空间，钢管外壁距离隧道壁面最小距离为 600mm，中间为检修通道，通道最小净距约为 4m。隧道上部作为施工时吊装、通风及照明设施的安装空间。隧道内热力管道横断面布置示意图见图 15-1。

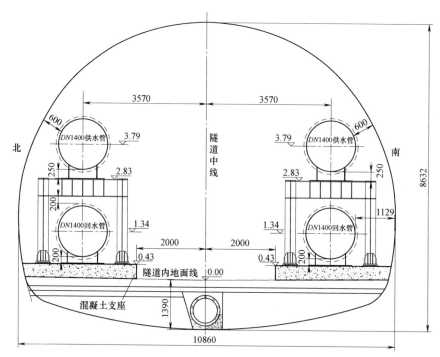

图 15-1　隧道内热力管道横断面图

针对隧道内管道的安装工程量大的问题，太原市热力集团有限责任公司与太原重型机械集团有限公司联合研制了管道安装机械，很大程度降低了管道安装难度，其结构见图 15-2。

3. 隧道内支架、支座方案

根据架空管道支架间距计算，上下层供水、回水支架间距均为 25m，且空间位置一致，为了保证结构上支架受力尽量小，隧道内架空管道支架有以下五种布置形式：①

图 15-2　隧道管道安装车

上层供水滑动支架，下层回水滑动支架；②上层供水滑动支架，下层回水次固定支架；③上层供水滑动支架，下层回水主固定支架；④上层供水主固定支架，下层回水滑动支架；⑤上层供水次固定支架，下层回水滑动支架。南北两侧的热力管道支架对称布置。

由于隧道内管道安装工期较紧，且施工较为困难，在设计中应充分考虑安装的简便性。如：本工程隧道内架空管道的滑动支座、导向支座、次固定支座个数较多，约有2500多个，如果全部现场制作，不仅焊接质量、保温质量以及承受力要求难以保证，还会延长施工周期，加大施工难度。同时，供水管温度较高，支架的保温尤其重要，若处理不好，会增加热损失。结合多方面考虑，采取以下方案。

（1）供水管道的滑动支座、导向支座、次固定支座均采用预制保温支座，即支座上半部分在预制保温管制作时就已经焊接在管道上；

（2）回水管道的滑动支座、导向支座采用不含保温管节的预制支座，即"管托＋聚四氟乙烯块组底座"的方式；

（3）供、回水管道的主固定支架由于水平受力较大，其主固定支座需结合结构整体现场制作，以保证受力要求；

（4）为节省投资，回水管道的次固定支座现场制作。

采用以上几种方法相结合，既能有效提高施工效率，保证施工质量，又能有的放矢，做到合理优化。

4. 隧道内分段阀门、放气、泄水设置

正常运行无事故时，隧道内不进入巡线人员，全部采用视频监控。故障时，为保证人员安全，需先远程切断分段阀门，并远程开启放气及泄水阀门，因此分段阀门、放气阀门及泄水阀门均需采用电动阀门，当确保隧道内环境满足人员安全要求时，检修人员方可进入。

分段阀门：结合供热管线总体阀门设置、隧道内供回水管主固定支架的位置及分段阀门放置原则，上层供水管及下层回水管设置分段阀门的桩号位置不同，同层供水管

（回水管）于同一桩号中心线处安装阀门。供、回水管设置阀门六处。隧道内分段阀门采用电动三偏心金属硬密封焊接蝶阀。阀门设置在主固定支架侧。在阀门两侧管道上设置旁通管，旁通阀为电动蝶阀，口径为DN350。

放气：供回水管道上两个阀门之间均在高点设置放气阀。放气阀采用电动焊接球阀与手动焊接球阀串联的形式，手动球阀常开，阀门口径均为DN150。放气阀后引出放气管接至隧道附近的排水沟。

泄水：供回水管道两个阀门之间低点设置泄水阀。隧道内泄水阀均采用电动焊接蝶阀，阀门口径为DN300，阀后泄水管接至附近的排水沟。

5. 补偿器的选择

在各种补偿器中，适用于本工程的补偿器类型主要有轴向套筒补偿器及波纹管补偿器两种。

（1）套筒补偿器与波纹管补偿器的选择

1）套筒补偿器

优点：结构合理，保证补偿器始终沿轴向伸缩，具有良好的抗失稳性，补偿量大。同时，由于其填料可以直接通过外壳小孔注入补偿器的填料函中，可在不停止供热的情况下进行检修，施工维修简便。

缺点：套筒补偿器是通过芯管与外壳的相对运动来吸收管线的热位移，芯管与外壳的密封决定了补偿器的使用寿命，填料式套筒补偿器由石墨盘根等制成填料圈，要求密封圈内必须保证一定的压力才能起密封作用，经过一段时间的运行，螺栓的预紧力下降或者粉状的柔性石墨流失，造成密封圈内部压力下降，就会出现泄漏，必须重新拧紧螺栓或者重新填注柔性石墨。

2）波纹管补偿器

优点：波纹管补偿器具有占地小、无须专门维修、技术成熟、结构紧凑、寿命长、补偿量大、流动阻力小、形式多样、零泄漏等诸多优点，在架空热力管道中的应用比较多。

缺点：波纹管补偿器的波纹管部分采用薄壁多层不锈钢制造工艺，造价较套筒补偿器高。同时，由于波纹管部分管壁较薄，安装精度高，是管道中的薄弱点，需要在管道运行维护中加强安全性监测。

综合比较以上两种补偿器，波纹管补偿器虽然造价较套筒补偿器略高，但其寿命长、零泄漏、运行中无须维修，同时工程中有DN1400、设计压力为2.5MPa热力管道的运行实例，确定在架空管道上优先采用波纹管补偿器。

（2）三种波纹管补偿器的比较

在诸多轴向型波纹管补偿器中，适用于本工程的主要有普通外压或内压轴向型波纹补偿器及直管压力平衡型补偿器。

1）外压或内压轴向型波纹管补偿器

普通外压或内压轴向型波纹管补偿器的优点是补偿量大，缺点是对固定支架产生内压推力，造成固定支架推力大，需设置主固定支架，属于无约束型补偿器，两者价格相差不多。考虑到外压轴向型补偿器比内压轴向型补偿器抗弯性能更好，因此，外压轴向型波纹管补偿器作为一种选择方案。

2) 直管压力平衡型补偿器

直管压力平衡型补偿器能克服自身盲板力,属于约束型补偿器(图 15-3),可不设置主固定支架,但波纹管补偿器外形尺寸较大,且单个补偿器补偿能力不如外压式波纹管补偿器。总体造价高于外压轴向型波纹管补偿器:以 15km 隧道内架空敷设为例,直管压力平衡型补偿器供水管需 120m 左右设置一个补偿器,回水管需 320m 左右设置一个补偿器,2 套系统总供需要大约 344 个补偿器,总体造价约为 344×60 万元=20640万元;外压轴向型补偿器供水管需 175m 左右设置一个补偿器,回水管需 525m 设置一个补偿器,2 套系统总供需要大约 230 个补偿器,总体造价约为 230×20.1 万元=4623万元。采用直管压力平衡型补偿器可不设置主固定支架,采用无约束型补偿器需设置主固定支架 16 个,增加投资约 45×16=720 万元(45 万元为钢支架部分),综合比较,采用直管压力平衡型补偿器总造价比外压型补偿器约多 1.6 亿元。

综合以上比较,隧道内架空管道长,支架较低,推荐采用外压轴向型波纹管补偿器,可以大幅降低补偿器及其管线投资;汾河河谷地区架空管线距离较短,受地形限制,支架高度较高,推荐采用直管压力平衡型补偿器,可以大幅降低支架受力及其管线投资。

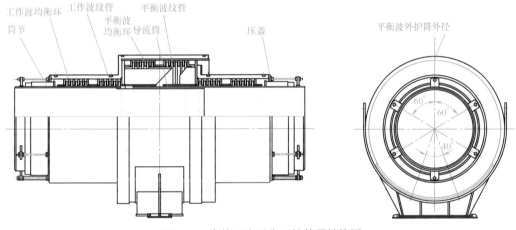

图 15-3 直管压力平衡型补偿器结构图

6. 绝热支座、保温、防腐

(1)保温

考虑到隧道内不适合聚乙烯外护管,其耐火等级不符合规范。经过多次论证,决定采用以 1.2mm 的镀锌铁皮外护、阻燃型聚氨酯为保温材料的预制保温管,保温层厚度同直埋管。

(2)支架

为进一步降低热损失,本工程对供水管道支座采取下列处理措施:

1)滑动支座、次固定支座采用绝热型支座

本工程采用预装配式管道绝热支座,见图 15-4,工作钢管与支座采用减小热桥的点接触绝热连接,传递重力及轴向力,其中,滑动支架轴向力约为 7t,次固定支架轴向力约 220t,工作钢管与管托间采用聚氨酯泡沫塑料发泡保温。

　　2）主固定支架及支座

　　主固定支座除承受摩擦力、补偿器弹性反力外，还承受盲板力。按试验压力为设计压力的 1.5 倍考虑，试压段两端主固定支架承受推力达到 750t，如此大的推力固定支座与支架需现场焊接，且需钢材直接焊接连接，必然存在热桥。但主固定支架个数很少，约 3km 一个，可将固定支架整体保温，最大限度的降低热损失。

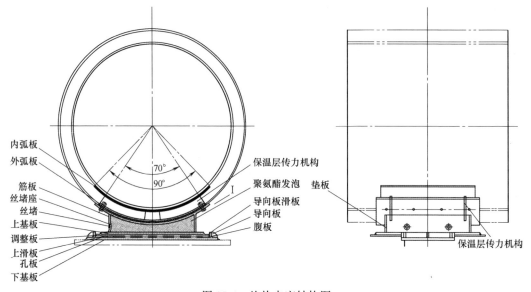

内弧板
外弧板
筋板
丝堵座
丝堵
上基板
调整板
上滑板
孔板
下基板

70°
90°

保温层传力机构
聚氨酯发泡　垫板
导向板滑板
导向板
腹板

I

保温层传力机构

图 15-4　绝热支座结构图

7. 隧道内安全措施

　　（1）隧道内设置监控系统，实现对隧道内视频监控、火灾检测、环境信息采集、无线通信系统的管理，并远程控制隧道内的通风、照明、供电和防火卷帘设施。

　　（2）隧道内设置通风系统，满足隧道内电气设备的正常运行、人员检修的需求。

　　（3）为保障检修人员人身安全，隧道内每隔 750m 设置一处避难所，内设防火服、防毒面具、定位装置和食品净水等设施，避难所与变电所之间设置防火门，避难所与隧道主洞之间设置隔断门。

　　（4）正常运行无故障时，巡线人员不进入隧道内，全部采用视频监控。故障时，关断管道阀门，确保隧道内环境满足人员安全要求后，检修人员再进入。

　　（5）隧道内通风换气次数同时满足隧道通风和散热通风的要求。

第二节　隧道土建及其配套工程

　　供热 1 号、供热 2 号隧道主要位于分水岭东南的低中山区及黄土丘陵区，供热 3 号隧道位于吕梁山脉东翼的石千峰山北麓，地貌特征属中低山区。总体地形复杂，山势陡峻，山梁、山坡一般被第四系黄土覆盖，较大沟谷及边坡基岩裸露，海拔高程介于 888.98～1385.5m，相对高差为 496.52m，总的地势为西高东低，微地貌为梁、峁、坎、悬崖峭壁和侵蚀冲沟，基岩风化剥蚀强烈，切割较深，切割深度可达 100m，形成峰峦叠嶂悬崖峭壁的地形，沟谷横截面呈"V"字形，平面呈树枝状分布。植被以有刺灌木和杂草为主，局部段发育松、柏树。隧道一览表见表 15-1。

一、设计方案

1. 平纵面线形

一般公路隧道以直线隧道较为合适。因为直线隧道在隧道的排水、衬砌结构以及隧道的路面处理上均较为简单，同时直线隧道对隧道的通风也相对有利。

隧道的隧址及隧道轴线是根据隧址区地形、地貌，在符合路线总体走向的前提下，结合隧址区工程地质与水文地质条件、两端接线、热力管线的布设及工程造价等因素综合确定的。在隧道纵断面设计时，考虑了地形、地质条件、隧道长度、通风、排水、洞外相邻构造物规模、施工及临时工程等诸多因素。

隧道一览表   表 15-1

序号	隧道名称	起讫桩号	长度(m)
1	供热 1 号隧道	AK0＋105～AK1＋535	1430
2	供热 2 号隧道	AK2＋005～AK4＋450	2445
3	供热 3 号隧道	AK4＋525～AK16＋320	11795
4	合计		15670

2. 横断面

隧道横断面设计除满足建筑限界要求外，还应考虑排水、通风、照明、监控、防灾、检修以及内装饰所需的空间。空间形状力求使衬砌结构受力合理，施工方便。一般采用三心圆断面形式。见图 15-5。

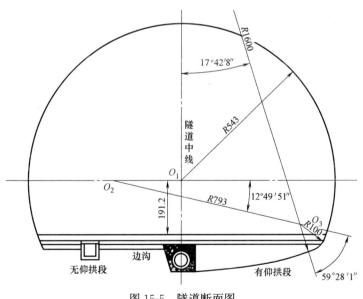

图 15-5 隧道断面图

二、施工方案

隧道采用新奥法原理施工，Ⅴ级围岩段采用留核心土的上弧形导坑法开挖；Ⅳ级围岩段采用正台阶法开挖或留核心土的上弧形导坑法开挖；Ⅲ级围岩段采用光面爆破全断面法或台阶法开挖。施工过程中可根据岩质情况及监控量测数据调整施工工序。

施工过程中必须加强超前地质预报工作，将新奥法的核心"动态设计，动态施工"贯穿于隧道的整个施工过程中，及时修正隧道支护参数，调整施工方法，特别是断层、膨胀性围岩、岩爆、富水段落等特殊地质和不良地质段落。

施工时加强对超欠挖的控制，提高钻眼精度、控制装药量，提高作业人员的水平，严格控制超欠挖。施工中加强对隧道净空水平收敛和拱顶下沉的量测，在断层带增设隧道底上鼓量测项目，为日常施工管理提供有关数据资料。根据现场量测反馈信息及时调整预设计参数，确保安全施工。

1. 衬砌

隧道衬砌结构根据隧道通过岩层的围岩条件、隧道埋深、受力特点，采用新奥法原理设计，除洞口段结合地形、地质条件设置明洞外，其他部位采用喷射钢纤维防水混凝土和复合式衬砌相结合的支护方案，即以锚杆、喷射混凝土、钢拱架、格栅钢架等为初期支护，并辅以超前全黏结型锚杆、超前小导管或大管棚等辅助措施，特殊段落作现浇混凝土或钢筋混凝土二次衬砌。

2. 洞口工程

根据洞口地形、地质条件、施工方法及开挖边坡的稳定性，本着"早进晚出"的原则确定洞口位置。洞门的形式选用经济、美观并有利于视线诱导的结构形式，有端墙式、翼墙式、削竹式等多种方案可选择。

3. 防排水工程

防排水是按照"防排堵截相结合"的原则进行设计的，力争形成完整的防排水体系，使隧道防水可靠，排水畅通，运营期隧道内不渗不漏，基本干燥。

洞内复合式衬砌段采用复合土工布防水，设环向排水管将水引入纵向排水管中，利用三通接头连接，使其形成网状结构，并通过横向排水管将水汇聚于中央排水沟排出洞外。在地下水丰富地段的二次衬砌中掺防水剂，加强二次衬砌的自防能力和结构的耐久性。明洞段采用复合土工布及黏土隔水层防水。施工缝、伸缩缝、沉降缝处均加设橡胶止水带。洞顶 5m 外设截水沟，引地表水至路基边沟或洞门外端自然沟谷，以此形成完善的排水系统。路面水排入路面侧的边沟中。

三、通风

为满足隧道电气设备的正常运行和人员对新风量的需求，需要将隧道内多余的热量排出，并输送检修人员所需的新风量，确定对三座隧道设置通风设施，各隧道通风方式见表 15-2。

隧道通风方式布设表

表 15-2

序号	隧道名称	通风方式
1	供热 1 号隧道	全射流风机通风
2	供热 2 号隧道	全射流风机通风
3	供热 3 号隧道	斜井轴流风机＋射流风机通风

1. 通风量计算

隧道内供热管道属于高温热水管道，隧道内空气温度应该控制在 40℃ 以下，因此采用机械通风的方式，将隧道外的空气送入隧道内，通过空气的吸热从而达到降温、换气的作用。供热管道的散热量及隧道的通风量计算所选取的相关参数见表 15-3。

通风量计算参数表　　　　　　　表 15-3

对流换热系数 h(w/m²·℃)	隧道内设计温度(℃)	管道外表面温度(℃)	空气比热(J/kg·℃)
23	34	40	1010
送风温度(℃)	空气密度(kg/m³)	安全系数	隧道面积(m²)
10	1.15	1.1	71.79

2. 通风方案

供热 1 号隧道、供热 2 号隧道采用全射流通风方式，经计算可知，供热 1 号隧道需设置 2 台射流风机，供热 2 号隧道需设置 6 台射流风机。

四、照明

隧道内照明设施设置方案如下。

1. 灯具的选择

LED 作为新型光源与其他光源相比，具有寿命长、发光效率高、功耗低、启动时间短、显色指数高、结构牢固、不怕震动、方向性好、工作电压低、无紫外辐射、环保等众多优点，尤其是 LED 灯抗潮湿性能好、工作温度低、色温高为典型的冷色光源，更适合在本项目中使用。

2. 灯具布设及供电方式

考虑到隧道主体结构及管道的布设位置，本次照明灯具的布设方式宜采用顶部中央单排布灯。全线分为两个回路，其中一个回路设为应急照明，另一个回路为基本照明，正常情况下，两个回路均由隧道供电系统供电，当隧道供电系统停止运行时，由应急照明供电。

3. 控制方式

照明控制方式采用手动控制和自动控制相结合。手动控制采用照明配电箱在现场控制各个照明回路的开关；自动控制由 PLC 系统控制各个照明回路的开关。按实际需要分段开关灯具，从而达到既满足隧道的照明亮度、保证安全，又节省能源的目的。

五、监控

在隔压站内设置隧道管理站，实现对隧道内视频监控、火灾检测、环境信息采集、无线通信系统的管理，并远程控制隧道内的通风、照明、供电和防火卷帘设施。

管理站设置计算机系统、高清数字视频综合平台、无线集群调度平台和不间断供电系统。计算机系统负责分析洞内环境信息、火灾检测信息，并结合检修人员活动情况对洞内通风、照明和供电设施进行控制，高清数字视频系统负责对隧道日常运转情况进行实时监控，无线集群调度平台完成对隧道内人员的实时通信指挥，不间断供电系统用于保障监控室供电安全可靠。

在隧道内每隔 150m 设置一台近距离激光夜视仪，夜视仪配置低照度摄像机和高亮度激光头，可实现在不开启隧道照明灯具的前提下，调节激光照明光斑的大小、光强度与镜头的变焦、聚焦、云台位置信息，实现多点预置位及自动巡航，便于初步发现夜视仪前后各75m范围内供暖管道的跑冒滴漏现象，若发现管道异常，则开启隧道灯具进行精确检测。地面风机房、隧道口内设置球形摄像机，实现对风机房、室外变电所、隧道口的监控管理。各夜视仪和球形摄像机的图像通过光纤数字化视频传输平台传输至隧道管理站。

隧道内每隔50m设置一处手动报警按钮，当隧道内现场发生意外时，便于隧道内人员及时发出警告，通知管理站启动相应预案并尽快处置。

隧道内拱顶设置光纤光栅探测器，光纤光栅探测器是温度敏感元件，由连接光缆和光纤光栅探头组成，多个检测探头之间相互串接，形成线型结构，用于检测现场环境温度，实时检测火灾信息并提供给光纤光栅报警主机。

六、通信

为保证维护人员和各种维护、巡逻、救援车辆通信需要，在隧道内设置了无线集群调度通信系统、无线网络系统以及固话系统等三种通信系统。这些通信系统各自的优缺点如下：

（1）450MHz无线集群调度通信系统，是在隧道口两侧分别安装天线，信号可覆盖洞口200m范围内的路段，同时，将信号通过光纤传至隧道内的多个450MHz光纤中继器，由设在隧道内的450MHz光纤中继器将光纤中的无线信号取出并放大，通过沿隧道壁铺设的漏泄电缆发送信号，实现450MHz信号对隧道内的覆盖。在隧道管理站设置450MHz无线集群调度台，为进入隧道的车辆和维护人员配备车载台和手持台，便于及时通信。

（2）无线网络系统是利用国内运营商的通信网和技术力量，在隧道口和隧道内架设通信基站，由运营商提供洞内无线通信信号，从而实现语音通信。

（3）固定电话系统。固定电话投资少，管理简单，信号清晰，但不方便。

七、隧道供电

1. 负荷等级的确定及电源要求

由于本项目为隧道内敷设供热管道工程，供配电系统没有特定的标准或规范可供参考。依据《供配电系统设计规范》GB 50052—2009和《公路隧道交通工程设计规范》JTG/T D71—2004等相关技术标准，确定负荷等级。

本项目隧道内负荷等级分类如下。

一级负荷：监控设施；应急照明；电磁阀。

二级负荷：通风机；基本照明。

《供配电系统设计规范》GB 50052—2009中对电源的规定："一级负荷应由双重电源供电，当一电源发生故障时，另一电源不应同时受到损坏"。

2. 外部供电系统

通过调查得知，隧道太原侧的变电站主要有西铭110kV变电站和东社110kV变电站，古交侧有古交220kV变电站，可在隧道太原侧洞口新建一座35/10kV变电站进行供电。

3. 隧道供电系统方案

特长隧道内设置多座 10/0.4kV 箱式变电站，在隧道侧壁开挖洞室作为变压器室，箱式变电站设置其中。箱式变电站两两相距约 1.5km 左右，由洞外 35/10kV 变电站各馈出一回 10kV 中压线路，采用树干式接线方式对箱式变电站供电。每座箱式变电站内设两台干式变压器，低压侧单母线分段运行，可实现互为备用。箱式变电站为除轴流风机外的隧道内的负荷供电。其余两座长隧道由洞外 10/0.4kV 变电所供电，变电所内高低压系统设置与箱式变电站基本一致。

每座竖井风机房设置一座 10/6kV 变电所，专门对轴流风机供电，宜由两回线路供电。

另外，按照规范中对一级负荷中特别重要负荷的供电要求，每座箱式变电站或变电所内均设置 UPS 不间断电源和 EPS 应急电源，分别对监控设施、电磁阀和应急照明供电。

4. 电力监控系统方案

为提高供配电系统运行的可靠性、安全性、先进性，提高生产管理效益，提升供配电系统自动化水平，减轻管理维护人员的劳动强度，降低运行维护成本，全线供配电系统设置综合电力监控系统。电力监控系统依托于供配电系统进行设计，利用成熟的计算机、通信网络和自动控制技术，实现全线变电所（箱变）的综合自动化监测与控制。

电力监控系统采用分散、分层、分布式的结构方案，按照分散控制、集中监视的原则，模块化设计的原则，整个系统分为三层：现场监控层（终端）、通信管理层和系统管理层。

现场监控层：各智能终端安装在变电所进、出线开关以及配电变压器等电力元件的盘面上，主要对电力设备进行数据采集和控制，记录线路短路和接地故障信息，配套断路器应具有电流保护与重合闸功能。

通信管理层：利用监控系统提供的高速光纤 PLC 通信网，电力监控系统仅需要隧道监控系统在各变电所（箱变）提供相应的工业以太网接口，该接口把电力监控数据传输到隧道管理所电力监控主机进行数据收集、处理。

系统管理层：监控管理层设置在管理站，它主要完成对隧道变电所（箱变）的电力监控。主站从各变电所（箱变）的电力监控系统中获取供配电系统的实时信息，从整体上对供配电系统进行监视和控制，分析供配电系统的运行状态，对监控的供配电系统在全局上进行有效的控制、管理，可对电力监控设备进行远程测量、远程控制、远程动作，使供配电系统处于最优的运行状态。

第三节 架空管道工程

太古供热工程野外架空敷设段包括汾河岸边架空段、小隧道内架空段以及削山架空段，总长度为 2.6km，其中两段短距离小隧道内架空敷设段为 0.6km，其他架空敷设段为 2.0km。

野外架空敷设段沿线为汾河河谷地貌，下有汾河漫滩，上多高山林立，地形十分复杂。正是由于地形曲折复杂，导致汾河水流流经此段时尤为湍急，水利部门给出的最大洪水的冲刷深度很大，沿河底敷设供热管道施工难度及投资巨大。考虑到沿管道还需要设置检修车道，因此过河段采用架空敷设。

管道的架设高度应充分考虑设计寿命内可能遇到的最大洪水水位。最大洪水水位应始终位于钢桁架的混凝土盖梁以下，以减小钢桁架对河道行洪能力的影响。因此，混凝土盖梁下沿普遍高出河槽底部 8～12m，局部地区最大达 16m。

一、钢桁架布置方式

野外架空敷设段采用跨越钢桁架架空敷设（图 15-6），钢桁架一般为 25m 一跨（特殊地段最大为 55m 一跨），下设混凝土盖梁、墩柱、桩基等。供热管道与钢桁架之间则通过管道支架（滑动支架、导向支架、固定支架）连接。

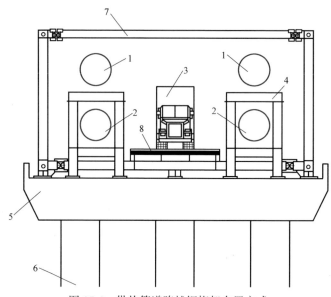

图 15-6　供热管道跨越钢桁架布置方式

1—供水管；2—回水管；3—检修车辆；4—管道支架；5—混凝土盖梁；6—墩柱；7—钢桁架；8—检修车道

二、补偿器选择

钢桁架上供热管道采用直管压力平衡补偿器，在主固定支架两侧对称布置，以减小对固定支架的推力。选用 DN1400 直管压力平衡性波纹管补偿器解决盲板力的问题，并利用钢桁架将水平推力传递给山体，另外，通过剪力钉固定支座及隔热桥钢结构绝热支座有效地控制了钢结构的散热。由于时间紧、任务重，在施工过程中将周边 50 余台 200t 以上的吊车全部调到此处进行施工，最终实现钢桁架桥及管线的顺利完工，保证了供热。

三、转角的处理

受地形影响，长输管网沿途多有转弯，转弯处的供热管道以及钢桁架在水平面内产生垂直管道轴线的径向位移，这也是必须予以控制的。

在控制轴向综合应力的基础上，采用逐步过渡的布置方式。某转弯处的处理方式见图 15-7，以 3 段大曲率半径弯管（两边各有 1m 的直管段便于焊接安装）分别与两段中间带导向支座的 6m 长直管段连接，变急弯为缓弯，平缓过渡，并通过导向支架侧向限位的作用，分级限制转弯处供热管道的径向位移。

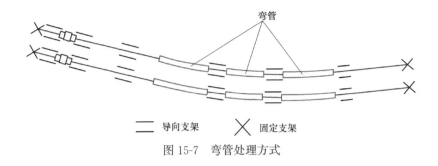

弯管

— 导向支架　　　✕ 固定支架

图 15-7　弯管处理方式

四、坡度

供热管道沿敷设路线存在坡度，通过调整钢桁架或者支座的标高来控制坡度。

五、放气和泄水

此段管道均敷设在汾河河谷内，此段管道如需检修，可以将泄水管就近引入汾河，把泄水排入汾河。本段管道路由长度为 2732m。此段汾河宽 100～150m，河谷深 5～10m。一根管道内的热水容量为 4098m³。如果此时汾河内充满河水，则从管道内泄出的 4098m³ 热水与河水混合，按照热水水温为 130℃、河水水温为 5℃ 计算，则热水与河水混合后温度为 5.2～5.5℃。所以热水泄入汾河内造成的温升仅为 0.2～0.5℃，因此，造成的热污染可以忽略。汾河四季均有水，所以不考虑汾河没有河水的情况。

六、建成后的钢桁架敷设段外观（图 15-8）

（摄影：贺子毅）

图 15-8　钢桁架敷设管道外观

第四节　特殊穿越工程

一、穿越跨河桥梁

屯兰河段管线全长 5.1km。在电厂出口处竖井采用逆做法进行施工，解决了没有空间打桩、开挖深度深、地下水位高的问题。4 根管道直埋穿越热电厂南侧的古岔线，到达热电厂南侧的屯兰河河道内。沿屯兰河直埋敷设，管位在远离河岸靠近河中心的位置。最靠近河岸的管道距离河堤脚距离均大于等于 10m。施工过程中，采用河道流水断面改线、全线整体降水的方式进行开挖。

从屯兰河管理部门了解到，现状屯兰河的河底标高就是规划河底标高。屯兰河 50 年一遇洪水冲刷深度为 3.0~3.5m，局部冲刷深度，例如过桥等位置的冲刷深度达到 7.0m。如果按照此深度，则管道需要管顶覆土 4.0~7.5m，管槽深度将达到 6.0~9.0m。这样施工难度极大，涉及排水、支护等问题，还要对深基坑做评估。为之采取保证管顶覆土最小 1.5m 的原则，当不满足洪水冲刷深度时，在管槽顶部敷设 500mm 厚的浆砌毛石层，向两侧放坡 2.0m，则浆砌毛石层顶部即河床底，保证 50 年一遇的洪水无法冲毁直埋管道。

屯兰河段管道的补偿方式，由于管道敷设在河底，为了保证管道不泄漏，不适合加设永久补偿器。因此，本段管道采用电预热的方式敷设，预热温度为 65℃，具备整体预热的条件则进行整体预热，中间不设补偿器，预热段长度不大于 1.0km。如果不具备整体预热的条件，则在管道中设置一次性补偿器，补偿器的间距与管顶覆土深度有关，按管顶覆土 1.5m 计算，补偿器间距约为 360m。

屯兰河道的特点是桥梁众多，有 9 座桥梁，依次是：选煤矿桥、南梁大桥、屯兰矿输矿廊桥、屯兰矿垃圾场桥、兴园桥、屯村桥、敬老院桥、冷泉桥、滩上桥。其中三座桥的体积较大，分别是：屯兰矿输矿廊桥、兴园桥、滩上桥。因选煤矿桥桥梁结构存在隐患，管道穿越施工时将其拆除，重新选址新建 1 座桥梁，管道穿越其余 8 座桥梁时，均进行保护性通过，施工方案均通过桥梁主管部门组织的论证。事后经连续监测均未发生沉降，既保证了桥梁的安全，也节约了工程费用。

1. 选煤矿桥

管道遇到的第一座桥为选煤矿桥，此桥没有经过审批备案，且两岸实心桥墩伸入河道 26m，严重影响了屯兰河的泄洪，存在防洪隐患。本工程管道通过时将此桥拆除。

2. 南梁大桥

管道采取从桥墩中间穿过的方式穿越南梁大桥。桥墩之间距离约为 20m，因此可以通过 4×DN1400、2×DN1000 的管道（DN1000 为古交市区供热管道，在这段同沟敷设）。管道在距离南梁大桥 12m 位置折向河中心 31m，然后从两个桥墩中间穿过，前行敷设 30m，再折向河岸回到原管位继续向东北方向敷设。

3. 屯兰矿输矿桥廊

屯兰矿输矿桥廊距离管线起点约 2.0km，根据《城镇供热管网设计规范》的要求，输送管网每 2.0~3.0km 需要设置一座阀门井，因此，设置阀门与穿越屯兰矿输矿桥廊一起考虑。具体加设方法是：管道在距离桥梁 14m 的位置折向河中心 20m，到达这座桥的第 2 个桥洞位置，管道上升出河底，达到下层管中心距离河底 4m、上层管中心距离河底 7m 的高度，穿越桥洞。穿越段长 30m，在这水平 30m 段加设阀门及附件。在架空管段上加设的阀门为电动阀门，需从附近引入电力电缆。同时，阀门的控制电缆需与阀门连接。经过水平段之后，管段向下入地，依然直埋敷设，折向河岸，回到原管位。阀门设操作平台，以备检修等操作用。

4. 屯兰矿垃圾场桥

管道穿越屯兰矿垃圾场桥的方式为直埋从桥洞穿过。$4 \times DN1400$ 供热管道从第一孔桥洞直埋穿过。

5. 兴园桥

管道穿越兴园桥的方式为直埋穿越。$4 \times DN1400$ 供热管道沿屯兰河西岸敷设，至兴园桥附近，拐至河道中从第六孔桥洞垂直直埋穿过，再折向东河岸。穿越前后管道形成 Z 形自然补偿形式。

6. 其他桥梁

其他桥梁即屯村桥、敬老院桥、冷泉桥、滩上桥，均为直接从桥洞穿过。在冷泉桥下游约 35m，管道从河中心折向河岸，在距河岸 8m 处管道出河底，管道升高到下层管道中心距离河底 4m，上层管道中心距离河底 7m，水平敷设。管道水平段为 20m，在水平段上加设阀门。阀门的形式与屯兰矿输矿桥廊相同。

二、穿越铁路桥梁

古交市滨河北路及边山公路段，在古交市火山村口下穿太兴铁路、太岚铁路。由于穿越铁路处为现状铁路桥，建设时间早，桥身宽度较小，且基础为承台基础（非桩基础），无论是从宽度空间还是深度空间均无法满足四根管线的通过。如果采用两根管道穿越、两根管道绕行的方式，将面临很多新的拆迁及再次穿越铁路的问题，极大地增加施工难度及工程造价。最终与西南铁路设计院商定了以管线上下叠落地沟的方案，并通过了铁路局的审查，顺利地通过了此处铁路。

三、穿越高速公路桥

边山公路末端至 2 号泵站段，管道穿越了高速公路高架桥，穿越方法是从高架桥的下方桥墩之间直埋敷设穿过。管顶覆土深度保持 1.5m。管道从桥梁的东侧第三跨穿越，采用打钢板桩开挖方式直埋穿越汾河进入 2 号泵站。

四、穿越汾河

（1）古交市区过汾河原设计方案为直埋敷设，考虑到古交市区汾河的蓄水景观工程及日后的维护检修，改为地沟方式敷设，但带来了开挖深度加深的问题。在常年流水的汾河中开挖，采用地下连续墙及钢筋混凝土帷幕桩均面临着施工周期长、造价高的问题，初步报价支护费用远高于工程费本身；而采用钢板桩即面临着钢板桩长度不足及无法止水的问题。最终采用 CT 桩解决了上述问题，仅花费了地下连续墙 1/5 的费用便完成了支护，顺利完成了过汾河地沟的主体施工。

（2）2 号泵站至 1 号隧道西口，此段管线全长 2.6km，管线出 2 号泵站后，沿汾河南岸直埋敷设 0.6km，采用小隧道过堡山岩后，采用钢桁架沿汾河河道架空敷设至 1 号隧道西口，四次跨越汾河。此段管线由于在汾河河谷内敷设，敷设方式的选择经过了反复的论证比选，最终决定汾河河道内采用架空的敷设方式，并通过了水利部门的审批。详见第三节架空管道工程。

第十六章　供热调节与控制

供热调节包括质调节、量调节和分阶段变流量的质调节三种热网运行方式。三种方案简述如下。

1. 质调节

整个采暖季保持最大流量不变，供水温度随热负荷的减小而降低。乏汽余热承担基础负荷，燃气调峰比例约为18%。

2. 量调节

在严寒期，燃气调峰未退出前保持最大流量不变。燃气调峰退出后，保持供水温度不变，流量随热负荷逐渐减少，最低流量不低于最大流量的60%。乏汽余热承担基础负荷，燃气调峰比例约为18%。

3. 分阶段变流量的质调节

在严寒期，燃气调峰未退出前保持最大流量不变。燃气调峰退出后，分两个阶段改变流量，分别为最大流量的80%与60%，两个阶段持续时间相同，并保持流量不变，供水温度随热负荷的减小而降低。乏汽余热承担基础负荷，燃气调峰比例约为18%。

本工程采用质调节。

第一节　调　节　方　案

本节给出供热面积为2000万 m^2、5000万 m^2 以及7600万 m^2 时，系统流量和温度调度情况，可适应不同供热年份的运行调节需要。

一、2000万 m^2 供热调节方案

表16-1给出了供热面积2000万 m^2 的基础信息；表16-2给出了供热面积2000万 m^2 的温度流量调节参数。

供热面积2000万 m^2 基础信息　　　　　　　　　　　　表16-1

供热面积(万 m^2)	2000
运行年份	2016
供热系统数量	1
改造比例(大温差热力站数量/常规热力站数量)	0.1
燃气调峰比例	0

供热面积 2000 万 m² 温度流量调节　　　　　　　　表 16-2

室外气温 (℃)	二级网		中继能源站低压侧		中继能源站高压侧		流量(t/h)	流量比例
	供水温度 (℃)	回水温度 (℃)	供水温度 (℃)	回水温度 (℃)	供水温度 (℃)	回水温度 (℃)		
−11	75	50	120	53	125	58	13586	1.00
−10	74	49	117	51	122	56	13586	1.00
−9	72	48	113	50	118	55	13586	1.00
−8	70	48	111	49	115	54	13586	1.00
−7	68	47	107	48	111	53	13586	1.00
−6	67	46	104	47	108	52	13586	1.00
−5	65	45	100	46	104	51	13586	1.00
−4	64	45	97	46	101	51	13586	1.00
−3	62	44	93	44	97	49	13586	1.00
−2	60	43	91	44	94	49	13586	1.00
−1	59	42	88	43	91	48	13586	1.00
0	57	41	84	42	87	47	13586	1.00
1	55	40	81	41	84	46	13586	1.00
2	53	39	77	40	80	45	13586	1.00
3	51	38	87	43	91	48	10869	0.80
4	49	37	82	41	86	46	10869	0.80
5	48	36	78	40	82	45	10869	0.80
6	46	35	85	42	90	47	8831	0.65
7	44	34	81	41	85	46	8831	0.65
8	42	33	75	39	80	44	8831	0.65

表 16-2 中，中继能源站低压侧回水温度是指热网回水的平均温度。参见图 16-1。

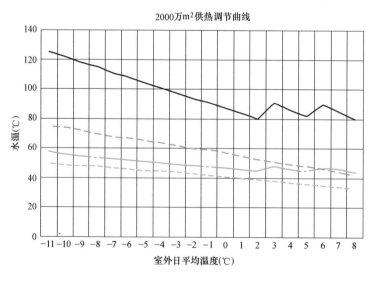

图 16-1　2000 万 m² 供热调节曲线

注：为满足吸收式换热机组进水温度的需要，室外气温在 3℃ 以后进行分阶段改变流量的质调节。

可以看出，在大温差热力站改造比例为 0.1 时，中继能源站低压侧回水温度高于二级网回水温度。

二、5000 万 m² 供热调节方案

表 16-3，表 16-4 依次给出了供热面积为 5000 万 m² 时的基础信息和供热调节的相关参数。

供热面积 5000 万 m² 基础信息 表 16-3

供热面积（万 m²）	5000
运行年份	2017
供热系统数量	2
改造比例（大温差热力站数量/常规热力站数量）	0.4
燃气调峰比例	0.08

燃气调峰热源在室外温度为 −8.7℃时启动。

供热面积 5000 万 m² 温度流量调节 表 16-4

室外气温（℃）	二级网		中继能源站低压侧		中继能源站高压侧		流量（t/h）	流量比例
	供水温度（℃）	回水温度（℃）	供水温度（℃）	回水温度（℃）	供水温度（℃）	回水温度（℃）		
−11	75	50	120	43	125	48	27230	1.00
−10	74	49	120	43	125	48	27230	1.00
−9	72	48	120	43	125	48	27230	1.00
−8	70	48	118	41	123	46	27230	1.00
−7	68	47	114	41	119	46	27230	1.00
−6	67	46	111	40	115	45	27230	1.00
−5	65	45	107	39	111	44	27230	1.00
−4	64	45	103	39	108	44	27230	1.00
−3	62	44	99	39	103	44	27230	1.00
−2	60	43	96	38	100	43	27230	1.00
−1	59	42	93	38	97	43	27230	1.00
0	57	41	89	37	93	42	27230	1.00
1	55	40	86	36	89	41	27230	1.00
2	53	39	82	36	85	41	27230	1.00
3	51	38	102	38	108	43	19061	0.70
4	49	37	96	37	101	42	19061	0.70
5	48	36	91	36	97	41	19061	0.70
6	46	35	85	35	90	40	19061	0.70
7	44	34	81	34	85	39	19061	0.70
8	42	33	75	33	79	38	19061	0.70

表 16-4 中，中继能源站低压侧回水温度是指热网回水的平均温度。可以看出，当大温差热力站改造比例达到 0.4 时，中继能源站低压侧回水温度不高于二级网回水温度。室外温度越低，中继能源站低压侧供水温度越高，中继能源站低压侧回水温度越低。参见图 16-2。

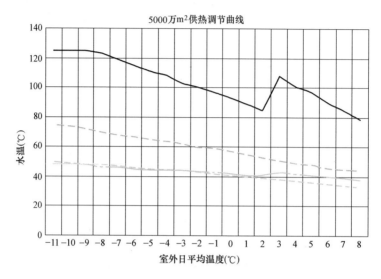

图 16-2 5000 万 m² 供热调节曲线

三、7600 万 m² 供热调节方案

表 16-5、表 16-6 依次给出了供热面积为 7600 万 m² 时的基础信息和供热调节的相关参数。

供热面积 7600 万 m² 基础信息 　　　　　　　　表 16-5

供热面积（万 m²）	7600
预计年份	2020
供热系统数量	2
改造比例(大温差热力站数量/常规热力站数量)	1
燃气调峰比例	0.17

燃气调峰热源在室外温度为 -5.9℃时启动。

供热面积 7600 万 m² 温度流量调节 　　　　　　　　表 16-6

室外气温（℃）	二级网		中继能源站低压侧		中继能源站高压侧		流量（t/h）	流量比例
	供水温度（℃）	回水温度（℃）	供水温度（℃）	回水温度（℃）	供水温度（℃）	回水温度（℃）		
-11	75	50	120	25	125	30	30000	1.00
-10	74	49	120	25	125	30	30000	1.00
-9	72	48	120	25	125	30	30000	1.00

续表

室外气温 (℃)	二级网		中继能源站低压侧		中继能源站高压侧		流量 (t/h)	流量比例
	供水温度 (℃)	回水温度 (℃)	供水温度 (℃)	回水温度 (℃)	供水温度 (℃)	回水温度 (℃)		
−8	70	48	120	25	125	30	30000	1.00
−7	68	47	120	25	125	30	30000	1.00
−6	67	46	120	25	125	30	30000	1.00
−5	65	45	116	25	121	30	30000	1.00
−4	64	45	113	25	117	30	30000	1.00
−3	62	44	108	25	113	30	30000	1.00
−2	60	43	105	25	109	30	30000	1.00
−1	59	42	101	25	105	30	30000	1.00
0	57	41	97	25	100	30	30000	1.00
1	55	40	93	25	97	30	30000	1.00
2	53	39	89	25	92	30	30000	1.00
3	51	38	85	25	88	30	30000	1.00
4	49	37	80	25	83	30	30000	1.00
5	48	36	77	25	80	30	30000	1.00
6	46	35	72	25	75	30	30000	1.00
7	44	34	80	25	84	30	24000	0.80
8	42	33	74	25	78	30	24000	0.80

由表 16-6 可以看出，当热力站全部改造为大温差热力站的时候，中继能源站低压侧回水温度就达到 25℃，均低于二级网回水温度。参见图 16-3。

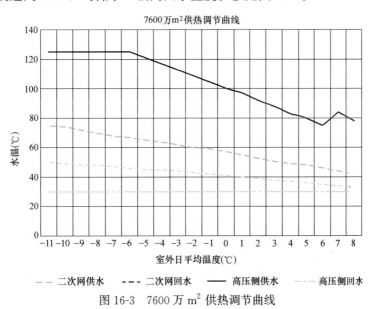

图 16-3 7600 万 m² 供热调节曲线

第二节　控 制 策 略

一、总体要求

该工程泵组数量多，控制点分散在多处场站，系统运行需要各级泵站协调联动，因此，监控系统遵循全域数据共享、集中调度、分散控制的原则。监控系统包括中继能源站监控、供热首站监控、三个泵站监控、隧道内监控以及管线沿途压力的监测，在中继能源站设置供热管线调度中心。

供热监控系统采用 SCADA（Supervisory Control And Data Acquisition）系统，各级泵站之间通过光纤网络进行连接，并设置 ADSL（Asymmetric Digital Subscriber Line）非对称数字用户线路）或 4G 作为备用通信方式。各场站控制系统自成体系，在通信网络故障时可分别独立运行。选用 AB1756 系列 PLC（Programmable Logic Controlle）实现控制层设备控制，主 PLC 设置硬件冗余提高系统可靠性，系统控制逻辑都组态在主控制器内，控制逻辑可实现在线下装，提高系统可维护性，主 PLC 与现场远程 I/O 站之间通过光纤环网进行通信，简化了系统结构并提高了可靠性。所有生产信息数据全域共享，中继能源站供热管线调度中心统一调度，结合水力计算仿真软件和能源管理软件，实现整个系统的生产监控、能效评价、优化节能等功能。

泵组运行频率控制原则为中央调度室根据供热管线实际运行状态，统筹安排，统一调度。中央调度室根据管线设计方案和仿真模拟结果，形成安全可靠、合理可行的升频/降频方案，发送到各个泵站，不采用 PID 反馈调节，避免出现振荡、超调导致超压或失压，造成严重的事故。

除事先规定的系统紧急停止和必须的联锁保护由运行人员故障确认后自动执行不需要运行人员干预外，其他启动、运行调节、停止过程关键步骤都需要运行人员干预或运行人员确认，以尽可能的避免意外事故。

系统集成仿真系统，能够针对系统当前的运行工况给出各点的模拟压力值，实际压力值与模拟压力值对比，偏差较大的点在流程图、水压图上显示，并通过报警通知操作人员。每次指令执行完成后，系统进入待命状态，由操作人员确认后进行下一步升频操作。

系统启动过程以流程图方式显示，操作人员可以直观的查看启动流程和当前执行步骤，以及每一步骤执行前和执行后的检查结果，便于操作人员进行操作。

该工程控制要求高于现有供热系统，因此对操作人员的操作水平和控制系统的易用性、可靠性要求更高。

二、控制权及无扰切换

泵站内设备可根据集中监控调度中心指令运行，也可切换至泵站就地控制，泵组控制分为以下两种控制模式：

（1）远程控制模式，即泵组由热网运行监控调度中心控制，根据收到的调度指令运行。

（2）泵站本地控制模式，即泵组根据泵站监控室控制指令运行。

以上两种模式，优先级由低到高，泵站本地控制模式与远程控制模式之间切换需要泵站运行人员确认，需要有控制权的移交过程。

当本区域泵站和热网运行监控调度中心的通信异常时，泵站设备自动切换到由站内本地控制模式。泵组在两种控制方式之间切换时，保持频率和运行状态不变，再根据新的控制指令改变运行状态，实现无扰切换。

三、启动

为提高系统安全性、稳定性，各个泵站需要运行人员确认该泵站是否达到启动要求，各水泵在本地手动启动正常后，切换至自控系统统一控制。

1. 启动频率的选取

水泵和电机厂家确认，水泵和电机在 5Hz 时最多运行 30min，六级泵站 24 台水泵需要在 30min 内完成启动，每一台水泵的启动时间和工况检查时间需要控制在 1min15s 以内，且所有水泵完成启动后，需要立即开始升频操作，不具有可操作性。因此，暂选择启动频率为 10Hz，以满足启动时逐台或逐泵站启动的要求。

2. 启动方案

泵站启动顺序为

① 电厂供热首站；

② 中继能源站；

③ 3 号加压泵站；

④ 2 号加压泵站供水加压泵；

⑤ 1 号加压泵站；

⑥ 2 号加压泵站回水加压泵。

按序启动过程中，泵组流量、扬程、功率、效率的变化如表 16-7 所示，启动过程如下：

① 供热首站以 10Hz 频率依次启动 4 台水泵。

② 中继能源站以 10Hz 频率依次启动 4 台水泵。

③ 3 号加压泵站以 20Hz 频率启动第一台和第二台水泵；启动 2 台泵后降频至 10Hz；以 10Hz 频率依次启动剩余 2 台水泵。

④ 2 号加压泵站供水侧以 20Hz 频率启动第一台和第二台水泵；启动 2 台泵后降频至 10Hz；以 10Hz 频率依次启动剩余 2 台水泵。

⑤ 1 号加压泵站以 25Hz 频率启动第一台和第二台水泵；启动 2 台泵后降频至 20Hz；以 20Hz 频率启动第三台水泵；启动 3 台泵后降频至 10Hz；以 10Hz 频率启动最后 1 台水泵。

⑥ 2 号加压泵站回水侧以 25Hz 频率启动第一台和第二台水泵；启动 2 台泵后降频至 20Hz；以 20Hz 频率启动第三台水泵；启动 3 台泵后降频至 10Hz；以 10Hz 频率启动最后 1 台水泵。

⑦ 启动完成，可以开始系统升频操作。

升降频速率为 2.5Hz/min，升降频后稳定 3min。

启动过程中发现异常工况，系统暂停启动过程，检查完成无误后方能继续执行系统启动流程。

启动过程汇总表　　**表 16-7**

首站 1号 2号回 2号供 3号 中继 (ABCD)	流量 (m³)	扬程(m)							功率(kW)						效率(%)					
		首站	1号	2号回	2号供	3号	中继	总计	首站	1号	2号回	2号供	3号	中继	首站	1号	2号回	2号供	3号	中继
	1156	3.0						3.0	12.2						78					
	1449	4.7						4.7	10.9						86					
	1508	5.1						5.1	9.6						73					
	1529	5.3						5.3	9.0						61					
	1666	5.2					1.0	6.3	9.1					7.0	65					66
	1948	5.1					3.4	8.6	9.5					10.0	72					90
	2002	5.1					3.9	9.0	9.6					8.5	73					83
	2021	5.1					4.1	9.2	9.6					7.7	73					73
	2611	4.9				6.6	3.9	15.4	10.5				92.1	8.4	83				38	83
	3028	4.7				12.2	3.8	20.7	11.1				57.6	9.0	87				88	87
	2240	5.0				2.2	4.0	11.3	9.9				9.8	8.0	77				70	77
	2313	5.0				3.0	4.0	12.1	10.0				7.3	8.1	79				88	78
	2336	5.0				3.3	4.0	12.3	10.1				6.6	8.1	79				79	79
	2932	4.7			7.8	3.1	3.8	19.4	10.9			81.1	7.1	8.9	86			76	87	86
	3369	4.4			14.6	2.9	3.7	25.6	11.5			75.3	7.6	9.4	88			89	88	89
	2554	4.9			2.6	3.2	3.9	14.7	10.4			10.8	6.8	8.4	82			84	83	82
	2630	4.9			3.6	3.2	3.9	15.6	10.5			9.6	6.8	8.5	83			89	84	83
	2654	4.9			3.9	3.2	3.9	15.9	10.5			8.5	6.8	8.5	83			83	84	83
	3305	4.5	9.9	0.0	3.7	2.9	3.7	24.6	11.4	257		9.3	7.5	9.3	88	35		89	88	89
	3807	4.0	19.1	0.0	3.5	2.7	3.5	32.7	12.0	113		9.9	8.2	9.9	87	88		90	84	90
	3403	4.4	11.6	0.0	3.6	2.9	3.6	26.1	11.6	61.0		9.5	7.6	9.5	88	88		89	88	89
	3494	4.3	13.2	0.0	3.6	2.8	3.6	27.5	11.7	52.6		9.6	7.7	9.6	88	79		89	87	89
	2847	4.8	2.7	0.0	3.8	3.1	3.8	18.3	10.8	8.2		8.8	7.0	8.8	85	85		85	86	85
	2877	4.7	3.1	0.0	3.8	3.1	3.8	18.7	10.8	7.0		8.8	7.0	8.8	86	87		86	87	86
	3739	4.1	2.7	15.0	3.5	2.7	3.5	31.5	11.9	8.1	207	9.9	8.1	9.9	87	85	74	90	85	90
	4215	3.6	2.4	25.2	3.2	2.4	3.2	40.1	12.3	9.0	163	10.4	9.0	10.4	84	77	88	89	77	89
	3759	4.1	2.7	15.4	3.5	2.7	3.5	31.8	11.9	8.1	89	9.9	8.1	9.9	87	85	89	90	85	90
	3856	4.0	2.6	17.4	3.4	2.6	3.4	33.5	12.0	8.3	73.5	10.0	8.3	10.0	87	84	83	90	84	90
	3111	4.6	3.0	3.7	3.8	3.0	3.8	21.8	11.2	7.3	11.7	9.1	7.3	9.1	87	88	88	87	88	87
10Hz	3139	4.6	3.0	4.1	3.7	3.0	3.7	22.2	11.2	7.3	10.1	9.1	7.3	9.1	87	89	88	88	89	88
15HZ	4709	10	7	9	8	7	8	50	38	24	34	31	24	31	87	89	88	88	89	88
20Hz	6278	18	12	17	15	12	15	89	90	58	81	73	58	73	87	89	88	88	89	88
25Hz	7848	29	19	26	23	19	23	139	175	112	157	143	112	143	87	89	88	88	89	88
30Hz	9418	41	27	37	34	27	34	200	303	194	272	246	194	246	87	89	88	88	89	88
35Hz	10987	56	37	51	46	37	46	272	481	308	432	391	308	391	87	89	88	88	89	88
40Hz	12557	73	48	66	60	48	60	355	717	460	645	584	460	584	87	89	88	88	89	88
45Hz	14127	93	61	84	76	61	76	450	1021	656	918	831	656	831	87	89	88	88	89	88
47.8Hz	15000	105	69	94	85	69	85	507	1223	785	1099	995	785	995	87	89	88	88	89	88
50Hz	15696	114	75	103	94	75	94	555	1401	899	1259	1141	899	1141	87	89	88	88	89	88

3. 升频操作

升频过程中，正常升频速率不大于 5Hz/min，程序编制时，默认值为按每次升频 1Hz 用时 1min 考虑，升频时间由控制系统提供设定参数，可在限定范围内调整。

升频完成后维持不低于 3min，系统可接近稳定状态。升频稳定时间在控制系统提供设定参数的画面，可在限定范围内调整。系统升频稳定时间见图 16-4。

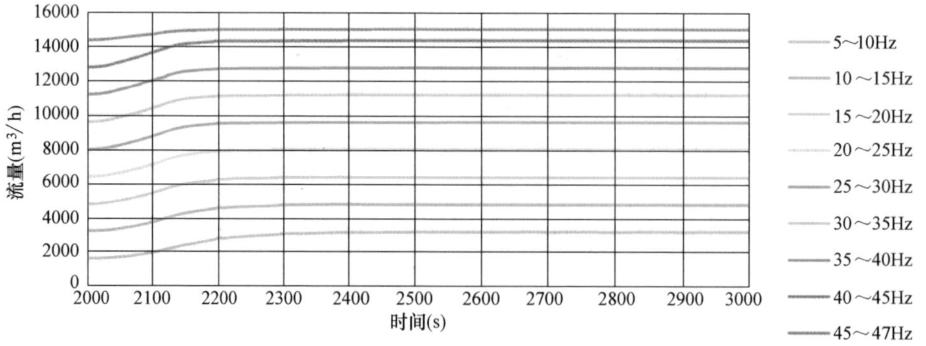

图 16-4　系统升频稳定时间

4. 变频器转速跟踪启动

后起动的泵组在水流推动下，具有一定的转速，其感应电压对变频器可能造成不利影响，因此，从第二组泵开始应利用变频器的转速跟踪启动功能，自动跟踪电机的转速和方向，实现平滑无冲击启动，延长设备寿命，参见图 16-5。

5. 启动完成后系统升温过程

当系统建立循环后，开始升温过程，电厂出口升温速率暂定不超过 1℃/10min，每次升温不超过 5℃，升温过程同步观察系统压力、温度变化，开始泄水操作，泄水量约为 $60\sim80\mathrm{m}^3/10\mathrm{min}$。

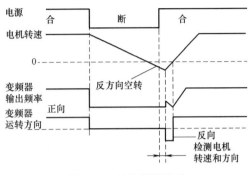

图 16-5　转速跟踪启动

6. 部分泵故障时的启动方案

（1）单台水泵故障

六级泵站中，单个泵站或多个泵站出现泵组内一台水泵故障时，仍可按规定过程启动系统。

（2）2 台水泵故障

1 号或 3 号泵站 2 台水泵无法运行时，故障泵站启动频率和运行频率调整为规定值的 1.6 倍；其他泵站最终运行频率不超过 30Hz，此时，故障泵站的运行频率约为 48Hz。

其他泵站 2 台水泵无法运行时，故障泵站的启动频率和运行频率调整为正常频率的 1.2 倍，其他泵站最终运行频率不超过 40Hz，此时，故障泵站的运行频率约为 48Hz。

（3）3 台或一组泵故障

供热首站 3 台或整组泵无法运行时，故障排除前系统不进行启动。

中继能源站 3 台或整组泵无法运行时，维持系统其他加压泵站 20Hz 冷态运行，不得进行升温，直至故障排除。

1 号、2 号、3 号加压泵站 3 台或整组泵无法运行时，启动过程涉及故障加压泵站部分的操作一律不得进行，但除故障泵站外，其他泵站仍可启动，故障排除之前，其他泵站运行频率不得超过 30Hz，电厂出口水温不超过 85℃，同步观察系统压力、温度变化，不超温、不超压。

四、运行调节

长输管线设计流量为 15000t/h×2，在未完全达产的情况，需要根据热网负荷及供热参数调整供热流量，在热网负荷确定的情况下，采用质调节方式运行。

变流量采用系统同步升降频的方式。

系统运行频率低于 35Hz 时，每次升降频幅度不超过 3Hz，升降频后，稳定时间不低于 3min，超过 35Hz 时，每次升降频幅度不超过 1Hz，升降频后，稳定时间不低于 3min，发现异常时，暂停升降频操作，排除异常后方可继续执行。

五、停止

与启动过程相反，停止过程中管道系统内各级泵组逐级降频至低流速工况，水泵平稳停机。停止过程控制模式分为手动正常停止模式和紧急停车模式。

紧急停车模式为最快能在 3min 内把泵的频率匀速降低至 0Hz 的自动停运模式（降频速率为 0.2778Hz/s）。

1. 正常停止

（1）停止过程

系统停止过程顺序如下：

① 全系统匀速降频，每步骤降频幅度为 5Hz，降频操作时间为 2min，降频后稳定时间为 3min；

② 全系统降频至 10Hz，控制权交泵站，就地停泵；

③ 2 号泵站回水加压泵匀速降频至 5Hz，之后停止；

④ 1 号泵站匀速降频至 5Hz，之后停止；

⑤ 2 号泵站供水加压泵匀速降频至 5Hz，之后停止；

⑥ 3 号泵站匀速降频至 5Hz，之后停止；

⑦ 中继能源站匀速降频至 5Hz，之后停止；

⑧ 供热首站匀速降频至 5Hz，之后停止；

⑨ 系统停止完成。

以上停止过程，流量逐步降低，最后停止供热首站水泵时，流量已经降低至约 720m³/h，每台水泵流量仅约 180m³/h。

（2）降频稳定时间

系统运行频率低于 35Hz 时，每次升降频幅度不超过 3Hz，升降频后稳定时间不低于 3min，超过 35Hz 时，每次升降频幅度不超过 1Hz，升降频后稳定时间不低于 3min。

降频速度由控制系统提供设定参数，可在限定范围内调整。

降频时间由控制系统提供设定参数，可在限定范围内调整。

系统降频稳定时间见图 16-6。

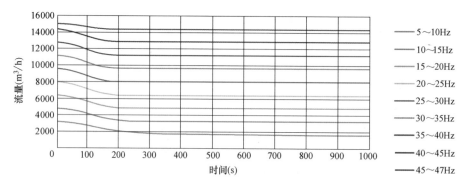

图 16-6　系统降频稳定时间

2. 系统紧急停止

当系统出现重大事故，整个系统必须立即停止运行时，SCADA 系统监控画面发出最高级别声光报警，提醒运行人员尽快确认故障的真实性，故障确认后，如果不能及时解除，经运行人员确认，采取紧急停止系统运行策略，所有运行的设备在 3min 内由运行频率匀速降频至 0Hz，整个系统停止运行，启动系统紧急停止过程后，不需要运行人员干预，系统自动以设定的过程停止。

紧急停泵时间从运行频率匀速降频降低到停泵用时 3min，最大降频速率为 0.2778Hz/s。

3. 系统紧急停止并隔断

当供热系统发生严重泄漏时，需要对管网进行隔断，避免全网汽化造成严重损害。经运行人员紧急停车，系统紧急停止并隔断的过程如下：

（1）急停泵时间从运行频率匀速降频至 0Hz 用时 3min，最大降频速率为 0.2778Hz/s；

（2）泵组停运后，自动远程控制关闭系统所有电动阀门（DN1400 及旁通 DN350），关闭时间为 10min；应做联锁保护，泵组未停运时，严禁启动关阀程序。

此命令属于出现突发重大泄漏事故，并难以判断事故原因及位置时的极端保护命令。关闭系统所有电动关断阀，可以将系统静压分段，并且防止某一阀门关闭不严出现问题。

六、补水

1. 供热首站补水定压控制系统

供热首站补水定压系统采用变频器补水定压，根据测压点压力与设定压力的偏差，控制补水泵变频器工作频率。系统自动统计瞬时补水量、小时累计补水量、日累计补水量和累计补水量，当补水量超过设定报警值时，系统报警提示补水量过大。

2. 事故补水系统

事故补水系统设置在管道最高处，此处运行压力最小，根据测压点压力与设定压力的偏差，控制补水泵变频器工作频率。

事故补水泵设置一旁路，并设置调节阀，保证补水泵在热备状态时具有一定的冷却流量，保护水泵。

（1）补水泵变频器按设定最小频率（30Hz）运行；

（2）当测压点压力小于设定最低压力（默认值供水 0.4MPa、回水 0.2MPa）时，补水泵变频器按最快速度升频到 50Hz；

（3）当测压点压力高于设定最高压力（默认值供水 0.5MPa、回水 0.3MPa）时，补水泵恢复 30Hz 运行。

七、泵组故障

1. 单泵故障处理

单台泵故障后，泵组功率在设计范围内，系统各处压力不超过设计压力，因此监控系统只报警，各级泵站泵组维持当前运行频率，运行人员关闭故障水泵进出口阀门，对故障水泵进行检修，观测剩余 3 台水泵运行功率。

2. 双泵故障处理

根据仿真结果，泵组在两台水泵故障后，剩余两台水泵能够保证维持运行 2min，因此 2min 内需要将水泵的流量降低。如果泵站立即开始降频，需要约 3min 的时间达到新的稳定状态，因此，当某一泵站发生 2 台水泵停运的故障时，其他泵站根据联锁动作立即开始自动降频，且应在 2min 内按如下状态降频。

（1）1 号或 3 号泵站 2 台水泵故障

1 号或 3 号泵站水泵发生 2 台水泵故障时，故障泵站剩余的两台水泵立即自动升频率至 48Hz（升频速度小于 0.25Hz/s），其他泵站立即开始自动降频至 30Hz（降频速度小于 0.25Hz/s），系统同时报警。若此时系统运行频率在 30Hz 以下，则故障泵站剩余的两台水泵立即自动调节频率到运行频率的 1.6 倍。

在该工况下，系统能够保持 67% 的流量。

（2）其他泵站 2 台水泵故障

其他泵站水泵发生 2 台水泵故障时，故障泵站剩余的两台水泵保持正常工作频率，其他泵站立即降频至 40Hz（降频速度小于 0.25Hz/s）。

在该工况下，系统能够保持约 84% 的流量。

八、故障报警及处理

故障报警分级

系统故障根据严重程度分为四级：系统急停故障、严重故障、一般故障和预警。严重程度逐渐降低。

系统急停故障：系统已无法继续运行，要求系统尽快停止并进行抢修；

严重故障：系统能够通过调整，降低系统流量，继续部分负荷运行；

一般故障：要求系统尽快排除故障，但系统仍能通过简单的处理措施继续运行，不需大幅降低系统流量；

预警故障：需要对潜在的风险进行分析，对可能的故障进行排查。

监控报警画面能够根据故障严重程度优先显示系统急停故障、严重故障、一般故障和预警。

1. 系统急停故障

（1）管道泄漏监测系统、视频监测系统、运行人员巡线等发现管道发生严重泄漏。

处理措施：运行人员确认后执行操作，3min 内匀速停泵，停泵后执行 10min 关闭故障段电动阀门操作。

（2）电厂定压补水泵突然工频运行，达到最大补水能力 600t/h，此时系统压力仍不正常。

处理措施：运行人员进行快速加压泵降频操作（降频速度小于 0.25Hz/s），但最低不低于 20Hz，若操作仍无法维持系统运行，则运行人员确认后执行紧急停车操作，3min 内匀速停泵，停泵后执行 10min 关闭全线电动阀门操作。

（3）中继能源站 3 台或 4 台泵故障处理措施：控制系统可设置启用自动联锁和不启用自动连锁两种方式。

1）启用自动联锁

系统检测到故障后，若供水温度（取中继能源站供水管线温度测点去除异常值后的最大值）小于 50℃，先全系统自动降频，系统报警并紧急停车（降频速度小于

0.25Hz/s），同时执行10min关闭中继能源站进出口阀门操作。

2）不启用自动联锁

系统检测到故障后，若回水温度（取回水管线温度测点去除异常值后的最大值）小于50℃，先全系统自动降频，系统报警但不提示是否紧急停车按钮；若回水温度大于50℃，报警并自动匀速降频至20Hz，运行人员确认后执行紧急停运操作，系统匀速停运（降频速度小于0.25Hz/s），同时执行10min关闭中继能源站进出口阀门操作。确认紧急停车窗口，系统提供综合信息提示板，包括电气、泵组、变频器故障状态和关键点压力、温度、流量数据。

（4）电厂首站3台或4台泵故障

处理措施：系统自动匀速降频至20Hz，运行人员确认后执行紧急停运操作，系统3min内匀速停运。

（5）一个泵站两台水泵故障后，再发生一个泵站两台水泵故障。

处理措施：系统自动匀速降频至20Hz，运行人员确认后执行紧急停运操作，系统匀速停运（降频速度小于0.25Hz/s），此时如系统压力正常，运行人员可不执行停运操作。

（6）两个泵组同时3台或4台水泵故障。

除2号泵站供水和回水侧泵组同时故障外，其他泵站出现两个泵站3台或4台水泵故障的事故。

处理措施：控制系统可设置是否启用自动联锁，处理方式如下。

1）启用自动联锁，系统检测到故障后，声光报警并自动执行3min匀速停运操作；

2）不启用自动联锁，系统检测到故障后，声光报警并自动匀速降频到20Hz，运行人员确认后执行紧急停运操作，系统匀速停运（降频速度小于0.25Hz/s）。确认紧急停车窗口，系统提供综合信息提示板，包括电气、泵组、变频器故障状态和关键点压力、温度、流量数据。

（7）中继能源站低压侧四台或五台水泵全部断电。

处理措施：控制系统可设置是否启用自动联锁，处理方式如下。

1）启用自动联锁，高压侧系统3min匀速降频停运，停泵10min后关闭中继能源站进出口阀门。

2）不启用自动联锁时，无动作。

电厂抽汽加热后便启动此联锁，冷态调试可不启用此联锁。

2. 严重故障

（1）泵站单路电源故障，即2台水泵突然停电事故。

处理措施：发出严重故障信号，根据联锁保护，其余泵组自动降频运行，如果1号和3号泵站发生故障，其他泵站降频至30Hz；如果电厂首站、2号泵站供水或回水、中继能源站故障，则降频至40Hz。

（2）1号泵站，2号泵站，3号泵站等3台或4台泵故障。

处理措施：发出严重故障信号，停运故障泵组，根据联锁保护动作，其他泵组自动降频至30Hz运行。

（3）中继能源站单台水泵故障。

处理措施：高压侧运行频率自动调低至当前频率的 80%，但不低于 $10\mathrm{Hz}$。

（4）中继能源站两台水泵故障。

处理措施：高压侧运行频率自动调低至当前频率的 60%，但不低于 $10\mathrm{Hz}$。

（5）中继能源站三台水泵故障。

处理措施：高压侧运行频率自动调低至当前频率的 40%，但不低于 $10\mathrm{Hz}$。

3. 一般故障

（1）由于供配电、变频器、电机、水泵本身及与水泵连接管路阀门等各种原因导致的任一泵组单台水泵故障。

电厂、1 号泵站、2 号泵站供水、2 号泵站回水、3 号泵站、中继能源站内共 6 级泵组，每级泵组单台水泵突然故障处理：发出预警故障信号，关闭故障水泵进出口阀门，对故障水泵进行检修；观测剩余 3 台水泵运行功率。

（2）通信及控制系统发现下列故障时，及时检修。

1）光纤通信网络故障。

2）ADSL 备用通信网络故障。

3）4G 备用通信网络故障。

4）传感器失去连接。

5）传感器值超量程范围或设定范围。

6）控制系统中控制板卡故障。

7）对时系统故障。

（3）管道监测系统发现下列故障时，及时检修。

1）管道压力高，管道压力传感器测量值大于报警值。

2）管道压力低，管道压力传感器测量值小于报警值。

3）管道泄压阀开启。

4）管道中自动或手动阀门的阀位不在正常状态。

（4）泵站运行发现下列故障时，及时检修。

1）泵站循环泵泵体超温。

2）泵站循环泵轴超温。

3）泵站循环泵电机超温。

4）泵站循环泵变频器故障。

5）泵站循环泵倒转。

6）泵站循环泵入口压力低。

7）泵站循环泵震动异常。

（5）管道泄漏监测系统发现系统发生一般泄漏。

当系统发生一般泄漏故障时，定压补水与事故补水尚未达到最大补水能力，系统压力发生明显变化，但无失压风险，此时需要迅速确认泄漏点，现场判断泄漏的严重程度，并采取进一步的维修措施。当系统发生一般泄漏故障时，系统报警，并提示可能的泄漏点位置。

4. 预警故障

（1）管道压力异常预警，管道压力传感器测量值与正常运行压力偏差超过故障预警值，正常运行压力根据系统流量模拟计算得到。

（2）管道泄漏监测系统发现系统可能发生泄漏。

（3）补水系统预警：当定压补水系统与事故补水系统的瞬时补水量、小时累计补水量和日累计补水量超过设定值，但系统压力传感器值无明显异常，偏差范围也未超过设定值且光纤测温检漏系统也无异常。

（4）各泵站均设有除污器，系统调试时，每个除污器安排专人除污，除污器前后设置压力表，两压力表压差大于 0.03MPa 时，应及时开启除污器泄水阀除污。运行时，两压力表压差大于 0.03MPa 时，应报警，通知运行人员除污。

（5）中继能源站板式换热器压差过大报警，换热端差过大报警。

（6）中继能源站及电厂整体旁通处，旁通前后设置温度表和压力表，根据温度与压力情况判断旁通止回性能，发现泄漏时，及时检修，探测仪表在井室内阀门两侧紧贴井室壁，尽量远离阀门安装。温度或温差报警数值根据运行情况设定。

（7）中继能源站回水温度升高报警。

（8）高压侧与低压侧流量偏差过大报警。

九、联锁保护

1. 系统联锁保护

（1）与任一泵站通信中断：所有泵站无扰切换到泵站级自控模式，并发出声光报警提示操作人员，调度中心显示网络异常的节点。

（2）1 号泵站或 3 号泵站任意两台水泵无法运行：维持故障泵站剩余两台水泵运行频率，其他泵站自动降频至 30Hz（当前运行频率的 62.5% 与 30Hz 的较低值，不低于 10Hz）。

（3）1 号泵站或 3 号泵站失去一路电源：维持故障泵站剩余两台水泵的运行频率（维持当前运行频率不变），其他泵站自动降频至 30Hz（当前运行频率的 62.5% 与 30Hz 的较低值，不低于 10Hz）。

（4）电厂首站、2 号泵站供水、2 号泵站回水、中继能源站两台水泵无法运行：维持故障泵站剩余两台水泵的运行频率，其他泵站自动降频至 40Hz（当前运行频率的 83.3% 与 40Hz 的较低值，不低于 10Hz）。

（5）电厂首站、2 号泵站供水、2 号泵站回水、中继能源站失去一路电源：维持故障泵站剩余两台水泵的运行频率，其他泵站自动降频至 40Hz（当前运行频率的 83.3% 与 40Hz 的较低值，不低于 10Hz）。

（6）1 号泵站、2 号泵站供水、2 号泵站回水、3 号泵站三台水泵无法运行：停故障泵站，其他泵站自动降频至 30Hz，若当前运行频率低于 30Hz 则不动作。

（7）电厂首站三台水泵无法运行：系统自动匀速降频至 20Hz，运行人员确认后执行操作，各级水泵在 3min 内紧急停泵，等待电厂恢复供电。

（8）电厂首站失去双路电源：系统自动匀速降频至 20Hz，运行人员确认后执行操作，各级水泵在 3min 内紧急停泵。

（9）中继能源站三台及以上水泵无法运行见本节严重故障处理。

（10）两个泵站 3 台或 4 台水泵故障：见本节严重故障处理。

（11）中继能源站单台水泵故障。

处理措施：高压侧运行频率自动调低至当前频率的 80%，但不低于 10Hz。

（12）中继能源站两台水泵故障。

处理措施：高压侧运行频率自动调低至当前频率的 60%，但不低于 10Hz。

（13）中继能源站三台水泵故障。

处理措施：高压侧运行频率自动调低至当前频率的 40%，但不低于 10Hz。

（14）任一泵站电动阀门（运行时需开启的）处于关闭状态时，不能启动循环泵。

（15）任一高压侧循环泵未停止时，电动阀门不能执行关闭操作。

说明：必要的降频操作由系统联锁保护自动执行，紧急停运操作必须由运行人员在监控平台对故障确认后再执行相关联锁措施。

2. 泵站联锁保护

（1）与调度中心通信中断：无扰切换到泵站级控制模式。

（2）水泵无法运行故障：匀速停对应泵。

（3）电机无法运行故障：匀速停对应泵。

（4）变频器过载、缺相等报警：匀速停对应泵。

（5）三台水泵无法运行：匀速停剩余一台水泵。

说明：以上联锁保护自动执行。

3. 事故补水泵站联锁保护

（1）供水侧压力低于 $40mH_2O$：供水侧补水泵最快速度升频至 50Hz。

（2）供水侧压力高于 $50mH_2O$：供水侧补水泵运行频率 30Hz。

（3）回水侧压力低于 $20mH_2O$：回水侧补水泵最快速度升频至 50Hz。

（4）回水侧压力高于 $30mH_2O$：回水侧补水泵运行频率 30Hz。

说明：以上事故补水联锁保护自动执行。

十、恢复

1. 单泵恢复

当泵组中某一台水泵故障修复后，经过盘车、点动（关闭泵后阀门）检查水泵及变频器无异常后进入就绪状态，可以通过以下步骤恢复该水泵运行：

（1）确认水泵无倒转；

（2）低频启动水泵，确认设备无异常；

（3）匀速升频至设定频率。在此设定频率下泵后压力略低于同组水泵泵后压力。

（4）继续匀速升频至同组水泵频率；

（5）检查泵后压力是否与同组水泵泵后压力一致。

2. 泵站恢复

当系统运行在不完整工况下，部分泵站泵组降频运行，部分泵站停运，从不完整工况恢复到正常运行工况，如果采用泵组单泵逐启动的方式，按照以下控制逻辑执行：

（1）运行的水泵匀速降频至 10Hz；

（2）停运泵站以 25Hz 频率启动第一台和第二台水泵；启动 2 台泵后降频至 20Hz；以 20Hz 频率启动第三台水泵；启动 3 台泵后降频至 10Hz；以 10Hz 频率启动最后 1 台水泵；

（3）系统以 2.5Hz/分钟频率升频，每次升频 5Hz，升频后稳定 3min；

（4）重复升频操作，直至所有水泵升频至正常运行频率。

如果以泵组同步启动的方式，按照以下控制逻辑执行：

（1）运行的水泵匀速降频至 10Hz；

（2）停运泵站以 10Hz 频率同步启动 4 台水泵；

（3）系统以 2.5Hz/min 频率升频，每次升频 5Hz，升频后稳定 3min；

（4）重复升频操作，直至所有水泵升频至正常运行频率。

十一、其他

1. 升温泄水

当系统建立循环后，开始升温过程，热水由于热胀冷缩开始膨胀，系统压力升高，当电厂供热首站的定压点压力超过补水定压值后，需要开启泄水阀降低压力。系统升温 $1℃$，水量变化 $10\sim80m^3$。

2. 各个泄压阀的开启压力设定值

对于电磁开关均设定为 2.45MPa，对于压力开关均设定为 2.5MPa。

3. 其他注意事项

1）系统事故信号均要同时给到电厂自控系统，电厂自控系统需考虑相应的联锁控制；

2）系统电动阀门，运行时需要开启的电动阀，处于关闭状态时不能启动循环泵；

3）任一电动阀门断电后，应维持原开度，通电后，阀门开度不调整；

4）水泵故障停止取三路信号：输电线路停电信号、变频器停电信号、水泵停电信号。

第三节　控制系统的功能与设置

根据供热管线系统的特点和系统调度的需要，本工程中设置了一套供热管线监控系统，监控供热管线和泵的运行。在供热管线调度室设置一套集中监控系统，它由主服务器、操作员站、工程师站及相应的监控软件、应用软件所组成，作为调度管理层。

在各个加压站设置了现场控制系统和现场控制箱及各种检测仪表，组成现场控制层。通过实时的有线和无线网络将供热管线调度监控系统和现场控制层连接起来，进行数据通信，形成一个相对独立的控制网络。

本系统分工明确，中央调度层进行全网监测，根据管线的运行需求进行合理的调度，用以满足供热管线的需求。事故情况下，按照事故处理预案控制系统的操作，将事故降到最低程度。

加压泵站的控制系统主要用于完成站内设备的控制和数据检测，服从于供热管线调度层的统一指挥，从而使得供热管线调度系统协调统一的工作。

1. 控制系统的基本设置情况

在热网调度中心中央控制室设置两台监控服务器，互为热备用，用于采集和处理供热管线监控系统的数据。设置操作员站两台，用于日运行时的显示、报警。设置工程师站一台，用于系统的编程和参数的修改。设置两台历史数据库服务器，用于数据存储。设置一台浏览服务器，将监控系统按照一定的保密级别送到各个用户计算机。设置通信机一台，负责与供热管线上的中继泵站控制系统进行数据通信，进行格式转换后，送到控制系统中。

在中央控制室，还设置了一套大屏幕液晶显示系统，在大屏幕上可以实时的显示供热管线整个系统的运行工况和监控系统的画面。

调度系统的网络采用标准的100M/1000M工业以太网，采用TCP/IP通信协议。同时也可以通过Web浏览器借助Internet网，在管理人员办公室或者其他地方观察到系统运行状态。但是，在这些地方，只能观察系统的运行状态（按照一定级别，可以浏览不同的内容），不能发布控制命令，发布控制命令必须到供热管线控制中心来完成。

2. 中央监控系统的功能

（1）SCADA功能与数据管理功能

在系统设计中，每一个中继泵站均设置了一套控制系统，在供热管线调度室设置一套监控系统。中继泵站控制系统采集站内运行数据，供热管线监控系统采集各个加压泵站的运行数据，进行加工处理，用于供热管线系统的显示、报警、打印以及控制，完成供热管线系统的数据采集和控制功能。数据采集采用轮循、并发和召唤几种方式，根据现场的实际情况来确定。通信方式见系统的通信部分的有关描述。

（2）系统的管理功能

监控系统能够实时的采集各个泵站运行参数和设备的工作状态，应能以数字、符号及图形方式为操作人员动态模拟生产过程并显示其实时数据，使之更易于操作和管理。

监控系统能根据预先设定的报警值对生产过程中产生的异常事件进行多种形式的报警。报警消息可以在网络各节点之间传递，并且可以实现网络打印。可以弹出报警窗口，同时，报警具有优先级，主要报警抑制次要报警。

对于一些较为复杂的控制和调节，监控系统可以自动运用一些适用的、可靠的算法对过程值进行调整，使这些过程值保持在一定的范围内，从而实现计算机对过程的控制。

（3）报表功能

监控系统应具有报表功能，可以将系统中的任何数据按照操作人员的要求进行采样，并存储在一个数据文件中，并且保证至少两年不溢出。文件中的数据可以随时作为历史数据显示。数据文件可以支持流行的数据库，数据归档应支持分布式结构，并可以在故障时就地存储和转发。

监控系统应能支持以工业数据交换协议来存储数据，操作人员应能用电子表格生成各类生产流程和系统运行状态的详细报表，报表应包含所属的实时和历史数据。

（4）分析功能

系统可以提供一个实时的供热管线系统仿真环境，有在线分析、离线分析、培训。其主要功能描述如下。

1) 在线分析

系统应能计算供热管线的水力、热力工况，快速判断供热系统是否有泄漏以及泄漏点位置，保证供热管线安全可靠的运行。

2) 离线分析

可以离线进行各种方案的演练，用以进行系统仿真及方案优化。还可以改变各种参数，预测其影响。

3) 人员培训

系统可以模仿各种运行工况和事故状态，对操作人员进行培训。

4) 控制功能

控制系统要能够在正常运行情况下，完成全网的程序化起泵、停泵，保证系统的正常运行。

在事故情况下，控制系统能够根据系统要求，按照一定的顺序将所有的水泵停下来，不产生次生事故。

（5）系统模拟仿真功能

系统根据实时监测的压力、温度、流量、水泵转速等数据，实时的仿真供热系统的运行状况，完成显示、统计、分析、预警、报警等功能。

（6）系统管理调度功能

系统根据实时监测的数据，分析系统运行工况，指导系统节能运行。包括调度、调整系统的温度、压力、流量，调度泵站的运行与停止，优化水泵的运行台数和工作频率，用以达到运行安全、节能降耗的效果。

3. 各个中级泵站控制系统设置情况

（1）1号中继泵站

主机采用分散型控制系统（DCS）。泵站内设置了现场控制系统及压力变送器，组成现场控制层。

控制室设置在泵站内，配置可靠性能高的计算机设备，并配置备份机和 UPS 电源。通过通信网络（光纤）与中央控制室通信，接受统一调度。

控制室共设置一套 PLC 控制系统、2 台监控计算机、1 套电视监控系统、1 台在线式 UPS 电源、一台激光打印机、通信设备及一套控制软件。

泵站现场控制器负责采集站内设备的运行状态和各种压力检测数据；回水加压泵根据泵出口压力变频控制，以维持压力恒定。

设置了水泵出口压力变送器、南北线除污器前后压力变送器、回水母管压力变送器及温度变送器、南北线供回水管压力变送器以及温度变送器。

循环泵的启停、事故处理依照供热管网整体要求完成。

各电动蝶阀的控制、反馈及状态信号

泵站采暖站检测。

（2）2号中继泵站

根据工艺要求和供热管线监控的需要，在泵站设置了现场控制系统和过程检测仪表，现场控制系统由控制器和控制软件组成。

控制系统采用 PLC，用来控制系统的运行。监控系统设置在泵房控制室内，共设有操作员站、网络交换机、UPS 等。

根据工艺运行的需要，设置了水泵出口压力变送器、各母管压力变送器以及温度检测仪表。

循环泵的启停、事故处理依照供热管网整体要求完成。

（3）3 号中继泵站

根据工艺要求和供热管线监控的需要，在泵站设置了现场控制系统和过程检测仪表，现场控制系统由控制器和控制软件组成。

控制系统采用 PLC，用来控制系统的运行。监控系统设置在泵房控制室内，共设有操作员站、网络交换机、UPS 等。

检测仪表的设置：根据工艺运行的需要，设置了水泵出口压力变送器、回水母管压力变送器以及温度检测仪表。

循环泵的启停、事故处理依照供热管网整体要完成。

（4）事故补水站

根据供热管线安全运行的需要，在供热管线上的地形高点设置了一套补水定压系统，内设两套补水定压泵，为管线定压使用，防止供热管线出现异常时，管道内的压力低于汽化点，引起管道内汽化，造成事故。

该泵站内设置了一套控制系统和压力检测仪表，根据管道内压力变化的情况，随时进行补水，防止汽化现象的产生。

水泵开启压力按照下列控制数值来控制水泵的开启：

当回水管道压力低于 0.4MPa 时，开启补水泵，达到正常值时，停止水泵运行。

当供水管道压力低于 0.5MPa 时，开启补水泵，达到正常值时，停止水泵运行。

为了保证控制系统运行的可靠性，控制系统与其他泵站一样，选用冗余系统，同时，压力检测点也设置冗余的，用以保证系统的安全性。

控制系统采用 PLC，用来控制系统的运行。监控系统设置在泵房控制室内，共设有操作员站、网络交换机、UPS 等。

（5）中继能源站

根据工艺要求和供热管线监控的需要，在中继能源站设置了现场控制系统和过程检测仪表，现场控制系统由控制器和控制软件组成。中继能源站内又分为高压侧部分和低压侧部分，各自设置独立的水泵机组，控制系统和仪表系统也相应的随之设置。

控制系统采用 PLC，用来控制系统的运行。监控系统设置在综合楼内，共设有操作员站、工程师站、数据服务器、网络交换机、UPS 等

控制系统的主要任务是，采集站内设备的运行状态和各种仪表的参数，控制水泵的运行。系统的控制包括中继加压泵的正常的启动、停止和事故状态下的控制，并且根据工艺要求完成设备以及电动阀门之间的连锁控制。具体的控制系统包括高、低压侧循环泵的控制、水处理系统的控制、补水泵的控制。

仪表系统的设置：根据控制系统的数据采集和过程控制的需要，设置了一整套过程检测仪表，其中包括中继能源站一高压侧系统的系统一、系统二的供回水的温度、压力

检测仪表、板式换热器的检测仪表、水处理系统的检测仪表以及低压侧系统的温度、压力流量检测仪表。

（6）供热管线的泄漏检测系统

根据工程建设和安全运行管理的需要，本工程在隧道架空段管线设置了一套供热管线泄漏检测系统，均设置了传感装置。本工程采用感温光缆检测的方法，来完成供热管线的泄漏检测，检测主机设置在中继能源站内，中继装置设在沿途的泵站内。

（7）电视控制系统与安防系统的设置的描述

根据本工程的监控需要，在各个中继泵站均设置了一套工业电视监控系统和安防系统，用来监测供热管线的运行。电视监控系统由中控室的电视监控及安防系统控制中心、监控点前端（摄像机、红外探测器）、防盗报警器组成。实现生产区域重要设备及现场的监控和现场视频信息的采集，泵站安全防范监控报警，使管理人员及时直观了解现场设备运行情况，发现问题并排除故障，保证生产的正常进行，为实现生产现场的无人值班创造良好的条件。电视监控系统具有网络功能，通过网络可实现视频资源共享、远程控制和报警联动等功能。

电视监控系统：系统前端监控点将采集的图像传送到中心控制室主机，控制系统主机兼有监控图像的矩阵切换、轮巡、多画面处理、硬盘录像、画面检索回放、现场设备控制和视频网络服务等功能，视频信号经处理后在彩色显示器上实时显示，显示器具有多种显示模式，可实现画中画和最多16画面分割显示。主机应具有网络功能，管理信息系统（MIS）上所有节点和远程控制中心均可通过局域网或广域网获取视频图像资料，并可依权限对系统进行控制操作，人机界面良好，操作方便。主控多媒体电脑监控画面可通过投影仪大屏幕显示。

安防系统：根据距离长短、现场情况和探测器有效范围，在泵站厂区围墙上安装红外对照式报警探测器，报警信号传至中控室主机，一旦发生警情，红外探测器将报警信号传送到中心控制室，报警处理单元联动报警防区就近的摄像机进行报警录像并发出报警信号，在记录警情的同时，通知值班人员和门卫处理警情。

（8）通信系统的设置

1）在供热管线调度系统与古交电厂汽水换热站之间的通信采用租用光缆的方式，连接在古交市区泵站。

2）供热管线调度系统与中继泵站以及隧道控制系统之间的通信采用自敷光纤的方式，随着供热管线穿保护管敷设，通信协议为 TCP/IP，网络拓扑形式为环形以太网。

3）为了保证通信系统可靠性，本工程设置了一套无线通信系统，采用 GPRS 方式，用作有线通信的备用系统，保证在有线通信出现故障的情况下，启动备用通信系统，使得供热系统正常联动控制和采集数据。

第四节 冷态运行（以系统Ⅱ为例）

1. 冷态运行

（1）冷运的目的

1）检验高温长输网系统Ⅱ的整体运行工况，实现既定的运行要求，检验中继泵的性能和运行状态等；

2）检验自控系统是否能按照既定要求和规定实现自动调整，能否实现对系统Ⅱ中继泵稳定升、降频率，能否实现中控与现场控制的无扰切换，各测点的参数是否与计算值相符；

3）检验单泵停运情况下，系统经过调整是否能快速恢复稳定；

4）检查高温长输网系统Ⅱ、中继能源站系统Ⅱ低压侧一级网部分、设备、设施是否存在问题，能否满足正式运行要求；

5）通过冷运行同时对高温长输网系统Ⅱ、一级网系统进行清洗、排污；

6）检验系统Ⅰ及系统Ⅱ同时运行的工况。

（2）成立各种组织机构：领导组、供电保障小组、运行管理小组、巡检抢修组、材料设备通信保障组、故障抢修组、技术小组。

2. 注水

（1）注水

系统Ⅱ高温网管网容水量为13万t，各个泵站具备的注水能力如下：

1）电厂三期日均补水量为3500t左右；

2）2号泵站日均补水量约为1200t；

3）中继能源站高压侧补水泵最大日补水量约为2000t。

（2）注水过程中管线阀门的操作

1）注水过程中，巡检人员确认管路各处排气阀门完全排气，出水为连续柱状后关闭各排气阀门；

2）分段注水过程各分段阀门保持关闭，开启DN350旁通阀门完成注水；

3）注水前确认关闭全线各泄水阀门（隧道内泄水、排气阀门保持第一道手动门开启，第二道电动门关闭）；

4）确认系统Ⅱ高温长输网范围内管线及设备、阀门无漏水情况；

5）注水完成后，巡检人员按照调度指令依次开启DN1400分段阀门主阀门，确认DN350阀门处于开启状态。

（3）泵站操作

1）开启1号、2号、3号泵站系统Ⅱ进出站阀门，实现电厂向高温长输网下游注水；

2）注水完成后，关闭1号、2号、3号泵站系统Ⅱ进出站阀门，将系统隔离为四个独立管段，调度中心记录并观察各管段压力变化，确认系统是否严密。

3. 系统冷态启动

（1）冷运阀门状态调整

冷态联动试运行开始前，调度中心通知各泵站开启进、出站DN1400阀门及DN350旁通阀门，系统Ⅱ高温长输网实现全部连通后，调度中心通过核对表16-8压力确认各站压力正常。

系统启动前各泵站测点压力　　　　　　　　表 16-8

站场名称	地面标高 （m）	与热源距离 （km）	进站压力 （m）	出站压力 （m）	备注
古交兴能电厂	1030	0	20	20	
1 号泵站	975	12.6	75	75	
2 号泵站（供水）	955	17.2	95	95	
2 号泵站（回水）	955	17.2	95	95	
1 号隧道入口（西口）	953	20.1			无压力表
1 号、2 号隧道间	911	21.8			无压力表
2 号、3 号隧道间（局部高点）	989	24.5			无压力表
3 号隧道东口	907	35.7			无压力表
3 号泵站	897	36.2	150	150	
中继能源站	852	37.8	198	198	

注意：泵站阀门操作应先执行关阀，确认阀门关闭完毕后再执行依次开阀。

（2）冷运行前的准备状态

1）各泵站完成单泵站调试

2）泵站内设备检查正常，无泄漏及无支架变形现象，消缺完毕；

3）水泵及电机附近无妨碍旋转的杂物，联轴器盘车灵活、无异常，各紧固螺栓（减震补偿器外螺栓）无松动，减震补偿器、大拉杆内螺栓已向内侧拧到位，确认电机转向正确；

4）开循环泵进出口阀门，开旋流除污器进出口阀门，循环泵完成排气；

5）旋流除污器、换热器高点排气完成，并确认关闭；

6）确认严密关闭系统一、系统二切换连通阀门，关闭系统泵站旁通阀门，关闭各泄水阀门，关闭除污器排污阀门；

7）确认中继能源站软水箱及除氧水箱处于满水状态，水质合格，软化设备正常制水；

8）确认安全阀门前的手动阀门为开启状态。

（3）自控设备调整

各泵站、中继能源站、调度中心自控数据显示正常，确认就地压力表及远传压力表均显示一致。

启泵前各泵站完成通过 PLC 室远程控制启泵和停泵操作，能在 PLC 室实现正常的升、降频操作。

（4）高温长输侧系统的启动

按照"本章第二节、三、启动"的步骤启动。初始启动完成，各泵站切换至调度中心统一控制，开始系统Ⅱ统一升频操作。

（5）高温长输侧系统的频率调整

整体调整至 10Hz，稳定一段时间，流量约为 3000t/h。

整体调调整至 12Hz，稳定一段时间，流量约为 3400t/h。

整体调调整至 13Hz，稳定一段时间，流量约为 3530t/h。

整体调调整至 16Hz，稳定一段时间，流量约为 4270t/h。

整体调调整至 19Hz，稳定一段时间，流量约为 5700t/h。

整体调调整至 22Hz，稳定一段时间，流量约为 6500t/h。

整体调调整至 24Hz，稳定一段时间，流量约为 7600t/h。

整体调调整至 26Hz，稳定一段时间，流量约为 8500t/h。

整体调调整至 28Hz，稳定一段时间，流量约为 8500t/h。

整体调调整至 29Hz，稳定一段时间，流量约为 9100t/h。

整体调调整至 33Hz，稳定一段时间，流量约为 9900t/h。

整体调调整至 35Hz，稳定一段时间，流量约为 10600t/h。

达到与系统 I 同频率，开始进入稳定状态，不再进行调整，重点检验法兰是否漏水、水泵及各设备是否运转正常。

4. 系统排污及水质置换

循环泵、中继泵启动运行后，管道中的各种杂质主要通过安装在泵站的旋流除污器过滤，保证循环水符合要求，不对各泵组的安全运行产生影响。旋流除污器的孔径为 4mm。

当系统冷态消缺并运行稳定后，兴能电厂、1 号泵站、2 号泵站、中继能源站根据调度中心的安排，有序向系统 II 高温侧补水，配合系统的排污及水质置换。

最大泄水量不得超过补水能力。

排污点以中继能源站为主。

注意的安全事项：泄水排污时必须联系调度，确保补水能力处于待机状态，保证系统不会发生失压现象，并且可以随时关闭泄水阀门。

对排污和水质置换的要求为

（1）各泵站运行人员注意旋流除污器前后压力变化，当压差大于 0.05MPa 时，在经调度中心许可后进行有组织排污。

（2）如旋流除污器前后的压差不超过 0.05MPa，则各泵站根据调度中心的安排有序进行排污。

（3）杜绝除污器被彻底堵死导致系统停运。

（4）系统中留存的打压生水在注水期间已经部分置换，但并未完全排除，因此，要求各泵站每小时对循环水质进行取样化验，如水质超标，经调度中心许可后进行水质置换，同时注意持续对水质进行检测，达标后停止泄水。注意控制置换时间和排污阀门开度，整体按照勤排短时策略，多次实施置换。

（5）排污以 3 号泵站及中继能源站除污器做主要排污点。

5. 系统停运

当系统 II 冷运过程按照既定要求完成必要的测试后，如冷试过程中发现有需停运来处理的问题时，则按照运行计划进行停泵消缺，如未发现需要停泵消缺的问题，则系统的运行状态直接转入热运行状态，联系电厂开始升温。

系统正常停车过程如下：

按照"第三节 五、停车"步骤执行，停止过程，流量逐步降低，最后停止供热首站水泵时，流量已经降低至约 $720m^3/h$，每台水泵流量仅约为 $180m^3/h$。

6. 系统消缺

根据冷运时的检查结果进行系统消缺。消缺如果需要泄水，应关闭故障点前后分段阀门，尽可能减少泄水量，施工单位消缺完成后，巡检所应第一时间恢复泄水段的补水，确保系统能按时再次投运。

第五节　热态运行

1. 升温前的启动工作

升温前的启动工作按照如下的启动步骤进行。

（1）开系统 Ⅱ 各泵站进、出口 $DN1400$ 和 $DN350$ 阀门，开旋流除污器进出口阀门，开中继泵进出口阀门，高点排气，泵组排气。中继能源站开高温网进、出口 $DN1400$ 和 $DN350$ 阀门，五台旋流除污器进、出口 $DN700$ 阀门；开换热器第一阵列、第二阵列高温网 $DN600$ 手动旁通阀门。

（2）按照正常启动流程，高温网各泵站启动升频至 10Hz，将控制权交控制中心。逐渐整体统一升频至 35Hz 左右（高温网循环流量保持约 10500t/h）。

（3）通知电厂开始冲洗前置凝汽器和尖峰加热器，要求电厂出口最高温度为 30℃，待中继能源站供水温度达到 30℃左右时，巡检所开始对系统 Ⅱ 管线进行第一次升温过程全面检查。

（4）开系统 Ⅱ 低压侧一级网两台旋流除污器出、入口 $DN1200$ 阀门。

（5）开低压侧一级网五台循环泵进、出口阀门。

（6）依次开系统 Ⅱ 低压侧一级网板换第一阵列、第二阵列出口 $DN700$ 电动阀门。

（7）依次开系统 Ⅱ 低压侧一级网板换第一阵列、第二阵列入口 $DN600$ 手动旁通阀门。

（8）中继能源站 2 号车间通过系统 Ⅱ 补水泵将 FM6（低压侧回水总管在中继能源站进口的总阀门）阀门以内管线注水至压力 0.25MPa。

（9）开系统 Ⅱ 低压侧一级网回水 $DN350$ 旁通电动阀门，实现一级网系统 Ⅱ 与系统 Ⅰ 回水连通。

（10）开系统 Ⅱ 低压侧一级网回水 $DN1400$ 回水总电动阀门。

（11）低压侧一级网旋流除污器高点、循环泵高点排气、第五台泵之前集气罐排气。

（12）关闭系统 Ⅱ 高温网 3 号至 5 号旋流除污器出、入口 $DN700$ 阀门。

（13）缓慢关闭第三至第五阵列高温侧 $DN600$ 手动旁通阀门。

（14）要求电厂系统 Ⅱ 提高供水温度至 45℃，当中继能源站显示的供水温度达到 45℃左右时，巡检所开始对系统 Ⅱ 管线进行第二次全面的检查。

（15）系统 Ⅰ 低压侧一级网停一台泵，流量减少到原有一级网流量的 80%。

（16）立即启动系统 Ⅱ 低压侧一级网一台循环泵至 10Hz，后升频至 42Hz（与系统

Ⅰ一级网运行频率一致）。

（17）缓慢开启 FM6 供水阀门，实现系统Ⅱ与系统Ⅰ小流量混流运行。

（18）开启系统Ⅱ低压侧一级网第一阵列板换出、入口 $DN350$ 手动阀门以及入口 $DN700$ 电动阀门。

（19）开启系统Ⅱ高温网第一阵列各组板换 $DN350$ 手动进、出口阀门。

（20）缓慢开启系统Ⅱ第一阵列高温侧出、入口 $DN700$ 电动阀门，向高温侧板换注水。

（21）缓慢关闭系统Ⅱ第一阵列高温侧 $DN600$ 手动旁通阀门。

（22）待系统供水温度稳定后，再用该方法进行低压侧一级网第二台水泵和第二列板换的切入。

（23）巡检所第二次检查完毕后，要求电厂升温至 65℃。

（24）当中继能源站系统Ⅱ高温网供水温度达到 65℃时，安排巡检所第三次对管网进行全面检查。

（25）巡检所第三次检查完毕后，要求电厂严格按照升温要求升温至系统Ⅰ运行温度。

（26）根据系统Ⅱ低压侧一级网出口参数，逐渐提高一级网两台循环泵的运行频率。

（27）缓慢降低系统Ⅰ低压侧一级网循环泵运行频率，控制一级网总出口压力不超过 0.9MPa。

（28）根据系统运行要求，调整系统Ⅰ、系统Ⅱ的循环泵和板换的运行参数达到一致。

2. 系统升温

（1）总体要求

电厂出口升温速率暂定不超过 1℃/10min，每次升温不超过 5℃。升温过程同步观察系统温度变化和压力变化，当达到规定压力时开始泄水，泄水量约为 $60\sim80\mathrm{m}^3/10\mathrm{min}$。

系统升温速率按每次升温不超过 5℃、每次升温后系统稳定 1h 执行，升温由兴能电厂控制，每次升温尽可能平缓，减少管网应力冲击。

升温过程中如出现影响热网运行的安全隐患，需要立即联系兴能电厂停止升温，维持现有状态，待消除隐患后再次启动升温流程。

升温过程中的膨胀水量由兴能电厂膨胀罐吸收和排出。

（2）升温过程

以投运系统Ⅱ为例介绍系统升温的操作过程。

根据系统Ⅰ投运经验，系统升温前，管网内水温升温起点按 16℃计算。

系统循环稳定后，兴能电厂开始小流量冲洗汽侧前置凝汽器，待水质合格实现冷凝水回收利用后，开始启动疏水泵，加大汽侧流量，开始正式升温过程。由于设备均为初次使用，根据经验，冲洗换热器过程时间较长，时间一般在一天至两天左右。冲洗完成后，高温网的出口水温初步预计可加热至 35～40℃。

开始正式升温后，达到 45℃之前，每次升温 5℃，要求升温要尽量保持平稳，升温

5℃后，系统稳定运行 1h；

当中继能源站的入口温度达到 30℃后，巡检所开始对系统进行第一次全面、系统检查。检查内容为：各管段分段阀门、排气、泄水状态是否正常，要求无漏水情况，补偿器的伸长量及变化状态是否正常。检查完毕报太古运行调度中心，确认正常。预计持续时间为 10h。

当中继能源站的入口温度达到 45℃后，巡检所再次对系统进行一次全面检查。

升温至 65℃后，暂停升温，巡检所对系统进行第三次全面检查。检查内容为：各管段分段阀门、排气、泄水状态是否正常，要求无漏水情况，补偿器的伸长量及变化状态是否正常。检查完毕报调度中心，确认正常。预计持续时间为 10h。继续升温并根据室外温度的情况确定最终的温度。升温过程结束。